I0492252

Prefácio

O objetivo deste livro é o estudo da estrutura, propriedades e reações de moléculas, com um foco em biomoléculas. Porém, não é possível abordar todas moléculas e reações, o que seria tema para anos de estudo. Desta forma, não tenho a pretensão de oferecer um estudo exaustivo, mas um guia para a compreensão da contribuição da química orgânica para a compreensão das biomoléculas e de suas transformações.

O livro é dividido em quatro seções: 1) moléculas orgânicas; 2) propriedades de moléculas orgânicas; 3) reações orgânicas e 4) moléculas de importância biológica. Os capítulos da primeira seção são dedicados à compreensão dos fundamentos da ligação química e da estrutura de moléculas orgânicas, funções orgânicas, estereoquímica, interação intermolecular e interação com a radiação eletromagnética (espectroscopia). A seção de reações apresenta os fundamentos de reatividade e catálise, e reações de acordo com as ligações químicas e a seção de biomoléculas apresenta classes importantes de biomoléculas: aminoácidos, açúcares, lipídios e ácidos nucleicos..

Prof. Márcio Lazzarotto
Instituto de Química – Universidade Federal do Rio Grande do Sul
Porto Alegre, março de 2021

Índice

Seção 1 – Moléculas Orgânicas

A química tem dois pontos de vista complementares: a combustão do carvão, os estados da matéria e a dureza dos materiais revelam as propriedades macroscópicas da matéria, enquanto que os modelos de ligação química, a estrutura molecular e a formação de agregados estão na dimensão nanométrica e relacionar estas visões distintas do mesmo fenômeno torna a química tão valiosa como ponto de partida para interpretar o mundo natural.

O estado da ciência permite estabelecer que as propriedades da matéria estão conectadas com a forma que os átomos se organizam através das ligações químicas em estruturas mais estáveis, as moléculas, e estas moléculas se agregam através de interações químicas com forças de magnitude variáveis.

A diversidade molecular revelada pelas ferramentas analíticas disponíveis é muito grande, com mais de 10 milhões de moléculas conhecidas, cujas propriedades moldam os processos e estruturas da vida e o domínio de suas propriedades e dos processos de síntese resultam em novos materiais com propriedades moduláveis.

A boa notícia é que podemos compreender de forma coerente, decifrando as forças que atuam na formação destas moléculas e de suas propriedades e reações, através de modelos fundamentados nas forças de atração e repulsão entre as partículas subatômicas: elétrons, prótons e nêutrons e este livro é um convite para que você entenda a estrutura, propriedades e reações das moléculas orgânicas, que têm no carbono o seu ponto focal.

Por fim, quero ressaltar a função do carbono com as moléculas da vida, porque as reações que ocorrem sobre os compostos de carbono geram energia de forma cíclica e sustentável e a diversidade estrutural destes compostos resulta nas membranas celulares, nas proteínas e nas moléculas gigantescas que acumulam a informação genética.

Capítulo 1- Átomos e Ligações Químicas

O centro da química orgânica é o estudo de moléculas formadas por átomos de carbono. Este elemento apresenta uma diversidade nas ligações químicas e estruturas dos compostos formados. O carbono se liga à maioria dos elementos químicos da tabela periódica e formando cadeias e ciclos em geometria linear, triangular e tetraédrica, resultando em moléculas complexas, com cadeias e ciclos.

Este primeiro capítulo é uma introdução à estrutura atômica e às formas que os átomos se arranjam nas moléculas. O objetivo do primeiro capítulo é a introdução de conceitos fundamentais sobre o átomo para a compreensão da ligação química. Se você tiver estudado previamente sobre átomos, estrutura atômica e distribuição eletrônica, sugiro que avance até o item 2 deste capítulo- ligação química.

1. Átomos

A matéria que constitui os seres vivos e os objetos que nos cercam é formada por unidades chamadas de átomos. As dimensões dos átomos são da ordem do ângstrom ($1 \text{ Å} = 10^{-10}$ m) e suas massas estão entre 10^{-24} a 10^{-22}g. O nome átomo vem do grego e significa indivisível e esta ideia permaneceu até Thompson descobrir a emissão de raios catódicos, que atualmente conhecemos por elétrons e Otto Hahn e Fritz Strassmann demonstrarem a cisão do núcleo do átomo em 1938.

Estes experimentos revelaram que o átomo é formado de partículas ainda menores, e que a maior parte da massa está concentrada em um núcleo, que apresenta partículas com carga neutra, os nêutrons, e partículas com carga positiva, chamados de prótons. Em torno deste núcleo existem os elétrons, partículas ainda menores de carga negativa, o que estabelece a neutralidade da matéria. A massa do elétron é cerca de 1840 vezes menor do que a dos prótons e nêutrons. Uma analogia é o sistema solar, em que o Sol é o núcleo e apresenta uma massa maior do que os planetas, que giram em torno dele a distância muito maior do que o raio do Sol (núcleo).

Átomos com o mesmo número de prótons constituem o mesmo elemento, e possuem as mesmas propriedades químicas. Átomos com igual número de prótons e com número diferente de nêutrons são chamados de isótopos de um mesmo elemento. Por exemplo, os átomos com um próton constituem o elemento hidrogênio, que apresenta três isótopos conhecidos. O primeiro é conhecido como hidrogênio, e apresenta um próton e um nêutron, enquanto o núcleo do deutério é composto por um próton e um nêutron e o trítio possui um próton e dois nêutrons.

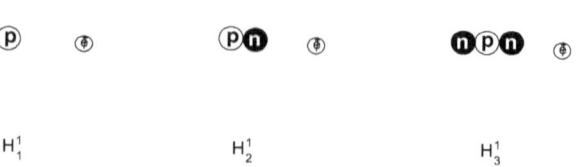

A massa de um elemento vem da composição ponderal (em massa), considerando a massa e abundância relativa (no planeta Terra) de cada um dos isótopos. Os valores para a maioria dos elementos são próximos a números inteiros, que reflete o predomínio de um isótopo, porém o cloro apresenta dois isótopos: o mais leve possui 17 prótons, 18 nêutrons e constitui aproximadamente 75% do cloro natural e o mais pesado 17 prótons e 20 nêutrons, com 25 % do cloro natural. A massa ponderal do cloro é de $(0,75 \times 35 + 0,25 \times 37) = 35,5$ u (1 u = unidade de massa atômica = 1/12 da massa do $C^{12} = 1,66.10^{-27}$ kg).

A tabela periódica compila os elementos conhecidos de acordo com suas propriedades. Elementos com propriedades semelhantes estão em uma mesma coluna, chamada de família. Assim, os elementos da primeira família, chamada de Família 1 – (lítio – Li, sódio – Na, potássio – K, rubídio – Rb, césio – Cs e frâncio – Fr) apresentam propriedades físicas e químicas semelhantes. A sequência das famílias segue até a Família 18. Os elementos da série dos lantanídios (lantânio – La a itérbio – Yb) e actinídeos (actínio – Ac a laurêncio – Lr) possuem propriedades químicas e físicas semelhantes entre si e são mostrados geralmente abaixo do bloco dos outros elementos, para que a tabela não fique muito extensa horizontalmente.

Tabela periódica dos elementos químicos (2021)

Foram propostos diferentes modelos para explicar a organização dos elétrons nos átomos. Rutherford propôs órbitas elípticas em torno do núcleo, enquanto Bohr postulou órbitas circulares estacionárias, com "camadas" eletrônicas para os elétrons. De acordo com este modelo, os elétrons poderiam orbitar em apenas algumas distâncias permitidas do núcleo. A primeira camada é chamada pela letra K e poderia receber 2 elétrons. Na sequência: L com 8 elétrons, M com 18 elétrons, N com 32 elétrons, O e P também com 32 elétrons. Estes dois modelos não explicaram a complexidade dos espectros de emissão de luz obtidos na presença de campos magnéticos (efeito Zeeman).

O modelo atualmente aceito para explicar a órbita dos elétrons é o modelo quântico ondulatório, proposto em 1925 pelo físico suíço Erwin Schroedinger, fundamentado em estudos de Einstein (efeito fotoelétrico), Heisenberg (princípio da incerteza) e De Broglie (comportamento duplo onda-corpúsculo), que considera o comportamento ondulatório do elétron em seu movimento em torno do núcleo, com determinados comprimentos de onda permitidos e energias relacionadas.

Não se considera uma órbita precisa para o elétron, mas uma região em que há uma maior probabilidade para encontrá-lo, chamada de orbital. Pelo modelo ondulatório, as energias e as orientações no espaço do orbital são descritas por três números quânticos. O número quântico principal – n = 1, 2, 3,... (atualmente se conhecem elementos que apresentam elétrons até n = 7 no nível fundamental), está relacionado à distância do elétron ao núcleo. Quanto maior n, mais distante está o elétron do núcleo. Assim, um orbital com n = 1 está mais próximo ao núcleo do que um orbital com n = 2. Como consequência, a atração sobre os elétrons mais próximos ao núcleo é mais forte, o que diminui o valor de energia relacionada à sua posição e estabiliza os elétrons com menor n.

O segundo número quântico é chamado de número quântico secundário: l = 0,..., n-1. O orbital com n = 1 apresenta apenas l = 0; o orbital n = 2 apresenta as possibilidades de l = 0 e 1, o orbital com n = 3 apresenta as possibilidades com l = 0, 1 e 2 e o orbital com n = 4 apresenta as possibilidades com l = 0, 1, 2 e 3. Não existem elementos conhecidos com l > 4 no estado fundamental (não excitado).

Este número quântico está relacionado com a forma do orbital. Orbitais com l = 0 possuem forma esférica e são chamados de orbitais "s", orbitais com l = 1 são chamados de orbitais "p" e possuem a forma do número oito (8), com um plano nodal no centro. Neste plano nodal, a teoria afirma que a possibilidade de encontrar um elétron é nula. Orbitais com l = 2 (a partir de n = 3) são chamados de orbitais "d" e orbitais com l = 3 (a partir de n = 4) são chamados de orbitais "f". Os quatro elementos principais para as biomoléculas – H, C, O e N – apresentam elétrons nos subníveis s e p, enquanto que outros elementos importantes bioquimicamente, por exemplo: S (enxofre) e P (fósforo) podem usar os subníveis d para as ligações.

O terceiro é o número quântico magnético, relacionado com as diferentes orientações dos orbitais no espaço. O valor vai de $-l$ a $+ l$; assim, o orbital com l = 0 ("s" – esférico) tem apenas um valor para m (m = 0) e o orbital com l = 1 tem três possibilidades (l = -1, 0, +1), relacionado às três possíveis orientações do orbital p no espaço.

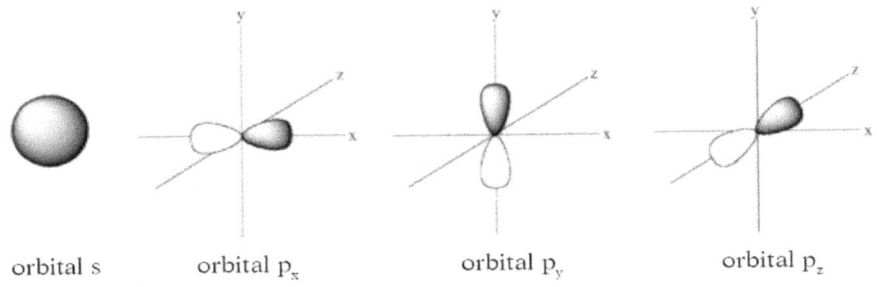

orbital s   orbital p_x orbital p_y orbital p_z

As orientações estão de acordo com os eixos cartesianos x, y e z. A primeira possibilidade é que o orbital p esteja alinhado no eixo x, o que define o orbital p_x, a segunda possibilidade é que o orbital esteja alinhado no eixo y, definindo o orbital p_y e a última é que esteja alinhado no eixo z, este é o orbital p_z.

O número quântico de spin (spin = giro) está relacionado ao campo magnético associado ao giro do elétron. Atribui-se o valor de s= +½, ao campo associado à rotação em um dos sentidos e s = - ½ no sentido inverso, e por isso um orbital pode acomodar dois elétrons girando em sentidos opostos, que se repelem por repulsão eletrostática, mas se atraem por atração magnética. Em um determinado átomo, nenhum dos elétrons tem o mesmo conjunto de números quânticos.

2. Ligação química – introdução

O carbono forma compostos conhecidos com a maior parte dos elementos da tabela periódica, através de quatro ligações químicas e diferentes geometrias. O carbono forma cadeias (sequência de carbonos ligados) com ligações entre carbono-carbono ou carbono-heteroátomo (ex: oxigênio, nitrogênio, enxofre), mesmo em condições oxidantes, o que permite um número infinito de compostos de carbono e permite entender a riqueza molecular da vida.

A ligação covalente ocorre pelo compartilhamento de elétrons da última camada (camada de valência), e a força que mantém os átomos unidos é a mútua atração entre os elétrons negativos de um átomo com núcleos positivos de outro átomo. Os elétrons que contribuem para a ligação passam a maior parte do tempo no espaço entre os núcleos dos átomos que estão ligados entre si.

Quando um par de elétrons situa-se entre os átomos a ligação é simples; quando são dois pares de elétrons a ligação é dupla, e para três pares de elétrons a ligação é tripla.

A equação da força de atração núcleo-elétron entre as cargas é a mesma que define a atração e repulsão entre cargas eletrostáticas, e está mostrada no diagrama seguinte.

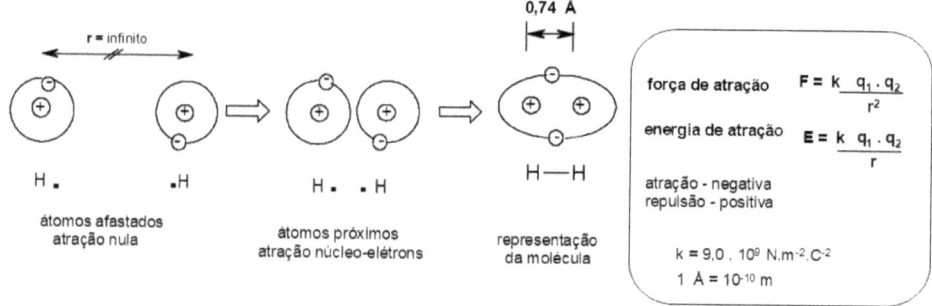

Porém, os núcleos não podem se aproximar continuamente, porque surge uma repulsão núcleo-núcleo (positivo-positivo). A distância entre os núcleos em que a atração é máxima e a repulsão mínima é chamada de comprimento de ligação.

Quando os dois átomos se aproximam, ocorre uma liberação de energia correspondente à estabilização do sistema de átomos, a entalpia de formação da ligação. Para romper este agregado de átomos é necessário fornecer uma energia igual à energia liberada, a entalpia de dissociação ($\Delta H_{diss.}$), de mesmo valor numérico que a energia liberada na formação da ligação, mas com sinal inverso. A variação de energia para a formação do H_2 a partir dos átomos isolados, seguido da ruptura da ligação H-H está esquematizada abaixo.

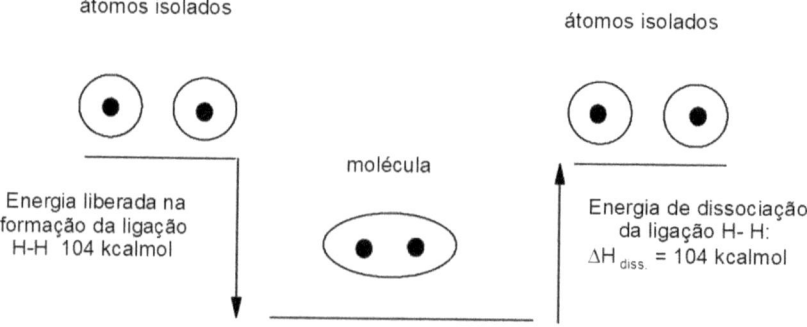

Quanto maior é a entalpia de dissociação, mais estável a ligação. Pense nisso como uma bola de chumbo dentro de um poço. Quanto mais fundo o poço, maior será a energia será necessária para retirar a bola do poço e mais estável será a sua situação inicial.

A formação das espécies moleculares é o resultado da sua maior estabilidade quando comparadas com os elementos livres. Uma análise da equação que relaciona a força com a carga e a distância mostra que o aumento do número de elétrons entre os núcleos (maior a carga negativa), maior será a força de atração e maior (em módulo) a energia de atração. O valor da energia do sistema diminui (fica mais negativo), ou seja, mais estável. O resultado disso é que uma ligação tripla estabiliza um par de átomos mais do que uma ligação dupla e por sua vez, a ligação dupla estabiliza mais do que uma ligação simples.

A ligação simples ocorre no eixo internuclear pela sobreposição dos orbitais atômicos frente a frente, originando dois orbitais moleculares, um deles de baixa energia, chamado de "orbital σ ligante" (ou σ - sigma) e outro de alta energia, chamado de "orbital σ antiligante" (ou σ*). As ligações simples apresentam simetria cilíndrica, e são chamadas de ligação sigma (σ).

Em moléculas que apresentam ligações duplas, a segunda ligação deve ocupar um espaço diferente da primeira, para que não ocorra uma forte repulsão entre os elétrons de ambas as ligações. Como a primeira ocupa o eixo internuclear, a segunda ligação ocupa o espaço acima e abaixo deste eixo. Este tipo de sobreposição entre os orbitais é chamado de ligação π. Uma terceira ligação também se dá fora do eixo internuclear, e a 90° da segunda ligação e também é uma ligação π.

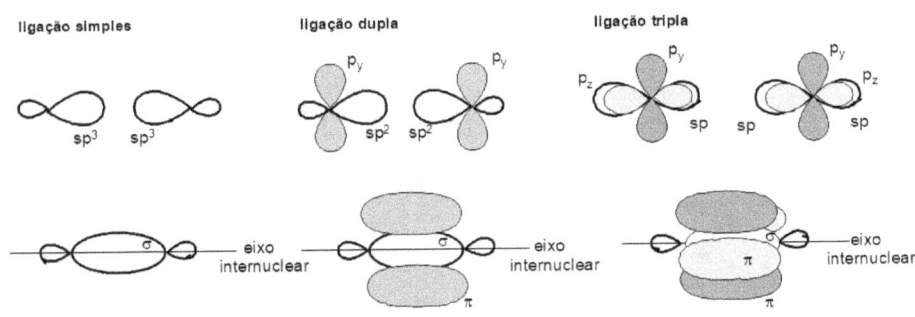

As ligações σ são mais estáveis do que as ligações π quando são comparadas ligações formadas pelos mesmos elementos. A figura abaixo mostra a energia relativa das ligações químicas, comparando a energia dos elétrons nas ligações químicas no centro, com a energia dos elétrons nos átomos isolados. Um elétron é representado por uma seta com "uma farpa" e a formação da ligação química resulta do emparelhamento dos elétrons dos átomos isolados.

Diagramas de energia dos orbitais de ligações σ e π

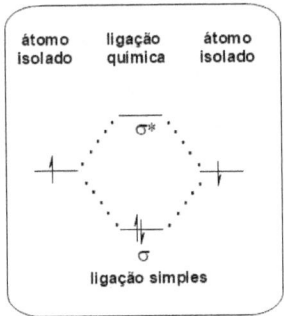
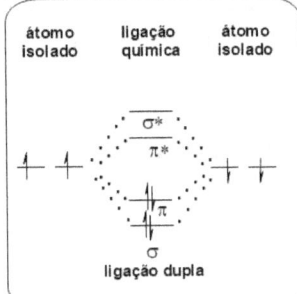
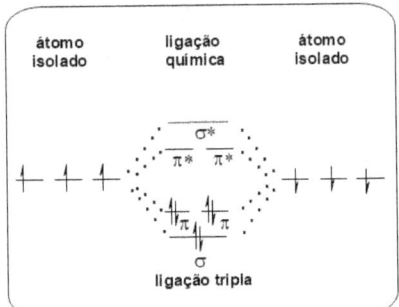

As características mais importantes das ligações químicas que definem a estrutura e a reatividade das moléculas são o comprimento da ligação, os ângulos das ligações, a energia de ligação e a polaridade de ligação.

2.1. Comprimento de ligações químicas

A distância entre dois átomos em uma molécula pode ser determinada através da difração de raios-X, e o valor observado depende dos átomos que estão envolvidos e da ordem de ligação (simples, dupla ou tripla). Alguns valores de comprimentos de ligação em angstrons ($1\text{Å} = 10^{-10}$ m), comuns em moléculas orgânicas estão na tabela abaixo:

Valores médios de comprimento de ligação			
ligação	comprimento de ligação (Å)	ligação	comprimento de ligação (Å)
C-H	1,09	C-S	1,83
C-C	1,54	C=S	1,67
C=C	1,34	N-N	1,45
C≡C	1,20	N=N	1,23
C-O	1,43	N-H	1,00
C=O	1,20	O-O	1,45
C-N	1,47	O-H	0,97
C=N	1,28	O-P	1,58
C≡N	1,16	O=P	1,46

Para ter uma ideia do comprimento de ligação, imagine o metro: divida mil vezes e tome uma parte, temos o milímetro. Repita esta divisão e teremos o micrômetro; mais uma vez e temos o nanômetro, um bilionésimo do metro. O angstrom é um décimo do nanômetro, e este é o tamanho aproximado de uma ligação C-H.

Existem algumas tendências para os comprimentos de ligação: ligações triplas são mais curtas que ligações duplas, e estas mais curtas que ligações simples. As ligações simples envolvem o compartilhamento de um par de elétrons, ligações duplas dois pares de elétrons e ligações triplas três pares de elétrons. Os elétrons que participam das ligações são a "cola" que une os núcleos que participam das ligações.

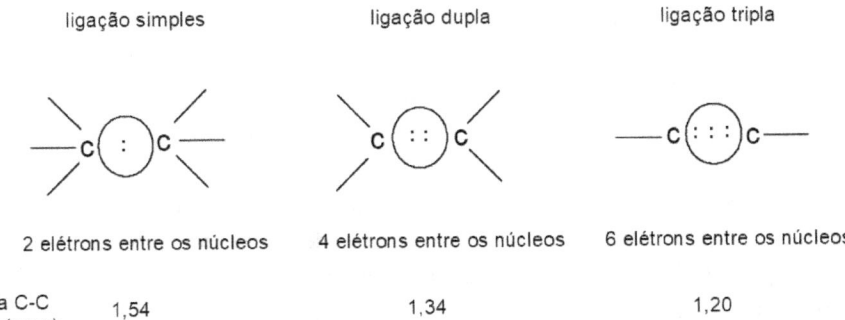

ligação simples	ligação dupla	ligação tripla
2 elétrons entre os núcleos	4 elétrons entre os núcleos	6 elétrons entre os núcleos

distância C-C (em angstrons)	1,54	1,34	1,20

O comprimento da ligação covalente simples aumenta de cima para baixo na tabela periódica, pelo aumento do tamanho do raio atômico. Esta tendência é clara nos comprimentos de ligação entre o carbono e a série dos halogênios (família 17), e quanto maior o comprimento de ligação, menor a entalpia de dissociação para "romper" a ligação química. A ligação C-F é curta (C-F = 1,40 Å) e forte ($\Delta H_{diss.}$ C-F = 110 Kcal/mol), enquanto a ligação C-I é longa (C-I = 2,16 Å) e fraca ($\Delta H_{diss.}$ C-I = 56 Kcal/mol).

comprimento de ligação para carbono- halogênio

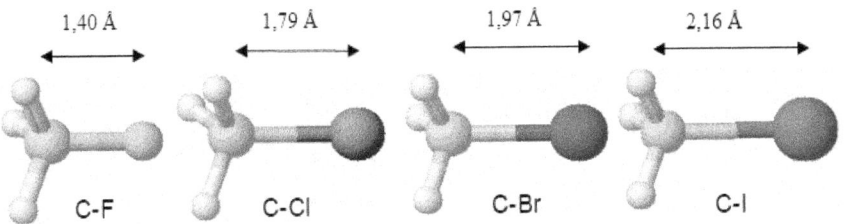

1,40 Å	1,79 Å	1,97 Å	2,16 Å
C-F	C-Cl	C-Br	C-I

2.2. Ângulos das ligações químicas

O principal fator determinante para o ângulo de ligação entre os átomos constituintes de uma molécula é a repulsão entre os pares de elétrons σ entre si e entre pares de elétrons não ligantes, também chamados de pares de elétrons isolados. A consequência da repulsão entre os pares de elétrons é o máximo afastamento angular entre os pares de elétrons.

Por exemplo, cada carbono do etano (H_3C-CH_3) apresenta quatro ligações σ: três ligações C-H e uma ligação C-C. A geometria que resulta em um maior afastamento entre os pares de elétrons σ ocorre quando os elétrons das quatro ligações apontam para os vértices de um tetraedro, onde o ângulo entre as ligações simples é de 109,5°, o que está de acordo com as evidências experimentais.

Na molécula de água, o oxigênio apresenta duas ligações σ O-H e dois pares de elétrons não ligantes. Todos estes pares de elétrons se dispõem como um tetraedro em torno do oxigênio para chegar ao máximo afastamento e mínima repulsão. Como os pares de elétrons não-ligantes apresentam uma maior repulsão, comprimem as ligações O-H e o ângulo diminui para 105° . A geometria do etano é chamada de tetraédrica e da água é chamada de angular.

O etileno ($H_2C=CH_2$) apresenta três ligantes em torno de cada carbono: dois hidrogênios e um carbono. A ligação π acompanha a direção da ligação σ, por isso não é determinante na geometria do etileno. O ângulo que permite o máximo afastamento entre os três ligantes é o ângulo de 120°, típico de compostos com uma ligação dupla C=C, C=O e C=N. Esta geometria em torno do carbono é chamada de trigonal.

Em compostos com ligações triplas, como o etino (ou acetileno), a segunda ligação π também segue a direção da ligação σ, e o carbono apresenta dois ligantes em torno de si. O ângulo que leva ao máximo afastamento é 180°. Esta geometria é chamada de digonal ou linear, conforme a figura a seguir.

geometrias moleculares de moléculas representativas

etano   água   eteno   etino

2.3. Ligação química e energia

As moléculas apresentam características únicas, com influências mútuas entre os átomos envolvidos na molécula e com as moléculas próximas, o que afeta as energias de ligação entre os átomos. Contudo, algumas generalizações podem ser feitas para as ligações covalentes. Conforme os elementos ligados, os valores de energias de ligação entre dois átomos situam-se próximos de um valor médio e a energia que deve ser fornecida para quebrar a ligação entre dois átomos corresponde à entalpia de dissociação. Ligações químicas que requerem mais energia para dissociar os átomos são comparativamente mais fortes. Alguns valores típicos de entalpias de dissociação estão mostrados na tabela.

Energias de dissociação ($\Delta H_{diss.}$) em kJ/mol e Kcal/mol (1 cal=4,18 J)

Simples	kJ/mol	Kcal/mol	Duplas	kJ/mol	Kcal/mol
C-H	414	99	C=C	611	146
O-H	463	110	C=O	748	179
N-H	388	93	C=N	615	147
S-H	338	81	C=S	534	128
H-H	436	104	P=O	502	120
C-C	347	83	O=O	495	118
C-O	360	86			
C-N	305	73	**Triplas**		
C-S	259	62	C≡C	810	194
S-S	214	51	C≡N	924	221
P-O	418	100	N≡N	941	225

Estes valores podem ser usados como um guia na previsão de estabilidade de um composto, e para reações simples podem mostrar se a reação será endotérmica (absorve calor) ou exotérmica (libera calor). Se a soma de ΔH_{diss} dos produtos for maior do que a soma de ΔH_{diss} para os reatantes, isto significa que as ligações químicas nos produtos são mais fortes do que nos reatantes e os produtos são mais estáveis, ou seja, será necessário fornecer mais energia externa para quebrar as ligações químicas dos produtos do que era necessário para os reatantes. Por exemplo, na reação de hidrogenação do etileno:

$$\Delta H_{reação} = \Delta H_{produtos} - \Delta H_{reagentes}$$

reagentes	produtos
uma ligação C=C: 146 Kcal/mol	uma ligação C-C : 83 Kcal/mol
quatro ligações C-H: 4 x 99 Kcal/mol	seis ligações C-H : 6 x 99 Kcal/mol
uma ligação H-H: 104 Kcal/mol	
Total : 646 Kcal/mol	**677 Kcal/mol**

A diferença dos valores de $\Delta\Delta H_{diss}$ entre produtos e reagentes correspondem a uma diminuição da energia do sistema. O valor correspondente à variação de energia é:

$$\Delta\,(\,\Delta\,H_{diss.})=\;\;\Delta\,H_{reag}-\Delta\,H_{prod}=-\,677-(\,-\,646\,)$$

$$\Delta(\,\Delta\,H_{diss.})=-\,31\;Kcal/mol$$

A reação é exotérmica e deve liberar cerca de 31 Kcal/mol (130 kJ/mol). Os valores para entalpia de dissociação para estimar a energia molecular funcionam bem para moléculas em que outros fatores estruturais, como a presença de ciclos, a formação de ligações de hidrogênio, conjugação entre ligações duplas e ressonância não são importantes.

2.4. Polaridade de ligações químicas

As ligações químicas podem ocorrer entre átomos do mesmo elemento (ex: C-C; H-H, Cl-Cl) ou entre átomos de elementos diferentes (O-H, C-O, C-H). Neste último caso, as ligações podem apresentar polaridade, ou seja, formar cargas elétricas parciais sobre cada um dos átomos. Por exemplo, a ligação C-O é uma ligação polar, porque o oxigênio atrai os elétrons da ligação para si, e por isso apresenta uma carga parcial negativa, enquanto que o carbono apresenta uma carga parcial positiva.

$$\begin{array}{c} \overrightarrow{\mu} \\ \longmapsto\!\!\longrightarrow \\ \overset{\delta+}{\diagdown}\quad\overset{\delta-}{} \\ C=O \\ \diagup \end{array}$$

A diferença na atração do elétron entre os elementos se deve ao efeito de blindagem sobre os elétrons da última camada que varia de acordo com o elemento. A blindagem é a redução do efeito da carga positiva do núcleo sobre os elétrons da última camada pelos elétrons das camadas eletrônicas internas.

Por exemplo, o carbono tem 6 prótons e 2 elétrons na camada interna ($1s^2$), enquanto que o oxigênio tem 8 prótons e os mesmos 2 elétrons na camada interna. A carga positiva que atua sobre os elétrons da última camada do oxigênio é maior do que para o carbono. Logo, os elétrons da última camada do oxigênio são mais atraídos do que os elétrons da última camada do carbono, e um dos resultados é o menor raio atômico do oxigênio em relação ao carbono.

A atração eletrostática do núcleo sobre os elétrons da camada de valência atua também sobre os elétrons participantes de ligações químicas. Em uma ligação C-O, o núcleo do oxigênio atrai os elétrons da ligação mais para si do que o carbono, o que gera uma assimetria na distribuição eletrônica na ligação C-O, em que o oxigênio apresenta maior densidade eletrônica sobre si. O oxigênio é o polo negativo, e por consequência o carbono é o polo positivo da ligação C-O.

Este efeito é avaliado por uma grandeza chamada eletronegatividade, criada por Linus Pauling (Prêmio Nobel de Química e da Paz), que reflete a tendência dos átomos atraírem elétrons em uma ligação química. O efeito de polarização é representado por um δ^- (delta negativo) no polo negativo e por um δ^+ (delta positivo) no polo positivo. A diferença de carga leva a um vetor dipolo elétrico, representado por uma flecha do polo positivo para o negativo.

A eletronegatividade é estabelecida em uma escala arbitrária de 0 a 4, em que o aumento de seu valor reflete uma maior atração dos elétrons. Abaixo estão alguns valores de eletronegatividade para os elementos mais importantes em nosso estudo.

Eletronegatividade dos elementos mais comuns em química orgânica

Elemento	Eletronegatividade	Elemento	Eletronegatividade
H	2,2	F	4
Li	1	P	2,2
C	2,5	S	2,6
N	3,0	Cl	3,2
O	3,4	Br	3,0

O elemento de maior eletronegatividade é o flúor e o de menor eletronegatividade é o frâncio. A eletronegatividade diminui de cima para baixo nas colunas da tabela periódica (famílias) e aumenta da esquerda para a direita nas filas (períodos).

2.5. Polaridade Molecular

A polaridade da molécula é o resultado da soma dos vetores dipolos elétricos das ligações químicas, representada por uma seta partindo do polo positivo para o negativo. Por exemplo, o vetor dipolo magnético do clorometano e do metanol são 1,9 D (debye) e 1,7 D, respectivamente.

$\vec{\mu} = 1,9\ D$　　　　　　$\vec{\mu} = 1,7\ D$

O vetor resultante depende da geometria molecular. Vamos comparar o dióxido de carbono (CO_2) com o formaldeído (H_2CO):

$\vec{\mu}_T = 0$　　　　　　　　$\vec{\mu}_T = 2,33\ D$

Embora as ligações do CO_2 sejam polares, a soma dos vetores da polarização para cada uma das ligações C=O anulam-se, porque têm o mesmo módulo, mesma direção, mas sentidos opostos. O resultado é que o CO_2 não é polar, ou seja, é apolar. O formaldeído apresenta uma geometria trigonal em torno do carbono, e o oxigênio é o elemento eletronegativo que polariza fortemente a ligação C=O, enquanto que o carbono polariza fracamente a ligação C-H. O resultado da soma dos vetores é um vetor na direção do oxigênio, e a molécula é polar.

3. A ligação simples em moléculas orgânicas

A ligação simples ocorre pelo compartilhamento de um par de elétrons ao longo do eixo internuclear. A seguir serão estudadas as ligações simples mais comuns em moléculas orgânicas.

3.1. Ligações C-C e C-H

As ligações C-H e C-C estão presentes em quase todos os compostos orgânicos. Carbono e hidrogênio podem formar apenas uma ligação covalente simples, resultado do compartilhamento do elétron *1s* do hidrogênio com os elétrons da camada de valência (*2s* e *2p*) do carbono.

Para conhecer um pouco mais desta ligação, vamos estudar o metano – CH_4 – um gás à temperatura ambiente. O metano apresenta quatro ligações C-H, que se afastam umas das outras para diminuir a repulsão entre os orbitais com elétrons. Por isso adotam a configuração tetraédrica, com ângulos de 109,5° entre as ligações C-H. Este valor para o ângulo é padrão para compostos que apresentam carbonos com quatro ligações simples. Podem ocorrer pequenas variações quando os grupos ligados ao carbono são diferentes, mas usaremos este valor de forma geral.

O comprimento de ligação para a ligação C-H é 1,09 Å (1 Å = 10^{-10} m), ou 109 pm (1 pm = 10^{-12} m). A ligação C-H é fracamente polar, porém a distribuição dos hidrogênios em torno do carbono é uniforme, o que torna o metano apolar.

O CH_4 pertence a uma classe de compostos que apresentam apenas ligações carbono-carbono e carbono-hidrogênio, chamada de alcanos. O estudo de funções orgânicas será feito no capítulo de funções orgânicas. Algumas representações para o metano estão mostradas abaixo:

3.2. Hibridização no metano

As ligações simples C-H do metano são formadas pelo compartilhamento dos elétrons da camada de valência do átomo de carbono com o único elétron do hidrogênio, considerando a sobreposição dos orbitais $2s$ e $2p$ do carbono com o orbital $1s$ dos hidrogênios.

Porém, a distribuição dos elétrons do carbono é $1s^2\ 2s^2\ 2p^2$, que formaria o composto CH_2 pelo emparelhamento dos elétrons da camada de valência. Contudo, sabemos que o composto formado entre carbono e hidrogênio é o CH_4. Para compatibilizar com os modelos de ligação química, Linus Pauling introduziu o conceito de hibridização, em que os orbitais s e p da última camada são somados para formar orbitais híbridos sp^3, com um elétron desemparelhado em cada orbital (ou "caixa").

diagrama de "caixas" para construção do CH_2 e CH_4

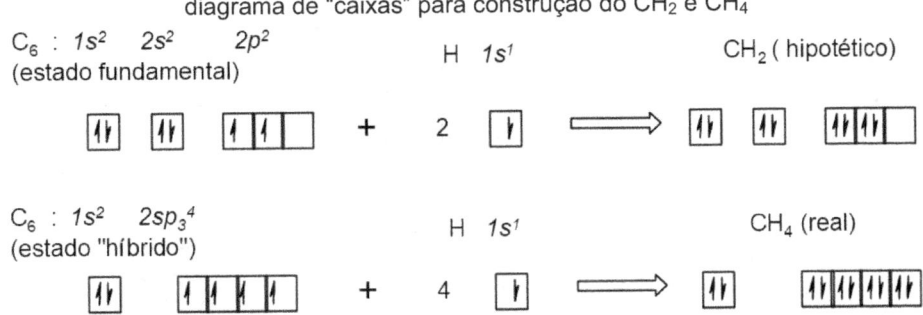

3.3. Cadeias carbônicas

Uma molécula mais complexa é o etano, CH_3-CH_3, que além de ligações C-H possui uma ligação C-C. O valor médio para o comprimento da ligação C-C é de 1,54 Å e o ângulo entre as ligações é de aproximadamente 109,5°. O grupo metil ocupa mais espaço, mas o desvio do ângulo padrão é mínimo.

As ligações simples C-C formam cadeias sem limite para o número de carbonos. Algumas cadeias poliméricas apresentam milhares de ligações C-C em sequência (ex: polietileno). Estas cadeias podem ser lineares ou ramificadas e podem ser representadas pelos símbolos atômicos, ou de forma simplificada por traços. Cada vértice é um átomo de carbono e os átomos de hidrogênio não são mostrados. Estão subentendidos para completar as quatro valências do carbono. Abaixo estão distintas formas de representar o C_4H_{10} linear (butano) e ramificado (2-metilpropano).

butano

metilpropano ou isobutano

3.4. Ligações simples do carbono com outros átomos.

As ligações C-O, C-N, C-S, C-P, C-Cl, C-Br, C-I são comuns em compostos orgânicos, e cada uma dessas ligações apresenta suas particularidades, comunicando propriedades físico-químicas especiais. Quando o átomo diferente de carbono está inserido na cadeia carbônica, como no caso dos éteres e epóxidos, diz-se que existe um heteroátomo na cadeia.

A ligação simples C-O ocorre nos álcoois, éteres e epóxidos e os ângulos típicos entre as ligações simples formadas pelo oxigênio são de 105° (nos epóxidos este ângulo é ainda menor), pela presença dos pares de elétrons isolados do oxigênio, que comprimem as ligações simples.

álcool   éter   epóxido

O enxofre é da mesma família do oxigênio da tabela periódica (família 16) e liga-se com o carbono formando compostos em que o enxofre é divalente, como nos tióis, tioéteres e episulfetos. Porém, em vários compostos conhecidos são usados os orbitais d do enxofre para as ligações químicas, em que a valência do enxofre é expandida. Nos exemplos mostrados abaixo estão alguns compostos sulfurados, em que o estado de oxidação do átomo de enxofre aumenta da esquerda para a direita.

tiol   tioéter   episulfeto   sulfóxido   ácido sulfônico   éster sulfato

A ligação simples C-N é encontrada em classes importantes de compostos orgânicos (aminas, amidas, entre outros) e apresenta algumas características peculiares, pela presença do par eletrônico sobre o nitrogênio. Assim como a ligação C-C, existe rotação livre sobre o eixo C-N. Além deste, existe o movimento de guarda-chuva sobre o átomo de nitrogênio, em que o par isolado passa de um lado para outro. Os ângulos entre os grupos ligados ao nitrogênio são levemente menores (107°) do que no carbono, devido ao efeito do par isolado, que ocupa mais espaço angular do que as ligações simples.

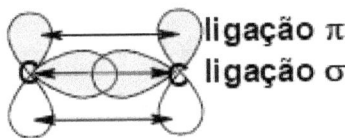

As ligações entre carbonos e halogênios (C-F, C-Cl, C-Br e C-I) são encontradas em um número pequeno de compostos naturais, mas polímeros que apresentam estas ligações são importantes em nosso cotidiano, como o Teflon (-F_2C-CF_2-)n e PVC-poli (cloreto de Vinila) - (-H_2C-CHCl-)n.

4. Ligações duplas

Nas ligações duplas, além da ligação σ (sigma), sobre o eixo internuclear, existe uma ligação π (pi), simultaneamente acima e abaixo do eixo internuclear. A ligação π aumenta a energia de ligação entre os carbonos, uma vez que aumenta a densidade eletrônica entre os dois carbonos (em vez de 2 elétrons, são 4 elétrons), atraindo os dois núcleos com mais força e diminuindo a distância entre os átomos ligados.

ligação π
ligação σ

A ligação entre os dois carbonos é mais forte do que na ligação simples, contudo a segunda ligação é mais fraca do que a primeira, porque a sobreposição entre os orbitais p na formação da ligação π é menor do que a sobreposição dos orbitais híbridos sp^2 na formação da ligação σ.

Os átomos que participam da ligação dupla e os átomos ligados a eles estão em um mesmo plano, assim a ligação dupla define uma região planar da molécula. No exemplo abaixo, as linhas cheias representam as ligações que saem do plano para frente e as linhas pontilhadas representam as ligações que entram no plano para trás.

ligação simples

estes seis átomos
estão em um mesmo plano

ligação dupla

visão lateral

O carbono também forma ligações duplas com o oxigênio (>C=O), com o enxofre (>C=S) e com o nitrogênio (>C=N-). No caso da ligação dupla entre carbono e oxigênio, a energia de ligação dupla C=O é praticamente o dobro da ligação simples C-O. Assim, a segunda ligação contribui com uma energia de ligação equivalente à primeira, conforme a tabela seguinte.

Entalpia de dissociação para ligações carbono-carbono e carbono-oxigênio

Ligação	$\Delta H_{diss.}$ (Kcal/mol)	$\Delta H_{diss.}$ (Kcal/mol
C-C	83	347
C=C	146	611
C-O	86	360
C=O	179	748

A força da ligação C=O é consequência do caráter iônico parcial, formado pela diferença de eletronegatividade entre os átomos de oxigênio e carbono. O carbono é o polo positivo ($\delta+$), e o oxigênio é o polo negativo ($\delta-$) da ligação, conforme o esquema abaixo. Os elétrons da ligação π são mais suscetíveis aos efeitos de diferenças de cargas entre os átomos, e por esta razão a ligação C=O é mais polar do que a ligação C-O. A diferença de carga entre os átomos de carbono e oxigênio gera uma forte atração eletrostática.

A consequência é o aumento da energia de ligação C=O; este é o componente iônico da ligação química. Várias classes importantes de compostos orgânicos presentes em biomoléculas apresentam a ligação C=O.

4.1. Ressonância

Algumas moléculas orgânicas que apresentam ligações duplas conjugadas são mais estáveis do que a previsão pelas entalpias de dissociação. Esta estabilidade é atribuída à ressonância entre estruturas que representam a mesma molécula. Os elétrons que participam da ressonância estão deslocalizados por uma região maior do que a ligação covalente representada na molécula. Um exemplo de ressonância é o íon carbonato, que apresenta três estruturas energeticamente equivalentes.

A estrutura real do carbonato é mais próxima da última, que representa a ligação dupla entre o carbono e oxigênio, assim como as cargas negativas dispersas (o termo utilizado pelos químicos é "deslocalizada") sobre toda a molécula.

As estruturas de ressonância são desenhadas movimentando os elétrons das ligações π e pares isolados pela molécula. O movimento de átomos não é permitido, porque neste caso estaríamos representando moléculas diferentes.

4.2. Conjugação

A alternância de ligações duplas com simples altera as propriedades dos compostos orgânicos, tais como a absorção de luz e condução de corrente elétrica e atribui-se este fenômeno à conjugação entre as ligações duplas. Podemos considerar que as ligações duplas conjugadas não são isoladas e são como uma ligação contínua. As ligações formam um sistema π com uma sobreposição contínua dos orbitais atômicos *p* envolvidos no sistema. O desenho abaixo mostra esta sobreposição em um dieno (composto com duas duplas ligações) conjugado.

ligação π   ligação π   conjugação

É possível desenhar estruturas de ressonância, que mostram este tipo de interação, em que a ligação entre os carbonos centrais têm certo caráter de ligação dupla, e ocorre uma separação de cargas. Estas estruturas de ressonância não são importantes para explicar a molécula real, porque se atribuem cargas sobre átomos de carbono em uma molécula neutra, o que seria energeticamente desfavorável, porém explicam algumas características dos compostos conjugados, como a transmissão de corrente elétrica pela cadeia e reações conjugadas em dienos.

Estruturas de ressonância com separação de cargas são mais importantes em aldeídos e cetonas conjugados com ligações duplas (chamados de aldeídos e cetonas α,β-insaturados), em que o oxigênio pode acomodar melhor a carga negativa nas estruturas de ressonância por mais eletronegativo do que o carbono.

A consequência é a carga parcial positiva sobre o carbono β, que reage com moléculas com pares de elétrons livres, chamadas de nucleófilos. Estruturas de ressonância com separação de cargas são mais importantes em aldeídos e cetonas conjugados com ligações duplas (chamados de aldeídos e cetonas α,β-insaturados), em que o oxigênio pode acomodar melhor a carga negativa nas estruturas de ressonância por mais eletronegativo do que o carbono.

A consequência é a carga parcial positiva sobre o carbono β, que reage com moléculas com pares de elétrons livres, chamadas de nucleófilos. As consequências da conjugação são a estabilização de sistemas conjugados (cerca de 3 Kcal/mol por conjugação) e a diminuição de comprimento da ligação das ligações simples entre as ligações duplas, pelo caráter parcial de ligação dupla.

A conjugação ocorre também entre ligações duplas e pares isolados. A ligação amida apresenta evidências de uma importante sobreposição do par isolado do nitrogênio com a ligação π C=O, conforme as estruturas de ressonância a seguir, em que o oxigênio apresenta uma carga parcial negativa e o nitrogênio com uma carga parcial positiva. A ligação C-N de amidas tem características de ligação intermediária entre uma ligação simples e uma ligação dupla.

As evidências físicas e químicas desta interação entre a ligação C=O e C-N são:

a) a ligação C-N amídica é mais forte do que outras ligações C-N;

b) a ligação C-N de amidas é mais curta do que outras ligações C-N;

c) os ângulos entre os grupos ligados ao nitrogênio se aproximam de 120° e não de 107°, mais próximo de uma ligação dupla do que de uma ligação simples;

d) a ligação C=O de amidas é mais fraca do que ligações C=O de ésteres, demonstrando um caráter intermediário entre dupla e simples;

e) o nitrogênio da ligação amida é praticamente planar, e está no mesmo plano da ligação C=O, condição necessária para que haja a formação de um sistema de elétrons π.

4.3. Aromaticidade

A estabilização por conjugação no benzeno (C_6H_6) e seus derivados é maior do que em alcenos conjugados. De acordo com os valores de energia de combustão, o benzeno é 150 kJ/mol (36 Kcal/mol) mais estável do que a energia calculada para a estrutura sem ressonância, usando os valores de energias de ligação. A estabilização adicional é resultado da formação de orbitais moleculares π sobre os seis átomos de carbono do ciclo e diz-se que o benzeno é um composto aromático. O aroma é uma característica de alguns derivados de benzeno presentes na baunilha e no anis.

É possível representar duas estruturas de ressonância que representam igualmente o benzeno, porém nenhuma delas representa o benzeno real, em que os seis elétrons encontram-se igualmente compartilhados pelos átomos de carbono. Assim, as ligações C-C têm um caráter intermediário entre uma ligação simples e uma ligação dupla. O comprimento da ligação observado experimentalmente é um valor intermediário entre a ligação simples e dupla, conforme a tabela abaixo.

Comprimentos de ligação de ligações carbono-carbono

Ligação	Comprimento de ligação (Å)
C - C	1,54
C = C	1,34
C – C (benzeno)	1,40

Outros compostos aromáticos derivados do benzeno apresentam outros átomos ou grupos ligados diretamente ao anel aromático. Alguns deles estão representados abaixo:

| bromobenzeno | anilina matéria-prima de corantes | fenol usado em polímeros rígidos | ácido benzoico conservante de alimentos | ácido 1,4-benzenodioico ou ácido tereftálico matéria-prima de garrafas PET |

A troca de um átomo no anel por um átomo de nitrogênio leva a outra molécula aromática, a piridina. O naftaleno apresenta dois anéis de benzeno fundidos e também é aromático. As estruturas de ressonância da piridina e do naftaleno estão representadas a seguir:

naftaleno

piridina

Além das ligações covalentes, os pares isolados também podem estar deslocalizados pelo anel, como no caso do pirrol, imidazol, furano e tiofeno.
Nas estruturas de ressonância destas moléculas, o par eletrônico no heteroátomo (N, O e S) também entra para a ressonância, e assim ocorre a formação de cargas sobre o heteroátomo. Abaixo estão as estruturas de ressonância do pirrol e furano:

pirrol

furano

5. A ligação tripla

A ligação tripla define uma região linear formando um ângulo de 180°. As duas ligações π formam um cilindro eletrônico em torno dos átomos. Alguns exemplos de moléculas com ligações triplas estão a seguir:

$$H-C\equiv C-H \qquad H_3C-C\equiv C-CH_3 \qquad H_3C-C\equiv C-C\equiv CH \qquad H_3C-C\equiv N:$$

| etino ou acetileno | 2-butino | 1,3-pentadiino | etanonitrila ou acetonitrila |

A contribuição da terceira ligação para a estabilidade molecular não é tão grande quanto a primeira e a segunda ligação, como podemos observar pelos valores médios de energia de ligação na tabela abaixo:

Valores e incrementos de energias de ligação carbono-carbono

Ligação	ΔH_{diss} *(Kcal/mol)*	Incremento (Kcal/mol)
C-C	83	
C=C	146	+ 63
C≡C	194	+ 48

A ligação C≡C apresenta uma geometria semelhante à ligação C≡N, em que o carbono e o nitrogênio apresentam hibridização *sp*, e o par de elétrons isolado do nitrogênio está em um orbital *sp*, a 180° da ligação carbono-nitrogênio.

Exercícios

1- Represente a fórmula atômica das seguintes moléculas :

C_3H_9NO

2- Desenhe as moléculas possíveis com a fórmula C_6H_{14}.

3- Desenhe as moléculas abaixo, colocando os valores para os ângulos previstos de acordo com a teoria RPECV

$H_2C=C=CH_2$ $H_3C-CH_2-NH_2$ $H_2C=CH-C\equiv CH$

4- Os valores de comprimento de ligação e $\Delta H_{diss.}$ para a ligação C-Halogênio estão mostradas na tabela.

Entalpias de dissociação e comprimentos de ligação para C-X (X= halogênio)

ligação	ΔH_{diss} *(Kcal/mol)*	d (Å)
C-F	110	1,40
C-Cl	85	1,79
C-Br	70	1,97
C-I	57	2,16

a) Construa um gráfico de ΔH_{diss} e comprimento de ligação (d); b) construa um gráfico de ΔH_{diss} pelo inverso do comprimento de ligação (1/d) para a ligação química carbono-halogênio usando os dados da tabela abaixo; c) observe e indique qual gráfico mostrou uma relação linear. Relacione com as equações de energia de atração eletrostática com a distância entre as cargas.

5- Indique se as moléculas abaixo são polares ou apolares

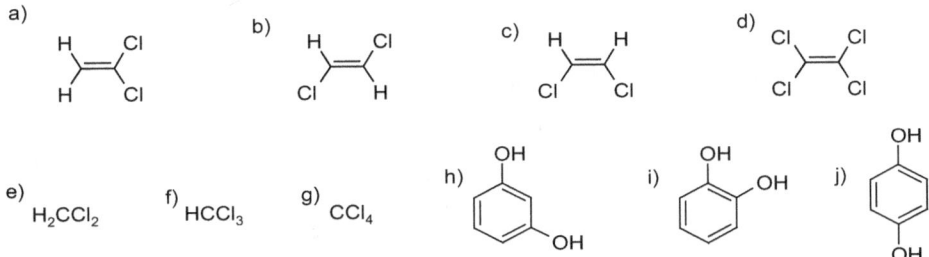

6- Ordene as séries de compostos abaixo em ordem crescente de polaridade e explique brevemente (1 parágrafo) sua resposta.

a) H_4C, H_3C-F, H_3C-Cl, H_3C-Br, H_3C-I

b) H_4C, H_3C-OH (metanol), H_2C=O (metanal), CO_2

c)

7- Desenhe as estruturas de ressonância possíveis para a ureia, usando as amidas (ver texto) como modelo. A ureia foi a primeira molécula orgânica cuja síntese foi descrita. A sua fórmula estrutural estrutura é mostrada abaixo.

8- As diferentes formas do íon guanidínio são estruturas de ressonância ou estruturas em equilíbrio?

9- Descreva os ângulos e comprimentos de ligação indicados para a molécula abaixo, de acordo com os valores médios:

dist. ligação

C_2 - H_1 =
C_5 - O_6 =
C_5 - N_7 =
N_7 - C_8 =
C_8 - C_9 =

ângulos

$H_1C_2H_3$ =

$O_6C_5N_7$ =

$H_{10}N_7C_8$ =

10- Desenhe quatro estruturas de ressonância para o uracilo na forma diânion, formado após a perda dos dois átomos de hidrogênio ligados aos átomos de nitrogênio. A primeira está representada a seguir:

11- As amidas apresentam conjugação entre a ligação C=O (N-C=O) e o par eletrônico do nitrogênio. Mostre estruturas equivalentes para os ésteres (O-C=O), cloretos de ácido (Cl-C=O) e tioésteres (S-C=O).

12- Enquanto o ângulo HOH na água é 105°, o ângulo HSH no sulfeto de hidrogênio é 92° . Qual o melhor modelo de hibridização para estar de acordo com o ângulo: sp^3, sp^2, sp ou sem hibridização- p^2?

13- Calcule o comprimento da molécula de propano (C_3H_8) em angstrons. Inicialmente considere todas as ligações alinhadas, e depois calcule, considerando os ângulos entre as ligações (dado cos 55° = 0,57).

Capítulo 2- Funções orgânicas

As substâncias puras são caracterizadas por um conjunto de propriedades físicas e químicas: ponto de fusão, ponto de ebulição, absorção de luz, emissão de luz e reações químicas particulares que permitem identificá-las. Estas propriedades dependem dos grupos de átomos presentes e da posição destes átomos dentro das moléculas.

Assim, no conjunto de milhões de moléculas orgânicas conhecidas, teríamos milhões de conjuntos de propriedades distintas. Seria possível estabelecer um pensamento lógico para entendê-las e encontrar alguma relação entre as propriedades e sua estrutura? O estado atual do conhecimento de química orgânica diz que sim, e para isto é preciso conhecer como os grupos de átomos presentes na molécula influenciam a estrutura, as forças moleculares e as reações químicas.

O objetivo deste capítulo é apresentar as principais funções orgânicas, sua importância e as principais regras para a nomenclatura das moléculas.

As Funções Orgânicas

Quando um pequeno grupo de átomos em uma molécula orgânica está ligado de uma forma específica, denomina-se uma função orgânica. Este grupo de átomos acrescenta certas características que contribuem para as propriedades físicas e químicas da molécula.

Por exemplo, os álcoois (ex: CH_3OH -metanol- e CH_3CH_2OH -etanol-) podem atuar como ácidos ou como bases fracos, apresentam ponto de fusão e ebulição relativamente altos, são passíveis de sofrer reações de substituição do grupo OH por outros grupos de átomos e reagem com brometos de alquila em condições apropriadas para formar éteres. Agregar todos estes compostos em um mesmo grupo facilita a compreensão e estudo das propriedades. Abaixo estão as funções orgânicas mais comuns:

Principais funções orgânicas	
Função	*Grupo de átomos*
Alcano	Apenas C-C e C-H
Alceno	C=C
Alcino	C≡C
Cicloalcano	Ciclo carbônico
Aromáticos benzenoides	Anel de benzeno
Haloalcanos	C-F, C-Cl, C-Br e C-I
Álcool	C-OH
Éteres	R_1-O-R_2
Tióis e tioéteres	R-SH, R_1-S-R_2
Aminas	R_1-NR_2R_3 (R não acil)
Aldeídos	R-C(=O)H
Cetonas	R-C(=O)R
Ácidos carboxílicos	R-COOH
Ésteres	R-COOR_2
Amidas	R-CONR_1R_2
Anidridos	R-CO-O-CO-R
Tioésteres	R-COSR_2
Organofosforados	R-PR_2, R-P(=O)R, R-PO_2R

As moléculas orgânicas não estão limitadas a apresentar apenas uma função na sua estrutura. Existem moléculas com grupos OH e ligação dupla; moléculas com grupos NH_2 e COOH; COOH e COOR, e assim por diante. As propriedades destes compostos mistos não são somente uma soma das propriedades de compostos isolados, mas em muitos casos têm propriedades específicas, como no caso de uma carbonila vizinha a uma ligação dupla (C=C-C=O) que apresentam reações específicas, ou uma molécula com um grupo amino e um grupo ácido carboxílico (aminoácido), que apresentam comportamento ácido-básico distinto.

Em nosso curso não será possível cobrir todos os casos, mas trataremos daqueles mais importantes para o nosso objetivo: conhecer a química das biomoléculas.

1. Alcanos

As cadeias carbônicas mais simples são constituídas apenas de carbono e hidrogênio ligados por ligações simples e cadeias abertas. A ligação C-C não é considerada uma função, porque está presente em quase todos os compostos orgânicos e não apresenta reações características. A característica dos alcanos é a ausência de outras ligações e átomos característicos.

Os alcanos também são chamados de parafinas, e apresentam menos reações do que as outras classes de compostos orgânicos. A seguir estão alguns alcanos simples e seus nomes:

metano   etano   propano   butano   2-metilpropano   pentano

A construção do nome destes compostos vem da junção de um prefixo que indica o número de carbonos na cadeia principal mais o sufixo -ANO, que indica a função alcano, em que -AN indica a ausência de insaturações (ligação dupla e tripla) e a letra -O indica a ausência de funções orgânicas (ex: OL indica álcool). A lista dos prefixos para o número de carbonos está abaixo.

IUPAC   ALCANO – PREFIXO (nº. de C)   + ANO

Prefixos de acordo com o número de carbonos

nº de C	prefixo	nº de C	prefixo	nº de C	prefixo
1	met	8	oct	15	pentadec
2	et	9	non	16	hexadec
3	prop	10	dec	17	heptadec
4	but	11	undec	18	octadec
5	pent	12	dodec	19	nonadec
6	hex	13	tridec	20	eicos
7	hept	14	tetradec	30	tricont

Por exemplo:

CH_4 – 1 carbono – MET + ANO = metano

CH_3-CH_3 = C_2H_6 – 2 carbonos – ET + ANO = etano

CH_3-CH_2-CH_2-CH_2-CH_2-CH_3 = C_6H_{14} – 6 carbonos – HEX + ANO = hexano

Para nomear alcanos com cadeias ramificadas é necessário:

1. definir a cadeia principal, que contém ao maior número de carbonos;

2. numerar a cadeia principal, iniciando por uma das extremidades. A numeração da cadeia deve ser feita de forma que o conjunto dos radicais tenha o menor número;

3. escrever o nome dos radicais, indicando a posição dos radicais;

4. o nome do radical é dado pelo prefixo do número de carbonos seguido sufixo IL

5. no caso de radicais repetidos, a quantidade é indicada por di-, tri-, tetra- na frente do radical;

6. montar o nome, escrevendo o nome dos radicais em ordem alfabética.

RADICAL – PREFIXO (no. de C) + IL(A)

Para a molécula abaixo:

4-etil-2,3-dimetilheptano

Abaixo estão os principais radicais encontrados em moléculas orgânicas:

Observe a nomenclatura para os seguintes alcanos, em que se percebe o uso dos critérios de posição e alfabético na ordem na numeração.

6-etil-2-metiloctano

metil em posição mais
próxima ao início da
cadeia principal

4-etil-5-propiloctano

etil procede propil

5-butil-6-etildecano

butil precede etil

O uso do critério alfabético para a precedência dos radicais leva em conta o prefixo referente ao número de carbonos, assim *terc*-butil vem antes de etil, mas isopropil vem antes de metil.

As moléculas podem ser representadas utilizando os símbolos dos radicais, e conforme o progresso em biomoléculas, novos radicais serão adicionados, e as moléculas começam a virar "sopa de letrinhas".

representação simplificada de moléculas orgânicas

Para identificar rapidamente se uma molécula orgânica é um alcano, observe se a molécula apresenta apenas carbonos e hidrogênios e se o número de carbonos e hidrogênios seguem a fórmula C_nH_{2n+2}. Caso não seguir, seguramente não é um alcano, e pertence à outra classe de compostos orgânicos.

A reação mais importante dos alcanos move a maioria dos motores dos nossos dias. Se chegamos à sala de aula ou nos deslocamos pela cidade de ônibus ou automóvel, a energia do deslocamento foi obtida pela reação de combustão de óleo, gasolina ou gás natural em um motor de combustão interna. A reação de combustão é altamente exotérmica e forma gases que expandem, movendo os pistões, que movem os eixos. Um exemplo de combustão é a queima do gás butano (C_4H_{10}), um dos principais componentes do gás de cozinha, GLP (gás liquefeito de petróleo):

$$H_3C\overset{CH_2}{\underset{CH_2}{}}CH_3 \quad + \; 13/2 \; O_2 \quad \longrightarrow \quad 4\,CO_2 \; + \; 5\,H_2O$$

$\Delta H^0 = -2880$ kJ/mol ou -690 kcal/mol

O calor gerado nesta reação (ΔH^0, entalpia ou calor a pressão constante) é de 690 kcal/mol. Isto significa que 13 kg de butano geram cerca de 154.000 kcal. A maior fonte de alcanos são o gás natural e o petróleo, sendo o primeiro constituído de hidrocarbonetos de 1 a 4 carbonos, enquanto o petróleo é uma mistura complexa, com hidrocarbonetos alifáticos, aromáticos e compostos com enxofre e nitrogênio.

O petróleo é destilado e separado em várias frações pelo ponto de ebulição, que depende principalmente da massa molecular. Os alcanos lineares de até 4 carbonos são gasosos, de 5 até 18 átomos de carbono são líquidos e acima disso são sólidos. A partir do butano, cada CH_2 aumenta entre 20-30° C o ponto de ebulição da molécula. Abaixo está uma tabela com a fração, o número de carbono e a faixa de ponto de ebulição coletada.

Frações do petróleo

Fração	Ponto de ebulição (C)	Número de carbonos
Gases: metano, etano, propano e butano	> 20	1 a 4
Éter de petróleo, ligroína	20 a 100	5 a 7
Gasolina	50 a 180	6 a 12
Querosene, combustível de avião	175 a 230	11 a 17
Óleo diesel e óleo para aquecimento	230 a 305	13 a 18
Óleo para aquecimento pesado	305-405	18 a 25
Óleo lubrificante	Pressão reduzida	20 a 30
Asfalto	Não destila	

O centro da refinaria são as torres de destilação, onde ocorre a separação do petróleo em suas frações, porém as frações de maior valor (gasolina e matérias-primas para polímeros) podem ser produzidas em maiores quantidades, passando frações mais pesadas por catalisadores que quebram as moléculas.

Este processo é chamado de craqueamento. Os alcanos são considerados pouco tóxicos em sua maioria evitando a exposição com a pele e acúmulo no ar.

Contudo, o hexano é mais tóxico e a intoxicação por este solvente foi apontada como a causa de mortes em trabalhadores de indústrias que usavam adesivos cuja formulação apresentava hexano. Por sua vez, a vaselina é uma mistura semissólida de hidrocarbonetos saturados utilizada em alguns cosméticos.

Tópico especial: Hidratos de Metano

O fundo dos mares esconde uma fonte de energia e uma ameaça em potencial: o hidrato de metano. O metano é formado na degradação de matéria orgânica por bactérias em meio anaeróbico, que forma uma estrutura sólida com a água em baixas temperaturas e altas pressões forma uma estrutura sólida com a água. A estrutura do hidrato de metano tem 46 moléculas de água e 8 moléculas de metano, e pode apresentar cores pela inclusão de metais e bactérias.

Este metano pode ser utilizado como combustível, assim como o gás natural, mas a sua exploração é dificultada pela sua instabilidade, porque quando chega a uma temperatura mais alta ou pressão mais baixa, ocorre a liberação do metano gasoso, que se expande e oferece risco de explosão. A primeira exploração foi realizada pela Japan Oil Company, na região do Mar Cáspio, seguidas por extrações na Sibéria, Taiwan e mar do Japão.

As estimativas das quantidades de hidratos de metano apontam para valores entre 500-2500 gigatoneladas de carbono. Para efeito de comparação, a quantidade de carbono na atmosfera é estimada em 800 gigatoneladas. Entretanto, o metano extraído pode ser utilizado como fonte de energia, mas também pode gerar um gigantesco efeito estufa se for liberado. O metano é 3.000 vezes mais ativo para o efeito estufa do que o CO_2 porque a absorção de energia do CH_4 na região do infravermelho é muito maior do que o dióxido de carbono. Inclusive a emissão de metano por ruminantes contribui para o aumento do efeito estufa.

Uma das hipóteses para a extinção do Permiano Triássico, que teria ocorrido a 250 milhões de anos, é uma gigantesca liberação de metano de hidratos de metano marítimo, provocada pelo aumento da temperatura do mar resultante de atividade vulcânica na região da Sibéria. O aumento de 5°C teria aumentado a solubilidade do metano dos bancos de hidratos de metano do fundo do mar, o que teria resultado na liberação mássica de metano para a atmosfera, aumentando o efeito estufa, levando a um maior aquecimento global, em um efeito de bola de neve. O metano também teria reagido com o oxigênio do ar, diminuindo sua concentração. A consequência foi a extinção estimada de 90 % das espécies marítimas e 70% dos vertebrados terrestres.

2. Cicloalcanos

A característica dos cicloalcanos é a cadeia carbônica cíclica saturada (sem ligações duplas ou triplas). O nome dos cicloalcanos é derivado do alcano de cadeia aberta com o mesmo número de carbonos, incluindo o prefixo "ciclo". No caso de cicloalcanos monosubstituídos, indica-se o radical ligado à estrutura, e para cicloalcanos com mais de um substituinte, numera-se de forma a ter o menor número para o conjunto dos substituintes, com prioridade seguindo a ordem alfabética.

IUPAC CICLO + PREFIXO (no. de C) + ANO

Veja os exemplos:

ciclopropano   metilciclopentano

1-etil-3-metilciclohexano

Derivados de ciclopropano não são muito comuns na natureza, porque são pouco estáveis e requerem mais energia para serem formados. O aminoácido 1-amino-ciclopropano-1-carboxilato é um passo importante na síntese do etileno em vegetais com flores. O presqualeno pirofosfato é um intermediário na síntese de lipídios (moléculas biológicas insolúveis em água), e possui um anel de três membros contendo carbono. O agente antifúngico FR-900848, isolado de uma cultura de *Streptoverticillium fervens*, apresenta cinco ciclopropanos e quatro deles em sequência.

1-amino-ciclopropano-1-carboxilato (ACC)

presqualeno pirofosfato

FR-900848

Anéis de ciclobutano são formados em amostras de DNA ou RNA expostas à irradiação de luz ultravioleta. O anel de quatro membros é formado pela reação fotoquímica entre duas unidades de timina ou uracilo (desenho abaixo).

ribose   ribose   luz u.v.   ribose   ribose

Os ciclos de cinco e seis átomos são os ciclos mais comuns nos seres vivos, como no caso do lanosterol e terpenos isolados de planta com vários ciclos ligados entre si. O lanosterol é ponto de partida para a síntese do colesterol e outros hormônios esteroidais, como a progesterona. Os ciclos que apresentam átomos além do carbono são chamados de heterociclos, e serão estudados mais adiante.

lanosterol

progesterona

cedrano

gibano

3. Alcenos

A característica dos alcenos é a presença da dupla ligação carbono-carbono. A dupla é indicada pelo sufixo -ENO após o prefixo que indica o número de carbonos e na nomenclatura usual o sufixo utilizado é -ILENO. A posição da ligação dupla é indicada na frente do prefixo. A cadeia principal deve conter a dupla ligação, numerando de forma que os carbonos da ligação dupla fiquem com o menor número.

A ligação dupla não apresenta a possibilidade de rotação em torno da ligação C=C, e por isso os dois lados da ligação dupla podem ser diferentes, com a possibilidade de dois isômeros, chamados de *cis/trans* ou E/Z. Este assunto será mais estudado no capítulo de Estereoquímica. Veja os exemplos:

IUPAC	eteno	2-metilpropeno	*trans*-but-2-eno	*cis*-2-but-2-eno
usual	etileno	isobutileno		

IUPAC- ALCENOS – POSIÇÃO DA DUPLA - PREFIXO (no. de C) + ENO

USUAL- PREFIXO (no. de C) + ILENO

Os alcenos são a matéria-prima para vários produtos utilizados em nosso cotidiano: sacos de polietileno, vasilhames de polipropileno, canos de policloreto de vinila

(PVC-polivinylchloride). Os alcenos são produzidos em quantidades de megatoneladas a partir do craqueamento do petróleo.

Diversas moléculas com ligações duplas apresentam importância biológica. O mais simples de todos é o eteno (ou etileno), que atua como hormônio em plantas com flores, induzindo o amadurecimento de frutas. Alguns feromônios (ou semioquímicos – moléculas sinalizadoras) são alcenos de cadeia longa, como o muscaluro (cis-9-tricoseno), feromônio de 23 átomos de carbono, produzido pela fêmea da mosca doméstica.

Muscaluro (feromônio sexual masculino)
mosca doméstica (*Musca domestica*)

4. Dienos e Polienos

Compostos orgânicos com mais que uma ligação dupla são chamados de dienos, que podem ser:

a) cumulados: também chamados de alenos;

b) alternados: ligações duplas alternadas com ligações simples;

c) isoladas: mais do que uma ligação simples entre as duplas.

O nome dos dienos é dado pela indicação do número de carbonos na cadeia, a posição das ligações duplas e o número de ligações duplas, usando os sufixos dieno, trieno, tetraeno, e assim por diante.

| propadieno ou aleno
dieno cumulado | 1,3-butadieno
dieno alternado | 1,4 pentadieno
dieno isolado |

Os dienos conjugados apresentam características especiais, pela contínua sobreposição da nuvem de elétrons π na região em que as ligações duplas estão conjugadas, por isso muitas vezes o termo dienos se refere aos dienos alternados. Esta sobreposição não ocorre nos alenos, porque os orbitais π estão a 90° entre si e não pode ocorrer a sobreposição dos orbitais.

1,3-butadieno

orbitais no mesmo plano:
interação ligante

aleno

orbitais perpendiculares:
não existe interação ligante

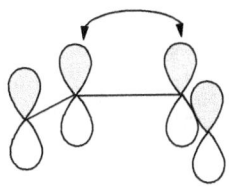

Um polieno apresenta mais do que duas ligações duplas. A conjugação entre as ligações duplas em polienos desloca a absorção de luz que ocorre no ultravioleta para o visível. Por exemplo, o caroteno (precursor da vitamina A – retinol) e o licopeno dão a cor às cenouras e tomates, respectivamente, e o esqualeno é um polieno isolado e importante intermediário na síntese dos hormônios sexuais.

β-caroteno

esqualeno

Moléculas com ligações duplas conjugadas vêm sendo utilizadas na condução de eletricidade, com perdas por aquecimento menores do que condutores metálicos. Esta pesquisa rendeu o Prêmio Nobel de Química de 2000 aos Professores Alan J. Heeger (Universidade da Califórnia em Santa Barbara, EUA), Alan G. MacDiarmid (Universidade da Pennsylvania, EUA) e Hideki Shirakawa (Universidade de Tsukuba, Japão), pela descoberta e desenvolvimento de polímeros condutores de eletricidade. Outras moléculas com conjugação com ligações duplas ou com pares eletrônicos, como o polipirrol e polianilina, vêm sendo desenvolvidas para estes usos.

polímeros conjugados

poliacetileno - *trans*

poliacetileno - *cis*

polipirrol

polianilina

5. Alcinos

A ligação tripla carbono-carbono é a característica desta função orgânica e o nome do alcino é dado pelo prefixo do número de carbonos, seguido pelo sufixo ino, que indica a presença da ligação tripla.

A numeração da cadeia é feita de forma que a ligação tripla fique com o menor número e a posição da ligação tripla é indicada pelo número do primeiro carbono da ligação tripla.

$$HC\equiv CH \qquad HC\equiv C-CH_3 \qquad HC\equiv C-\underset{\underset{CH_3}{|}}{C}H_2 \qquad H_3C-C\equiv C-CH_3$$

etino   propino   but-1-ino   but-2-ino
(acetileno)

IUPAC- ALCINOS – POSIÇÃO DA TRIPLA - PREFIXO + INO

O acetileno é o único alcino com nome usual importante, pelo seu uso em para soldas especiais, atingindo temperaturas em torno de $2.500°$ C utilizando ar como comburente e pode chegar a $3480°$ C quando utilizado oxigênio puro.

Sua combustão produz menos água do que alcanos e alcenos. A água retira calor da chama pela sua alta capacidade calorífica.

etano H_3C-CH_3 $+ \ 7/2 \ O_2 \longrightarrow 2 \ CO_2 + 3 \ H_2O$

eteno $H_2C=CH_2$ $+ \ 3 \ O_2 \longrightarrow 2 \ CO_2 + 2 \ H_2O$

etino $HC\equiv CH$ $+ \ 5/2 \ O_2 \longrightarrow 2 \ CO_2 + H_2O$

Compostos com ligações triplas são pouco comuns na natureza. Os compostos (1) e (2) abaixo foram isolados das flores de açafrão (*Carthamus tinctorins*) e o composto (3) das folhas e flores do picão (Bidens pilosa), demonstrando atividade nematicida.

(1)   (2)   (3)

6. Haletos de alquila

O carbono forma compostos estáveis com o flúor, cloro, bromo e iodo. Estes compostos são conhecidos como haletos de alquila ou haloalcanos. O haleto de alquila pode ser primário, secundário ou terciário, de acordo com o carbono ligado ao átomo.

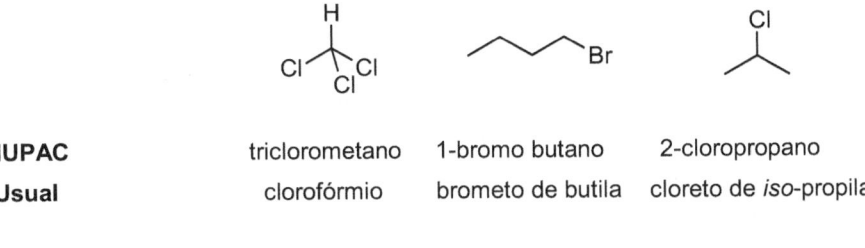

A nomenclatura pode ser feita pelo nome usual ou IUPAC. A primeira se adapta aos compostos mais simples, onde se dá o nome do haleto seguido pelo radical alquila e na segunda se dá o nome ao alcano, indicando a posição do halogênio.

A ordem dos radicais no nome segue a ordem alfabética.

IUPAC- POSIÇÃO DO HALOGÊNIO e OUTROS RADICAIS + ALCANO

USUAL- HALETO (fluoreto, cloreto, brometo, iodeto) + de + ALQUILA (metila, etila,…)

IUPAC	triclorometano	1-bromo butano	2-cloropropano
Usual	clorofórmio	brometo de butila	cloreto de *iso*-propila

1-fluor-1-metil-ciclo-hexano

2-bromo-3-iodobutano

O diclorometano e o triclorometano (usual: clorofórmio) – CH_2Cl_2 e $CHCl_3$ – são utilizados em laboratório como solventes em reações orgânicas e na extração de compostos orgânicos. Porém os compostos organoclorados são suspeitos de atividade hepatotóxica, e o uso do tetracloreto de carbono (CCl_4) como extintor de chamas foi banido.

Na natureza, são raros os compostos com ligação carbono-halogênio (halogênio = F, Cl, Br e I). Foram isolados alguns metabólitos de algas marinhas, como o clorofórmio e o tetrabromometano. A tiroxina é um hormônio secretado pela tireoide derivado do aminoácido tirosina, controla o desenvolvimento das mitocôndrias e tem efeito sobre o crescimento glandular. O objetivo da adição de iodato de potássio em pequenas quantidades ao sal de cozinha é suprir o iodo necessário para a biossíntese da tiroxina.

tiroxina

Compostos organoclorados foram utilizados durante décadas como pesticidas. Alguns exemplos são o DDT (diclorodifeniltricloroetano − 1,1,1-tricloro-2,2-bis(para-clorofenil) etano) e o lindano (1,2,3,4,5,6- hexaclorociclo- hexano), aplicados em plantações com o objetivo de controlar pragas. Estes compostos apresentaram efeito persistente no ambiente, propagando-se na cadeia alimentar e concentrando-se nos predadores, o que levou à sua proibição em vários países. O bromo de metila é utilizado como herbicida fumigante na produção de morangos.

DDT   lindano   brometo de metila

7. Álcoois

A ligação C-OH em compostos saturados caracteriza a função álcool, presente em uma grande proporção de biomoléculas. O grupo -OH é chamado de hidroxila e o radical -OH é chamado de hidroxi. O nome IUPAC dos álcoois vem do prefixo que indica o número de carbonos com a terminação OL. A cadeia principal deve conter o grupo OH, que deve ter o menor número possível, e a posição do grupo -OH na molécula é indicada pelo número do carbono da cadeia principal que está ligado o OH.

IUPAC- POSIÇÃO DO -OH - Prefixo (no. de C) + OL

O nome usual é construído com a palavra álcool, seguido pelo radical e com a terminação ICO.

IUPAC: metanol   etanol   2-metil-2-propanol   ciclo-hexanol
Usual : álcool metílico   álcool etílico   álcool *terc*-butílico álcool ciclo-hexílico

O etanol é o álcool mais importante, pelo seu consumo na forma de bebidas fermentadas (cerveja e vinho) ou destiladas (cachaça, uísque), em que a proporção varia de 4,5 % (cerveja) até 50 % (vodca e rum). O etanol é utilizado em larga escala na produção de combustível, na forma de álcool hidratado, obtido pela fermentação da sacarose da cana-de-açúcar. A vantagem sobre os combustíveis fósseis é ambiental, porque não representa um acréscimo de dióxido de carbono para a atmosfera. Todo CO_2 liberado na queima do etanol já estava na atmosfera e foi absorvido no crescimento da cana-de-açúcar nos processos fotossintéticos. O metanol é considerado um veneno, e pode levar à cegueira e morte, porém o verdadeiro agente tóxico é o ácido fórmico, resultado da oxidação metabólica do metanol. Um dos antídotos é o etanol, oxidado preferencialmente a ácido acético, bem menos tóxico. Para salvar alguém contaminado com metanol, um bom destilado é o remédio.

8. Éteres

A característica do grupo éter é a ligação C-O-C. O nome IUPAC considera os éteres como alcanos com radicais oxi. Assim, H_3CO- é o metoxi, H_3CCH_2O- é o etoxi, e assim por diante. O nome usual dos éteres se dá pela adição da palavra éter, seguida pelo nome do radical mais curto, e pelo nome do álcool correspondente ao resto da molécula.

IUPAC- POSIÇÃO DO ALCÓXI e OUTROS RADICAIS + ALCANO
USUAL- ÉTER + RADICAL 1 + RADICAL 2 + ICO

metoxi metano (IUPAC)   metóxi etano (IUPAC)   etoxi etano (IUPAC)
éter metil metílico   éter metil etílico (usual)   éter etil etílico
ou éter dimetílico   ou éter dietílico
ou éter metílico (usual)   ou éter etílico (usual)

O éter etílico é utilizado como solvente em química orgânica, e até a década de 1950 foi usado como anestésico, pela sua baixa toxidez e efeito entorpecente, mas atualmente não é mais utilizado, porque provoca náuseas.

9. Aminas e nitrogenados

A característica do grupo amina é o nitrogênio ligado apenas a grupos alquila ou hidrogênio por ligações simples. As aminas podem ser primárias, secundárias ou terciárias, conforme o grau de substituição do nitrogênio. Alguns exemplos de aminas estão representados abaixo. O nome IUPAC vem do prefixo relativo ao número de carbonos mais o sufixo AMINA e o nome usual considera os radicais ligados ao nitrogênio.

IUPAC- POSIÇÃO DA AMINA - Prefixo (no. de C)+ amina
USUAL- N, N-RADICAL (IS) + RADICAL+ AMINA

| metanamina (IUPAC) metilamina (usual) (primária) | N-metil metanamina dimetilamina (secundária) | N,N-dimetilmetanamina trimetilamina (terciária) | 1-hexanamina hexilamina |

N-etil-1-propanamina etilpropilamina / N,N-dietil-2-propanamina dietil-iso-propilamina / butano-1,4-diamina putrescina / pentano-1,5- diamina cadaverina

Aminas de baixa massa molecular apresentam um odor característico de peixe. Aliás, o aroma de peixe podre se deve principalmente à trimetilamina.

Para diminuir o aroma é possível adicionar limão, que neutraliza a amina presente através do ácido cítrico, resultando em uma reação ácido-base, formando o citrato de trimetilamônio, o que não resolve a contaminação bacteriana. A putrescina (1,4-butanodiamina) e a cadaverina (1,5-pentanodiamina) têm cheiro de peixe morto e carne podre, respectivamente.

As aminas apresentam características básicas, reagindo com o H^+ formando sais de amônio, que em meio básico (acima de pH=10) retornam à forma de aminas. Os sais de amônio são estáveis, podem ser isolados e previnem a oxidação das aminas por

oxigênio atmosférico. amina   sal de amônio

Fármacos com grupos aminas são comercializados na forma de sais porque são mais solúveis em água, não apresentam o cheiro forte das aminas e não sofrem com a oxidação da amina a N-óxido, que leva a um escurecimento do material. Um exemplo é o cloridrato (sal com HCl) de anfetamina (ver esquema a seguir).

Sais de amônio com quatro ligantes alquílicos, como o cloreto de tetraetilamônio, permanecem da mesma forma, independente do pH. A colina e a acetilcolina são sais de amônio que atuam na transmissão de sinais nervosos de uma célula para outra.

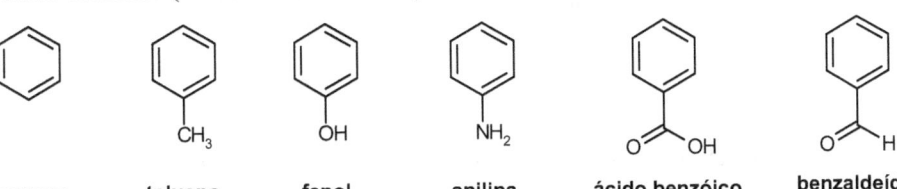

cloridrato de anfetamina   cloreto de tetraetilamônio   dihidrogenofosfato de colina   sulfato de acetilcolina

A estrutura da feniletilamina é comum a várias moléculas com ação sobre o sistema nervoso central. A liberação de adrenalina pela glândula adrenal leva a um aumento na pressão sanguínea e batimentos cardíacos, preparando o animal para a luta ou fuga. A noradrenalina também leva a um aumento na pressão sanguínea, e está relacionada com a transmissão nervosa. A dopamina e serotonina são neurotransmissores e anormalidades no nível destas no sangue levam a problemas nos processos mentais, como o mal de Parkinson e certos tipos de esquizofrenia. A mescalina também é uma feniletilamina e é um potente alucinógeno. Várias vitaminas são heterociclos nitrogenados, e a liberação de histamina está relacionada com sintomas alérgicos e o resfriado.

Algumas feniletilaminas

R= CH_3 Adrenalina;   Anfetamina   Mescalina   morfina
R= H   Noradrenalina   (benzidrina)

10. Benzeno e derivados

O benzeno é um líquido insolúvel em água, cuja fórmula C_6H_6 apresenta três ligações duplas alternadas em um anel de seis membros. A estabilidade do benzeno explica a presença do anel aromático em várias assim como sua presença no petróleo e no carvão.

Alguns derivados de benzeno recebem nomes especiais, pela sua importância industrial: tolueno – (metilbenzeno), fenol (hidroxi-benzeno), anilina (aminobenzeno) e ácido benzoico (ácido carboxibenzeno).

benzeno   tolueno   fenol   anilina   ácido benzóico   benzaldeído

Estas moléculas servem como ponto de partida para diversos outros produtos de importância industrial, como corantes, medicamentos, vernizes, resinas, etc. A principal fonte de compostos aromáticos é o carvão, que ao ser aquecido libera benzeno e tolueno. Trabalhadores de refinarias de petróleo e carvão devem ter suas condições de saúde constantemente monitoradas, devido à possibilidade de leucopenia (diminuição da taxa de glóbulos brancos) em consequência da exposição ao benzeno e derivados.

A posição relativa de derivados do benzeno com dois grupos é indicada por números ou pelos prefixos *orto* (posições 1,2), *meta* (posições 1,3) e *para* (posições 1,4). Para derivados com mais que dois grupos, a numeração das posições é necessária. Veja os exemplos abaixo:

4-etilfenol
para-etilfenol

ácido-2-aminobenzoico
ácido-*orto*-aminobenzoico

3-clorotolueno
meta-clorotolueno

4-cloro-2-metilanilina

11. Compostos Heterocíclicos

Moléculas orgânicas com um átomo diferente de carbono em um ciclo são os heterociclos. A presença do heteroátomo (átomo diferente de carbono) na estrutura aumenta a solubilidade em água, pela formação de ligações de hidrogênio e comunica propriedades ácidas ou básicas aos compostos. A síntese de compostos heterociclos é um campo importante da química orgânica, porque muitos apresentam propriedades farmacológicas e dentre os dez produtos farmacêuticos mais vendidos em 2011, sete foram compostos heterocíclicos.

A nomenclatura usual destes compostos apresenta muitos nomes usuais e a nomenclatura IUPAC considera-os como derivados de cicloalcanos, substituindo um carbono por um átomo diferente. De acordo com o átomo, adiciona-se o prefixo correspondente. Assim, os compostos abaixo estão com os nomes usuais e IUPAC.

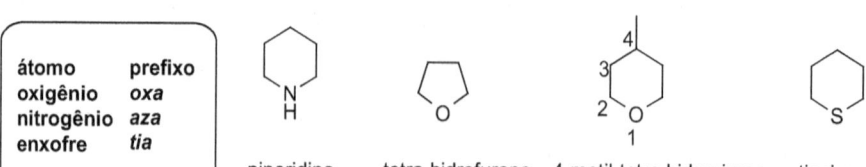

átomo	prefixo
oxigênio	*oxa*
nitrogênio	*aza*
enxofre	*tia*

piperidina
aza-ciclo-hexano

tetra-hidrofurano
oxa-ciclopentano

4-metil-tetra-hidropirano
4-metil-*oxa*-ciclo-hexano

tiopirano
tia-ciclo-hexano

Éteres cíclicos de três membros são conhecidos como epóxidos, e são bastante reativos pela instabilidade do anel de oxiciclopropano. Os adesivos epóxi contêm epóxidos que formam uma intrincada rede de ligações entre as duas superfícies em contato.

O óxido de etileno é usado na indústria farmacêutica na limpeza de material, por um agente bactericida oxidante, que não deixa resíduo. A forma cíclica dos carboidratos apresenta anéis oxigenados de cinco e seis membros, conforme a figura abaixo:

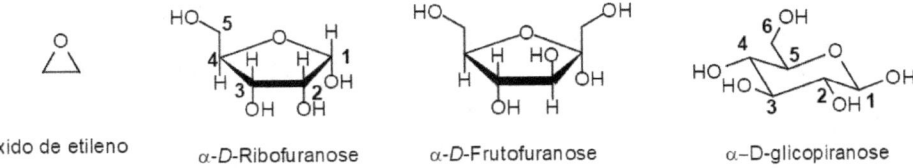

óxido de etileno   α-D-Ribofuranose   α-D-Frutofuranose   α–D-glicopiranose

12. Heterocíclicos aromáticos

Anéis aromáticos podem apresentar nitrogênio, oxigênio ou enxofre em sua estrutura, conhecidos como compostos heterocíclicos aromáticos, sendo que os mais simples são a piridina, o imidazol, o furano e o tiofeno, mostrados a seguir.

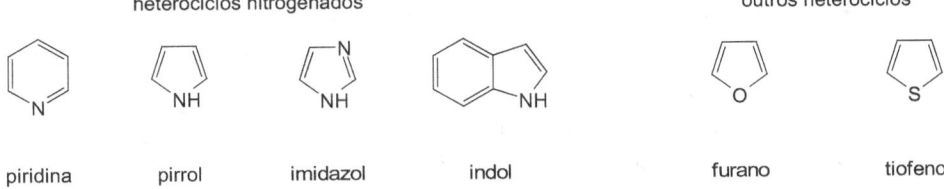

heterociclos nitrogenados

outros heterociclos

piridina   pirrol   imidazol   indol   furano   tiofeno

O anel piridina é análogo ao benzeno e possui seis elétrons π participantes das ligações duplas. No caso do pirrol, imidazol, furano e tiofeno, os elétrons isolados do nitrogênio, oxigênio e enxofre também fazem parte do sistema π, permanecendo no mesmo plano dos elétrons das ligações duplas.

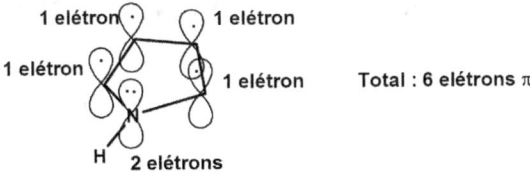

Várias vitaminas e alcaloides (biomoléculas com propriedades básicas) são heterociclos aromáticos nitrogenados, assim como os aminoácidos triptofano e histidina. A dopamina e a serotonina são mensageiros químicos que atuam sobre o sistema nervoso central, enquanto que a nicotina é um alcaloide encontrado no fumo, que também atua no sistema nervoso central e causa dependência.

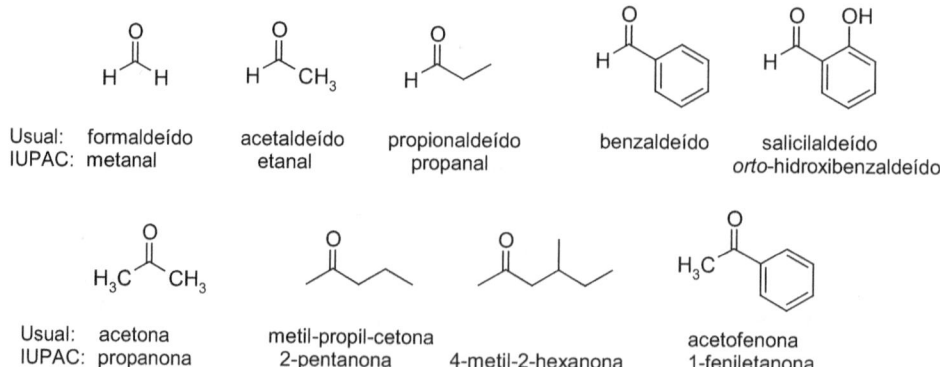

ácido nicotínico (niacina) · histamina · dopamina · serotonina

histidina · piridoxina (vitamina B6) · triptofano · cloreto de tiamina (vitamina B1)

13. Aldeídos e Cetonas

Aldeídos e cetonas apresentam a ligação carbonila (C=O), em que o carbono está ligado apenas a carbono ou hidrogênio. Nos aldeídos um dos radicais ligados ao carbono da ligação C=O é um átomo de hidrogênio e nas cetonas os dois radicais apresentam carbonos ligados diretamente ao C=O.

O nome destas classes de compostos é dado conforme a função: para aldeídos, se usa o sufixo -AL, e não é necessário indicar a posição, porque se atribui ao carbono do aldeído o número 1, e no caso de cetonas, se usa o sufixo -ONA, indicando a posição caso necessário.

ALDEÍDOS- IUPAC: Prefixo (no. de C) + AL
USUAL: RADICAL DERIVADO DO ÁCIDO + ALDEÍDO
CETONAS- IUPAC: Prefixo (no. de C) + ONA (Indicar posição da ligação C=O)
USUAL: RADICAIS ALQUILA + CETONA

Usual: formaldeído · acetaldeído · propionaldeído · benzaldeído · salicilaldeído
IUPAC: metanal · etanal · propanal · · orto-hidroxibenzaldeído

Usual: acetona · metil-propil-cetona · · acetofenona
IUPAC: propanona · 2-pentanona · 4-metil-2-hexanona · 1-feniletanona

A acetona é um solvente utilizado para fins cosméticos (remove esmalte de unha) e industriais e o formaldeído é utilizado na conservação de tecidos animais e na síntese de polímeros termorrígidos como a baquelite. Diversos compostos de interesse biológico apresentam carbonilas na sua estrutura: açúcares, lipídios, intermediários importantes no Ciclo de Krebs (piruvato, oxalacetato) entre outros.

A posição relativa dos grupos pode ser representada por letras gregas. Por exemplo, os carbonos vizinhos à ligação C=O são chamados de carbonos alfa (α), os seguintes de carbono beta (β), gama (γ).

posições relativas
ao grupo C=O :

o cloro está em posição α à carbonila
a ligação dupla é α,β à carbonila

14. Ácidos carboxílicos e carboxilatos

A função característica do ácido carboxílico é o grupo -COOH, que pode estar ligado a um grupo alquila R-COOH ou arila Ar-COOH. O grupo COOH tem características ácidas, ou seja, pode transferir o próton ligado ao oxigênio para uma base. Quando isto ocorre, o grupo COOH (ácido carboxílico) passa para COO- (carboxilato).

A nomenclatura IUPAC dos ácidos é feita escrevendo a palavra ácido e adição do sufixo –oico ao nome do radical correspondente e para alguns ácidos prefere-se usar o nome trivial. Para o carboxilato, em vez da terminação -oico, usa-se a terminação -ato , sem a palavra ácido. Observe os exemplos a seguir:

IUPAC- ÁCIDO + Prefixo (no. de C) + oico

USUAL- ÁCIDO + NOME USUAL DO ÁCIDO

HCOOH H_3CCOOH H_3CCH_2COOH $H_3CCH_2CH_2COOH$

I: ácido metanoico   ácido etanoico   ácido propanoico   ácido butanoico
U: ácido fórmico   ácido acético   ácido propiônico   ácido butírico

$H_3CCHCOOH$
$|$
Br

COOH

COOH
OH

I: ácido 2-bromopropanoico   ácido benzoico   ácido o-hidroxi benzoico
U: ácido 2-bromopropiônico   ácido salicílico

alguns ácidos de cadeia longa constituinte dos triacilgliceróis

$H_3C(CH_2)_{14}COOH$ $H_3C(CH_2)_{16}COOH$ $H_3C(CH_2)_5CH=CH(CH_2)_7COOH$

ácido hexadecanoico   ácido octadecanoico   ácido hexadecen-9-oico
ácido palmítico   ácido esteárico   ácido oléico

Vários ácidos são importantes na química dos seres vivos, como intermediários nos processos metabólicos e síntese de biomoléculas. A estrutura de algumas destas moléculas e seus nomes usuais estão representadas abaixo. Em pH fisiológico (pH=7,2) os ácidos estão na forma de carboxilato, o que aumenta a sua solubilidade em água.

| ácido S - lático | ácido pirúvico | ácido succínico | ácido cítrico |

em pH fisiológico

| S - lactato | piruvato | succinato | citrato |

A carga negativa do íon carboxilato interage por atração eletrostática (negativo-positivo) com íons inorgânicos, tais como sódio, potássio, cálcio, magnésio.

A interação com grupos amônio ($R-NH_3^+$) e guanidínio dos aminoácidos lisina e arginina se dá através da atração eletrostática e ligação de hidrogênio. O nome do sal passa a ser formado pela substituição do sufixo oico pelo sufixo ATO, assim o sal do ácido acético com sódio passa a ser acetato de sódio.

ácido acético   acetato de sódio

Os radicais correspondentes aos ácidos são os radicais acila, e podem ser derivados tanto do nome sistemático IUPAC quanto do nome usual. O nome do radical é obtido retirando o nome ácido e o sufixo "ato" e adicionando o sufixo "ila".

| metanoila | etanoila | propanoila | benzoila |
| formila | acetila | propionila | |

15. Ésteres de ácidos carboxílicos

Os ésteres carboxílicos são derivados de ácidos carboxílicos, que apresentam um grupo -COOR (R = alquil, alquenil, aromático), em que o grupo OH é substituído por um grupo -OR. O nome deriva do carboxilato do ácido, considerando que está ligado a um grupo alquila ou arila.

IUPAC- Prefixo (no. de C) + ATO DE RADICAL

USUAL- RADICAL DERIVADO DO ÁCIDO + ATO DE RADICAL

Veja o exemplo:

(IUPAC) etanoato de metila
(USUAL) acetato de

(IUPAC) ciclo-hexanoato de fenila

Os triglicerídios ou triacilglicerídios são ésteres de ácidos carboxílicos de cadeia longa, e glicerol (1,2,3-propanotriol), e têm a função de reserva de energia celular. Abaixo está a estrutura do triglicerídio formado pelo glicerol (negrito) e o ácido palmítico (ácido hexadecanoico).

16. Cloretos de ácido

Os cloretos de ácido são derivados de ácidos carboxílicos que apresentam a função -C(=O)Cl em que o átomo de carbono está ligado a dois átomos eletronegativos (O e Cl). Os cloretos de ácido são muito reativos frente a água, formando o ácido carboxílico correspondente, H_3O^+ e Cl^-. Os cloretos de ácido são utilizados em laboratório para a síntese de ésteres, amidas e outros derivados de ácido carboxílico. Para a síntese dos ésteres, o cloreto de ácido é adicionado ao álcool, conforme o exemplo abaixo.

IUPAC- CLORETO DE Prefixo (no. de C) + ILA

USUAL- CLORETO + RADICAL DERIVADO DO ÁCIDO + ILA

ácido butanóico

cloreto de butanoíla
ou cloreto de butirila

butanoato de metila

17. Anidridos de ácidos carboxílicos

Os anidridos de ácidos carboxílicos se caracterizam pela função O=C-O-C=O, em que cada carbono está ligado a dois átomos de oxigênio, um através de uma ligação simples e outro por uma ligação dupla. Na formação do anidrido a partir do ácido carboxílico ocorre a perda de uma molécula de água e daí vem o nome anidridos (an= sem, hidro= água).

ácido carboxílico

anidrido
carboxílico

A nomenclatura vem do ácido carboxílico correspondente, adicionando a palavra anidrido. Assim, o anidrido derivado do ácido etanoico (acético) é o anidrido etanoico (acético). No caso de diácidos, é possível formar o anidrido cíclico, assim o ácido succínico forma o anidrido succínico, fechando um anel de cinco membros. Abaixo estão exemplos de alguns anidridos de ácidos carboxílicos, com seus nomes usuais derivados dos ácidos que lhes deram origem.

anidrido etanoico
anidrido acético

anidrido benzoico

anidrido succínico

Da mesma forma que os cloretos de ácido, os anidridos reagem com água, álcoois e aminas, contudo a reação é mais lenta. Pelo seu uso nestas reações, os cloretos de ácido e os anidridos são chamados de reagentes acilantes (transferem acila – RC=O). Os reagentes acilantes do organismo são os tioésteres da coenzima A , os ésteres e anidridos fosfóricos.

HSCoA

coenzima A

acetil-CoA

substitui o H da
CoASH pelo acetil

propionil-CoA

substitui o H da
CoASH pelo propionil

malonil-CoA

substitui o H da
CoASH pelo malonil

18. Amidas

A função amida apresenta o nitrogênio diretamente ligado ao C=O. Presente na constituição de enzimas e de proteínas constitutivas, como a queratina (cabelos e pelos) e colágeno. As amidas são derivadas dos ácidos carboxílicos, considerando a substituição do grupo OH por um nitrogênio, que pode ser derivado do NH_3 (amônia) ou de uma amina primária ou de uma amina secundária, conforme os exemplos abaixo:

amida derivada do NH_2	amida derivada de amina primária	amida derivada de amina secundária

O nome das amidas deve indicar se o radical está ligado na cadeia carbônica ou no nitrogênio. Se estiver ligado ao nitrogênio, deve ser usada a letra N na frente do radical. O nome apresenta o sufixo -amida. Assim, a nomenclatura fica:

IUPAC n- RADICAL-Prefixo (no. de C) + AMIDA

USUAL N-RADICAL – RADICAL DERIVADO DO ÁCIDO + AMIDA

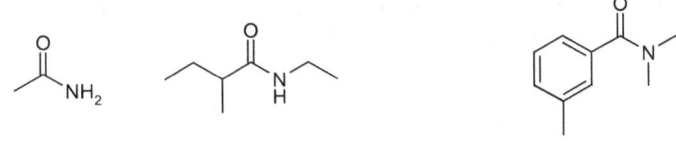

I: etanamida   *N*-etil-2-metilbutanamida   *N,N*-dimetil-meta-metilbenzamida
U: acetamida

O caráter de ligação dupla da ligação C-N é responsável pela elevada barreira rotacional para a ligação C-N em amidas (20 kcal/mol – dimetilformamida), quando comparada a ligações simples (3 kcal/mol). A consequência da barreira rotacional é que ocorrem conformações *cis* e *trans*, que se interconvertem.

trans
grupos alquila
de lados opostos

cis
grupos alquila
do mesmo lado

19. Compostos de enxofre

O enxofre apresenta diversos estados de oxidação estáveis com valência diversa. Abaixo estão diferentes classes de compostos sulfurados.

| tiol | tioéter | dissulfeto | sulfóxido |

| sulfona | sulfonato | sulfato | sulfonamida |

Os tióis e tioéteres são os equivalentes sulfurados dos álcoois e éteres; os tióis e sulfetos de baixa massa molecular apresentam um odor forte e desagradável; o 3-metil-1-butanotiol, o *trans*-2-buteno-1-tiol e o *trans*-2-butenil-metildissulfeto compõem a defesa do gambá e o etanotiol é utilizado para dar "cheiro" no GLP, inodoro, o que permite que o vazamento seja detectado, por ser detectado pelo odor mesmo em uma parte por 50 milhões de ar.

| etanotiol | 3-metil-1-butanotiol | *trans*-2-buteno-1-tiol | *trans*-2-butenil-metildissulfeto |

Os tióis também são conhecidos como mercaptanas, nome que significa captador de mercúrio, porque o mercúrio precipita facilmente com tióis. As sulfas são os princípios ativos das sulfas, medicamentos de atividade bactericida. Um exemplo é a sulfadiazina mostrada abaixo.

sulfadiazina

20. Organometálicos

Os compostos formados pela ligação de metais e radicais orgânicos são chamados de compostos organometálicos. Os metais apresentam uma eletronegatividade menor do que o carbono, logo, a ligação C-M (metal) tem polaridade inversa do que nos compostos com oxigênio, nitrogênio e halogênios. O carbono é a parte negativa da ligação e atua como um nucleófilo (espécie rica em elétrons) em uma reação química. Alguns compostos organometálicos estão mostrados abaixo:

$$\begin{array}{c} \diagdown \;\;\; _{\delta-}\;\;\; _{\delta+} \\ -\text{C}-\text{M} \\ \diagup \end{array}$$

butil-lítio

MgBr

brometo de fenilmagnésio
(R-MgBr são conhecidos como
compostos de Grignard)

$H_3C-Cu-I$

iodeto de metilcuprato

21. Complexos de moléculas orgânicas com metais

A ligação de moléculas orgânicas com metais pode ocorrer pela interação do metal com pares isolados de nitrogênio (N:-M) em ciclos. Este tipo de ligação ocorre na hemoglobina, nos citocromos, na vitamina B12 (cobalamina) e na clorofila. Na hemoglobina e citocromos o metal ligado é o ferro, na vitamina B6 é o cobalto e na clorofila é o magnésio.

A função biológica destas coenzimas está diretamente relacionada com a presença do metal no centro ativo. Por exemplo, a hemoglobina transporta oxigênio através da sua ligação com o átomo de ferro do heme e o mesmo ocorre nos processos de oxidação mediados pelos citocromos. O grupo heme é constituído por quatro anéis heterocíclicos aromáticos, mostrado abaixo, e atua como transportador de oxigênio na clorofila, e como centro de oxidação e redução nos citocromos, com quatro anéis nitrogenados ligados ao átomo de ferro.

núcleo heme

22. Polímeros

Quando as unidades moleculares se repetem ao longo da cadeia, é formado um polímero. O nome vem de polis = muitos e meros = unidades. As cadeias enzimáticas, o colágeno e a fibra da seda são repetições de aminoácidos; o amido e o glicogênio e a celulose apresentam a repetição de açúcares; a borracha natural é um polímero do isopreno; e o DNA e o RNA são polímeros de fosfonucleosídios.

Nos materiais orgânicos industriais, os polímeros também têm uma grande importância: polietileno, polipropileno, policloreto de vinila (PVC), teflon (politetrafluoroletileno), politereftalato, poliacrilato, nylon e policarbonatos são todos polímeros. Milhões de toneladas destes materiais são produzidas por ano e jogadas fora, com estimativa de tempo superior a 300 anos para se degradar, lembrando que há 300 anos nenhum destes materiais era conhecido. As reações de polimerização são catalisadas por compostos que formam radicais, que levam a reações em cadeia, resultando em longas cadeias de carbonos.

calor ou luz ultravioleta

$2 R\text{--}O^\bullet$

etileno

etileno

polietileno

Os polímeros derivados de alcenos e dienos usados em nosso cotidiano: polietileno, polipropileno, policloreto de vinila (PVC), poliacrilato (acrílico), látex, borracha artificial, entre outros, são formados a partir de monômeros com ligações duplas, que se adicionam umas às outras, formando longas cadeias e resultando em materiais sólidos, cujas propriedades podem ser controladas conforme o fim desejado. Compostos com função amino e função ácido (ou derivados) podem combinar e formar poliamidas (ex: nylon), compostos poli-hidroxilados (ex: açúcares) também polimerizam. As poliamidas são polímeros que contêm diversas ligações amida na sua cadeia. Devido às interações através de ligações de hidrogênio entre as cadeias, estas poliamidas são muito resistentes a quebras e fraturas. Tecidos utilizados em nosso cotidiano, como o náilon são derivados de poliamidas, enquanto o kevlar apresenta alta resistência mecânica.

síntese do nylon[6,6]

1,6-hexanodiamina   cloreto de hexanoila   base

síntese do nylon[6]

caprolactama

O fio tecido pelas aranhas é composto por fibroina, uma proteína em que as unidades de aminoácidos são ligadas por ligações amidas, mais resistente do que o aço, quando se leva em conta a espessura do fio, e não rompe mesmo quando insetos colidem com a teia a velocidades de 20-30 km/h.

monômero	Polímero	Nome e usos
Etileno $H_2C=CH_2$		Polietileno- sacos plásticos, isolantes, gabinetes de TV.
Propileno $H_2C=CHCH_3$		Polipropileno- roupas térmicas, carpetes resistentes ao calor.
Estireno	Ph = fenil	Brinquedos, espumas
Cloreto de vinila $H_2C=CHCl$		Material hidráulico, discos
Cianoacrilato de etila		Colas rápidas, tipo "bonder"
Metilmetaacrilato		Materiais transparentes - "acrílicos"
Tetrafluoroetileno $F_2C=CF_2$		Politetrafluoroetileno–Teflon- revestimentos anti-aderentes e resistentes à corrosão.
Butadieno		Borracha sintética
Aminoácidos		Tecidos animais e enzimas
Açúcares		Amido, glicogênio, celulose, etc.
Nucleotídios	A, T, C, G, U	RNA, DNA

Equilíbrios entre funções – tautomeria

Algumas funções apresentam a possibilidade de interconversão pelo movimento de átomos e de elétrons. Este fenômeno é conhecido como tautomeria. Os exemplos mais conhecidos são a tautomeria ceto-enólica e imino-enamino, mostradas abaixo:

forma ceto   forma enol   forma imino   forma enamino
en (de alceno) + ol (álcool)

As formas ceto e imino são as mais estáveis e predominam no equilíbrio químico, porém em algumas moléculas, o equilíbrio apresenta quantidades importantes da forma enol. Por exemplo, a ressonância estabiliza a forma enol dos fenóis, que é praticamente a única forma para esta função orgânica. A acetilacetona apresenta conjugação entre as ligações C=O e C=C e formação de ligação de hidrogênio intramolecular na forma enol. A proporção entre ambas as formas é praticamente equivalente em equilíbrio.

fenol - enol   fenol - ceto   acetoacetona- enol   acetoacetona-ceto

Conforme o pH fica mais básico, ocorre a desprotonação, formando o ânion I, que apresenta outras duas formas de ressonância (II – III: não é equilíbrio porque apenas elétrons são movidos), sendo que as formas que contribuem mais são aquelas que colocam a carga negativa sobre o oxigênio (II e III). A forma lactima do uracilo também apresenta equilíbrio, com o movimento do hidrogênio da ligação N-H (IV e VI), que por sua vez também apresenta estruturas de ressonância (V e VII).

lactama   lactima   dupla lactima

Nomenclatura: ordem de precedência

Em moléculas que apresentam mais que uma função, existe uma ordem de precedência entre as funções orgânicas para numerar a cadeia e dar um nome inequívoco à molécula. A tabela abaixo coloca as funções em ordem de prioridade para estabelecer a nomenclatura. Um bom guia é o estado de oxidação, em que as funções mais oxidadas têm maior prioridade.

Prioridade na nomenclatura de funções

Prioridade	Grupo funcional	Prefixo	Radical	Sufixo
1	amônio	$-NH_4^+$	amônio	...ônio
2	Ácidos carboxílicos	-COOH	carboxi	ácido....oico
	ácidos tiacarboxílicos	-C(=O)SH	tiocarboxi	ácido....tioico
	ácidos sulfônicos	$-SO_3H$	sulfo	ácido....ônico
3	Derivados de ácidos carboxílicos:			
	ésteres	-COOR	Oxicarbonil	...ato de ...ila
	cloretos de ácido	-C(=O)Cl	cloroformil	cloreto de ...ila
	amidas	-C(=O)-N<	carbamoil	...amida
	imidas	-C(=NR)-OR	imido	...imida
4	Nitrilas	-C≡N	Ciano	...nitrila
5	Aldeídos	-C(=O)H	Formil	...al
	tioaldeídos	-C(=S)H	tioformil	...tial
6	Cetonas	>C=O	Oxo	...ona
	tiocetonas	>C=S	tiono	...tiona
7	Álcoois	-C-OH	Hidroxi	...ol
	tióis	-C-SH	sulfanil	...tiol
8	Aminas	-C-N<	Amino	...amino
	iminas	-C=N-	imino	
9	Alcenos	-C=C-	enil (2C- etenil)	...eno
	Benzenos	$-C_6H_5$	fenil	...benzeno
10	Éteres	-O-	Oxi	Derivados de alcanos
	Tioéteres	-S-	tio	
	Haloalcanos	-X		

Observe as moléculas a seguir:

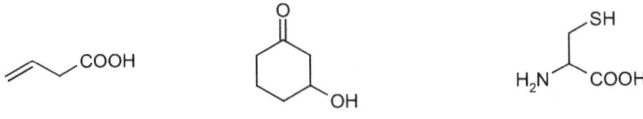

3-carboxipropeno ou
ácido 3-butenóico

3-oxo-ciclo-hexanol ou
3-hidroxiciclo-hexanona

2-carboxi-2-aminoetanotiol ou
1-carboxi-2-mercaptoetanamina ou
ácido 2-amino-3-mercaptopropanóico

Nos três casos, apenas o último nome está correto. A função com maior prioridade é aquela que determina o sufixo. No primeiro exemplo, o grupo carboxi apresenta uma prioridade maior (prioridade 2) do que a ligação dupla, o grupo ceto apresenta uma maior prioridade do que o grupo hidroxi, e por fim o ácido tem uma prioridade superior ao amino e ao tiol.

Exercícios

1-Dê o nome para os seguintes alcanos e cicloalcanos

a)   b)   c)   d)

e)   f)   g)   g)

2-Monte a estrutura das seguintes moléculas com base em seus nomes

a) 4-etil-3-metilheptano

b) 5-etil-3,7-dimetilnonano

c) 1-butino

d) ciclopent-4-en-1,3-diona

e) ácido bromoacético

f) N.N-dietilanilina

g) ácido 5-propiloctanoico

h) 4-amino-3-hexanol

i) 2,6-dibromo benzaldeído

j) acetoacetato de etila

k) 1-isopropil-2,3-dimeticiclo-hexano

l) 2,4-dimetihex-2-eno

m) 2-clorobutano

n) 1-cloro-4-metilbenzeno

o) trietilamina

p) *N*-propil-pentanamida

q) 3-clorociclopentanona

r) *para*-cloro-anilina

s) ácido *meta*-nitrobenzoico

t) formiato de sódio

3- Dê o nome usual para os seguintes compostos

a)   b)   c)   d)

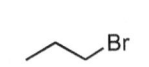

e)   f)   g)   h)

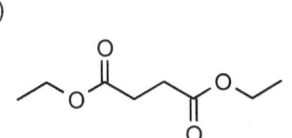   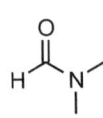

4- Dê o nome sistemático IUPAC para os compostos abaixo

a)

b) H_2N COOH

c)
OH OH

d) HO— —Cl

e)

f) H_2N

g)

h)
OH

5-Escreva as funções presentes nos seguintes compostos

a)
Br

b) COOH

c) O_2N— H

d) OH

e) N

f) OH
HO NHMe
HO
adrenalina

g) HO_2C OH
OH
ácido mevalônico

h)
N NH
H_3N^+ COO^-
histidina

i)
N— —OH
O
paracetamol

6- Observe as transformações abaixo, indique as transformações de função que ocorreram e dê o nome para todos os compostos orgânicos presentes:

a)

H₃C-CH₃ → substituição radicalar → H₃C-C-Cl (with H₂) → substituição nucleofílica → H₃C-C-OH (with H₂)

H_3C-CH_3 ——→ (substituição radicalar) ——→ $H_3C-\underset{H_2}{C}-Cl$ ——→ (substituição nucleofílica) ——→ $H_3C-\underset{H_2}{C}-OH$

_____   _____   _____

b)

$\diagup\!\diagdown$OH ——→ oxidação ——→ ═O ——→ oxidação ——→ (ácido) OH ——→ desidratação ——→ (anidrido)

_____   _____   _____   _____

(formado a partir de duas moléculas de ácido)

c)

(anidrido) + (fenol) OH ——→ esterificação ——→ (éster) + Br ——→ substituição ——→ (produto final)

_____   _____   _____   _____

7- Abaixo estão os nomes incorretos de alguns compostos orgânicos. Aponte o erro e corrija de acordo com a nomenclatura sistemática IUPAC.

a) 1,6-dimetilhexano
b) 1-amino-1-oxo-etano
c) 2-ciclo-hexilpropano
d) *cis*-4-oxo-pent-2-eno
e) feniletano
f) 3-isopropilhexan-4-ol

8- O equilíbrio imino (C=N e C-H)-enamino (C=C e N-H) é semelhante ao equilíbrio ceto-enólico. Consulte a tabela de energias de ligação do Capítulo 1, e calcule a forma preferida, aquela que apresenta maior somatório de energia de dissociação.

imino ⇌ enamino

Capítulo 3- Estrutura de Moléculas Orgânicas – cadeias e ciclos

As ligações químicas estabilizam os átomos ligados e definem novas espécies químicas, as moléculas. A posição relativa dos átomos em uma molécula é determinada pelas distâncias e ângulos entre as ligações químicas, de acordo com as forças de atração e repulsão dentro de uma mesma molécula e com as moléculas vizinhas, o que dá à molécula a sua forma específica. A função de uma biomolécula está relacionada à sua forma e os grupos de átomos presentes; por exemplo, a ligação seletiva de uma determinada molécula a uma enzima específica depende da complementaridade entre as suas formas; algumas moléculas absorvem luz atuam como fios condutores de energia (ex: retinal), pela posição das suas ligações duplas; a hemoglobina apresenta uma região planar rica em elétrons para ligar-se ao átomo de ferro e assim por diante. Neste capítulo vamos conhecer os fundamentos da estrutura das moléculas orgânicas e analisar a relação entre as ligações presentes e a forma da molécula ou de uma região da molécula.

1. Cadeias lineares

As cadeias carbônicas lineares são formadas por uma sequência de ligações simples carbono-carbono (C-C) acíclicas (sem ciclo). Contudo, a forma das cadeias não é perfeitamente linear, mas sim um zigue-zague, devido ao ângulo da ligação C-C-C de 109,5°. Além disso, os átomos podem girar em torno do eixo da ligação C-C, que permite distintas conformações de uma mesma molécula ao longo do tempo. Por exemplo, os grupos CH^3 do etano podem girar em torno do eixo da ligação C-C livremente, o que chamamos de liberdade rotacional.

Os hidrogênios ligados a carbonos diferentes podem adotar diversas possibilidades de posições um em relação ao outro. No etano, estas posições variam de um extremo onde os hidrogênios se encontram completamente sobrepostos até outro em que estão em posição antiparalela, de acordo com a projeção de Newman a seguir. A primeira posição extrema é chamada de eclipse e a outra de estrela.

ECLIPSE

visão lateral   visão frontal (eixo C-C)

ESTRELA

visão lateral   visão frontal (eixo C-C)

O etano passa de uma estrutura para a outra apenas pelo giro em torno da ligação C-C ao longo do tempo. Em um conjunto de moléculas de etano teremos uma fração na conformação eclipse, uma fração na conformação estrela e o restante nas conformações intermediárias, que se interconvertem pela rotação em torno da ligação simples. Considerando a distribuição entre os extremos estrela e eclipse:

$$\text{estrela} \rightleftharpoons \text{eclipse}$$

A constante de equilíbrio entre estas duas formas é calculada por:

$$K_e = \frac{[estrela]}{[eclipse]}$$

A diferença de energia é chamada de barreira rotacional do etano, determinada em -3 kcal/mol, sendo que a forma estrela é a mais estável. As populações relativas destas formas dependem da diferença de energia, de acordo com a equação que relaciona energia com a constante de equilíbrio.

$$K_e = e^{\frac{-\Delta\Delta G^0}{RT}}$$

O perfil energético correspondente a um giro completo em torno da ligação C-C apresenta o perfil mostrado no seguinte gráfico:

Gráfico de energia por ângulo diedro H-C-C-H do etano

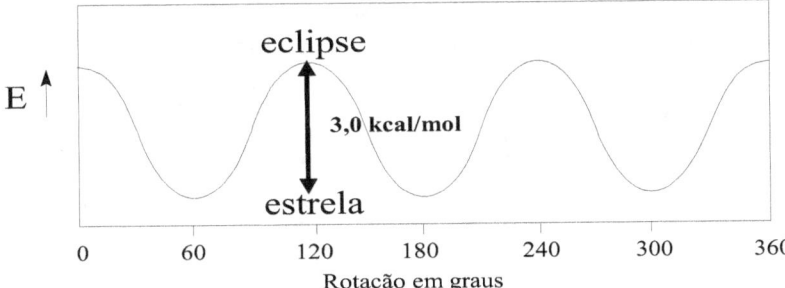

Substituindo na equação anterior o valor de -3.000 cal/mol para a diferença entre as duas conformações limite (eclipse e estrela), podemos obter a constante de equilíbrio entre estas duas formas a 25°C (298K):

$$K_e = e^{\frac{-3000 cal/mol}{1,987 cal/(mol.K).298K}} = 159$$

Ou seja, a forma estrela predomina no equilíbrio (sua concentração é 159 vezes maior do que a conformação eclipse), mas existe uma quantidade ainda considerável de moléculas de etano na forma eclipse. A temperatura ambiente fornece calor necessário para que a rotação em torno da ligação ocorra. Nas temperaturas usuais, o etano está constantemente girando em torno do eixo C-C e não é possível isolar uma das formas, nem comprar em uma loja de produtos químicos um frasco de etano "estrela" ou "eclipse".

Uma das teorias para explicar a diferença de energia entre ambas as conformações considera as interações repulsivas entre os elétrons dos orbitais da ligação C-H entre os dois grupos CH_3, que são maiores na conformação eclipse do que na conformação estrela, pela maior proximidade no espaço. Atribui-se a cada interação C-H eclipse um acréscimo de 1,0 kcal/mol na energia da conformação, totalizando 3,0 kcal/mol. Outra hipótese considera que a sobreposição entre orbitais ligantes σ_{C-H} e orbitais anti-ligantes σ^*_{C-H} estabiliza conformação estrela em 3,0 kcal/mol.

repulsão entre orbitais   interação ligante-antiligante no etano

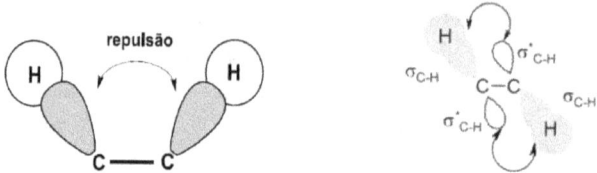

No butano ($H_3C-CH_2-CH_2-CH_3$), os dois carbonos centrais apresentam dois hidrogênios e um CH_3 ligados a cada um destes carbonos. Dependendo da conformação, ocorre uma aproximação no espaço entre os grupos -CH_3, provocando uma repulsão entre as nuvens eletrônicas dos hidrogênios no espaço. Para o butano são possíveis quatro posições limites para os grupos dos carbonos centrais – carbonos C-2 e C-3.

conformações e projeções de Newman para o butano

No butano as conformações:

anti   gira 60°   **eclipse 1**   gira 60°   **gauche 1**   gira 60°

eclipse 2   gira 60°   **gauche 2**   gira 60°   **eclipse 3**

A conformação mais estável é a anti, na qual os grupos CH_3 (metilas) estão mais afastados, e a menos estável é a eclipse 2, em que as metilas estão mais próximas no espaço entre si, em posição sin. A diferença de energia entre estas duas conformações limite é de 5,0 kcal/mol, sendo que 2,0 kcal/mol são atribuídos às duas interações repulsivas C-H e 3,0 kcal/mol à interação repulsiva entre os grupos CH_3. Este valor é pequeno para impedir a liberdade rotacional do butano.

$H \leftrightarrow H$	$CH_3 \leftrightarrow H$	$CH_3 \leftrightarrow CH_3$	$CH_3 \leftrightarrow CH_3$ (gauche)
1,0 kcal/mol	1,5 kcal/mol	3,0 kcal/mol	0,9 kcal/mol

Todas as cadeias formadas por ligações simples apresentam rotação em torno da ligação C-C, o que permite um grande número de conformações diferentes para um mesmo composto, com uma pequena diferença de energia entre elas. As cadeias podem se estender ou se dobrar, e como resultado ter conformações mais estendidas ou mais globulares. Por exemplo, o decano possui nove ligações C-C com liberdade rotacional e as conformações estendidas com todas as ligações C-C em anti são as mais estáveis. Assim, as cadeias são representadas na forma de "zigue-zague".

decano em "zig-zag"

2. Cadeias ramificadas

As cadeias carbônicas podem ser ramificadas, ou seja, com outras ligações C-C fora da cadeia principal (mais longa). Assim, existem dois alcanos de fórmula C_4H_{10} e três alcanos de fórmula C_5H_{12}, que apresentam propriedades físicas (ponto de fusão, ponto de ebulição, densidade e solubilidade) diferentes entre si, e podem ser separados por técnicas como destilação (separação pela ebulição), solubilidade ou recristalização.

3. Moléculas cíclicas

Quando uma cadeia a partir de três átomos se fecha sobre si mesma, forma-se um ciclo. Estas moléculas são chamadas de cíclicas, e a presença de anéis ou ciclos é comum em moléculas de origem natural.

Se todos os ciclos fossem planares, o ciclopropano, ciclobutano, ciclopentano e ciclo-hexano (estruturas abaixo) apresentariam valores de ângulos internos de 60°, 90°, 108° e 120°, respectivamente. Inicialmente, os valores se aproximam do ângulo do carbono tetraédrico (109,5°) até o ciclopentano, quando ultrapassaria este valor. Porém os cicloalcanos maiores não são planares.

estrutura	$H_2C \overset{\overset{H_2}{C}}{\diagup\diagdown} CH_2$	$\begin{array}{c} H_2C - \overset{H_2}{C} \\ \mid \quad \mid \\ \underset{H_2}{C} - CH_2 \end{array}$	ciclopentano estrutura	ciclo-hexano estrutura
ângulo se a molécula fosse planar	60°	90°	108°	120°
	ciclopropano	ciclobutano	ciclopentano	ciclo-hexano

A combustão dos cicloalcanos forma CO_2 e H_2O, com liberação de energia. Como os produtos são os mesmos para a combustão de todos os cicloalcanos, a entalpia dos produtos é a mesma para todos, e a variação de $\Delta H°$ corresponde somente à diferença de entalpia entre os compostos cíclicos.

$$(\text{—CH}_2\text{—})_n \quad + \quad 3n/2\ O_2 \longrightarrow n\ CO_2 \quad + \quad n\ H_2O + calor$$

calor de combustão por CH_2 (kJ/mol)

Energias de combustão de alguns compostos cíclicos

Cicloalcano	Número de CH_2	$-\Delta H$ combustão (kJ/mol) por CH_2	$-\Delta H$ combustão (kcal/mol) por CH_2
ciclopropano	3	696	166,6
ciclobutano	4	680	162,7
ciclopentano	5	658	157,3
ciclo-hexano	6	652	156,0
ciclo-heptano	7	656	157,0
ciclooctano	8	658	157,3
ciclononano	9	659	157,5

O ciclopropano libera 2091 kJ/mol, enquanto que o ciclobutano libera 2724 kJ/mol, mas isto se deve ao maior número de grupos CH_2 que reagem. Dividindo pelo número de CH_2, teremos um dado importante para comparação entre a energia acumulada pelo anel.

O cicloalcano que libera mais energia é o ciclopropano, logo está em um nível energético mais alto, o que o torna o menos estável, enquanto o ciclo-hexano é o mais estável. A diferença de estabilidade está relacionada com o afastamento do ângulo de ligação do ângulo do carbono tetraédrico. Para o ciclo-hexano, este ângulo é de 109,5°, pela sua estrutura não-planar. Os anéis de três a seis membros serão estudados com maior detalhe na sequência.

3.1. Ciclos de três membros

O ciclopropano é o cicloalcano com três carbonos mais simples, de fórmula C_3H_6, com três grupos CH ligados entre si. Usualmente é desenhado como um triângulo equilátero, onde cada vértice representa um CH_2.

No ciclopropano, os três carbonos estão em um mesmo plano (não poderia ser diferente), e os hidrogênios situam-se acima e abaixo dos planos. Os ângulos entre as ligações C-C são de 60°, um valor bem menor do que o usual para ângulos de um carbono com quatro ligações, de 109,5°.

Vamos construir mentalmente o ciclo de três a partir do propano, fechando os ângulos das ligações entre os carbonos de 109,5° até ângulos de 60°. Para fechar o ciclo, as ligações devem ser forçadas, e segundo a teoria de Baeyer, esta força permanece nas ligações como uma mola que se encontra tensionada. Esta tensão acumulada significa uma desestabilização do anel de três membros, e por isso, abrem com facilidade em condições adequadas.

As reações com H_2 ou Br_2 levam a adição destes reagentes, fornecendo o alcano (propano) ou dibromoalcano, respectivamente.

a) reação com H_2 b) reação com Br_2

Outras classes de compostos orgânicos com anéis de três membros são os epóxidos e as aziridinas. Nos primeiros, um átomo de oxigênio participa do anel, e no outro um nitrogênio participa do anel. Os epóxidos constituem os adesivos do tipo epóxi, como a Araldite.

epóxido **aziridina**

3.2. Ciclos de quatro membros

A estrutura do ciclobutano apresenta os quatro carbonos aproximadamente em um mesmo plano, com ângulos internos de aproximadamente 90°.

Novamente ocorre um afastamento do ângulo de 109,5°, o que significa que o ciclo está submetido ao mesmo tipo de tensão que o ciclopropano, embora menor porque a diferença entre os ângulos é menor do que no ciclopropano.

Ciclobutanos também apresentam tendência para abrir frente a certos reagentes, tais como hidrogênio e bromo, porém as condições para que esta reação ocorra são mais vigorosas do que no caso dos ciclopropanos, devido à menor tensão nestes anéis.

A reação de abertura do anel de quatro membros é a causa da atividade antibacteriana das penicilinas. As penicilinas interferem na etapa final da construção da parede bacteriana, porque se ligam à enzima DD-transpeptidase de forma irreversível. Esta enzima atua na formação de uma rede de aminoácidos para o fortalecimento da membrana celular. Como resultado da inativação da enzima, a bactéria cresce de forma descontrolada, a membrana fica fragilizada e rompe, resultando na morte da bactéria.

estrutura geral
de uma penicilina

3.3. Ciclos de cinco membros

Os ciclos de cinco membros são comuns na natureza, e estão presentes na estrutura de açúcares, aminoácidos, hormônios, nucleotídios, entre outras classes de moléculas bio-orgânicas. Anéis de cinco membros são estáveis e não apresentam a tendência de abrir em reações químicas. A estrutura do ciclopentano está mostrada abaixo, usualmente representada como um pentágono regular.

A estrutura do ciclopentano é aproximadamente planar, com ângulos internos próximos a 108°. Este valor é muito próximo ao ângulo de um carbono com quatro ligações e por isso, o ciclopentano não possui tensão anelar, de acordo com os dados de ΔH de combustão, o que comprova a estabilidade do anel. O ciclopentano na presença de hidrogênio ou bromo não reage, mesmo em condições severas de reação.

3.4. Ciclos de seis membros

Os anéis de seis membros são os mais estáveis e os mais comuns em compostos de importância biológica. Embora a estrutura do ciclo-hexano seja muitas vezes representada como um hexágono planar regular e ângulos de 120°, esta representação pode induzir ao erro em considerar que o ciclo-hexano como planar. Na verdade, a estrututura do ciclo-hexano (C_6H_{12}) é tridimensional, com ângulos idênticos ao carbono tetraédrico do metano: 109,5°.

Existem duas estruturas limite para o ciclo-hexano com ângulos de 109,5°: a forma "cadeira" e a forma "barco" sendo que a conformação mais estável é a conformação cadeira. Químicos têm grande imaginação ao ver cadeiras e barcos nos desenhos a seguir:

estrutura cadeira

estrutura barco

Abaixo estão as estruturas do ciclo-hexano cadeira com vista lateral, de cima, e sem os hidrogênios, para que você mesmo diga se elas se assemelham a uma cadeira (talvez uma cadeira de praia).

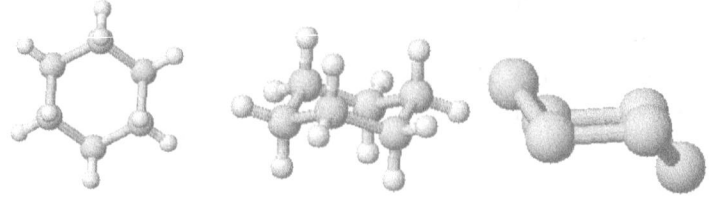

O ciclo de seis membros é flexível, e permite que os grupos CH_2 "subam e desçam", sem que seja necessário quebrar a estrutura da molécula, ou aplicar uma forte torção sobre a estrutura. Neste movimento, uma estrutura cadeira para outra, passando por uma estrutura "barco". Este é mais um caso de conformações em equilíbrio que se interconvertem rapidamente.

A menor estabilidade da forma barco é atribuída à repulsão entre as nuvens eletrônicas dos hidrogênios ligados a C1 e C4 (ver esquema acima) e à repulsão entre os elétrons das ligações C2-C1 e C3-C4, que estão em posição "sin".

Observe que na conformação cadeira todas as ligações C-C estão em posição relativa gauche. A diferença de energia entre as duas estruturas é de 7,1 kcal.mol^{-1}. Para efeitos práticos, consideramos que o ciclo-hexano está totalmente na forma cadeira e apresenta mobilidade estrutural.

Uma consequência interessante é o fato de que a estrutura tridimensional diferencia os hidrogênios ligados aos carbonos do ciclo-hexano, e dois grupos de posições para os hidrogênios: axiais e equatoriais.

Os seis hidrogênios em posições axiais situam-se ao longo do eixo molecular, enquanto que os seis hidrogênios em posições equatoriais situam-se aproximadamente em um mesmo plano, divergindo da estrutura carbônica.

Com isto, os hidrogênios nas posições equatoriais se afastam dos hidrogênios vizinhos, enquanto que cada hidrogênio axial está próximo a dois outros hidrogênios que apontam para o lado de cima ou de baixo. Em temperatura ambiente, a constante mudança de conformação do ciclo-hexano alterna as posições dos hidrogênios axiais para equatoriais e vice-versa.

Se trocarmos um dos hidrogênios por outro grupo: uma metila (CH_3) por exemplo, em que posição ficará esta metila: axial ou equatorial?

a) axial

b) equatorial

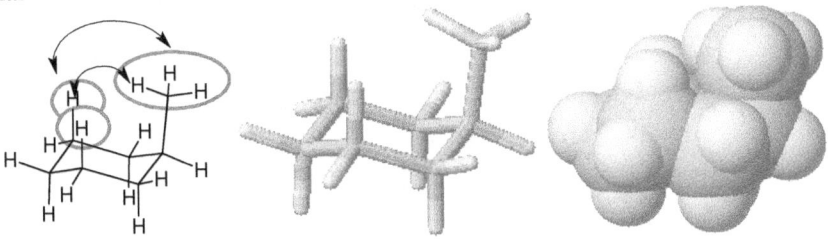

O anel do metilciclo-hexano também apresenta mobilidade conformacional, e interconversão entre as posições equatoriais e axiais, resultando em equilíbrio químico entre ambas as conformações.

H em equatorial
CH_3 em axial

CH_3 em equatorial
H em axial

Determinou-se que a forma em maior proporção tem o grupo metil em equatorial e o valor da constante de equilíbrio a 25° C (298 K) foi determinado como $K_e= 19$. Ou seja, o número de moléculas com a metila em equatorial é 19 vezes maior do que aquelas com a metila em axial, o que corresponde a uma diferença de energia de 1,74 kcal/mol entre a conformação mais estável e a menos estável.

A diferença entre a estabilidade das conformações é atribuída à repulsão entre a metila axial e os dois hidrogênios axiais que apontam para o mesmo lado do anel. Quando a metila está em equatorial, ela diverge e não se aproxima de nenhum outro grupo.

Para outros substituintes ligados ao ciclo-hexano, a diferença de energia entre as conformações com o radical R na posição equatorial e axial (A), está reportada na tabela abaixo, em que $A = \Delta G_{(R)ax.} - \Delta G_{(R)eq.}$. Quanto maior for o valor de A, maior será a preferência deste radical para ficar na posição equatorial.

Diferença de energia para grupos em posições axiais e equatoriais no ciclo-hexano

Grupo R	A (kcal/mol)	A (kJ/mol)
CH_3	1,74	7,3
CH_2CH_3	1,75	7,3
$CH(CH_3)_2$	2,14	9
t-Bu	4,9	21
C_6H_5	2,7	11
OH	0,95	4
NH_2	1,4	5,9
OCH_3	0,75	3,1

Esta tabela permite estimar a distribuição entre as conformações com um bom grau de exatidão. Por exemplo, para o *cis*-4-metil-1-fenilciclo-hexano, podemos calcular a energia das interações axiais repulsivas para as duas conformações possíveis:

fenil equatorial : 0,0
metila axial : 1,74 kcal/mol

fenil axial : 2,7 kcal/mol
metila equatorial : 0,0

A diferença de energia devido ao efeito axial é $\Delta G = 2,7-1,4 = 1,3$ kcal/mol, em que a conformação menos estável é aquela de maior energia, ou seja, com o fenil em axial. Calculando a distribuição entre as conformações a 25° C (298 K). logo:

$$K_e = e^{\frac{-\Delta\Delta G}{RT}} \qquad K_e = e^{\frac{-|-1.300cal/mol|}{1,987cal/mol.K \cdot 298K}} = 0,11$$

O equilíbrio está deslocado para a conformação com a fenila em equatorial, mas a diferença de energia é pequena, e existe uma proporção considerável de moléculas na conformação que a metila está em equatorial.

O grupo *terc*-butil (-$C(CH_3)_3$) tem preferência ainda maior para se posicionar na posição equatorial. O grupo *terc*-butila, praticamente "congela" o movimento de troca entre as posições axial e equatorial. A constante de equilíbrio entre as formas equatorial e axial do *terc*-butilciclo-hexano é acima de 3.000.

No caso do *cis*-1-*terc*-butil-4-metilciclo-hexano, mostrado abaixo, a conformação preferida é a primeira, em que a *terc*-butila, mais volumosa, fica na posição equatorial, e por consequência a metila, menos volumosa, fica na posição axial.

terc-butilciclo-hexano equatorial
metila axial

terc-butilciclo-hexano axial
metila equatorial

O ciclo de seis membros da glicose é formado pela reação da hidroxila de C-4 com o aldeído de C-1, resultando em um hemiacetal (O-C-OH). A nova hidroxila ligada a C-1 apresenta duas possibilidades: OH em axial (α -*D*- glicose) ou em equatorial (β - *D* glicose), que estão em equilíbrio com a forma aberta. As proporções no equilíbrio em água são: 64 % de β -*D*-glicose, 36% de α -*D*-glicose e 0,25 % da forma aberta.

C-1

OH de C-5

OH ligado ao carbono 5 liga-se ao carbono da ligação C=O (C-1)

glicose
(forma aberta)

α-D-Glicopiranose

β-D-Glicopiranose

amilose:
base do amido
e glicogênio

forma celulose

Os polímeros da forma α são a amilose e amilopectina, formados por ligações entre as unidades de glicose através de ligações C-O entre os carbonos C-1 e C-4. A amilose e amilopectina são "reservatórios de energia" que compõem o amido (vegetais) e o glicogênio (animais e fungos). O principal polímero da forma β é a celulose, que compõe as fibras vegetais.

3.5. Policíclicos

Muitos compostos orgânicos apresentam anéis com ligações químicas em comum, chamados anéis fundidos. A decalina ($C_{10}H_{16}$) apresenta dois anéis de ciclo-hexano, com duas estruturas diferentes, *cis* ou *trans*-decalina. Na *cis*-decalina, um anel deve se juntar ao outro em uma posição axial e outra equatorial, enquanto que na *trans*-decalina, ambas as junções são equatoriais.

decalina   mistura de   *cis*-decalina   *trans*-decalina

Os esteróides são uma classe importante de moléculas que atuam como reguladores de crescimentos ou hormônios sexuais, assim como em mecanismos de defesas de plantas e anfíbios. A característica estrutural comum aos esteroides é a presença de quatro anéis fundidos: três anéis de ciclo-hexano e um de ciclopentano. A variação estrutural ocorre entre os anéis A e B, com estrutura semelhante à da decalina (ver esquema e comparar estrutura), cuja junção pode ser *cis* (ex: colestanol ou di-hidrocolesterol) ou *trans* (ex: coprostanol).

anel esteróide   presente em   colestanol - junção *trans*

coprostanol - junção *cis*

Compostos policíclicos podem apresentar junção através de carbonos que não estão ligados entre si, como o norbornano no esquema abaixo, que adota a conformação barco para o anel de ciclo-hexano, devido às ligações C-C que restringem o movimento molecular do anel. Esta e outras estruturas semelhantes são rígidas, sem a possibilidade de interconversão entre as conformações barco e cadeira.

norbornano

biciclo [2.1.1] hexano   biciclo [2.2.1] heptano   biciclo [2.2.2] octano   biciclo [3.2.2] nonano

Exemplos de moléculas biológicas que apresentam estruturas deste tipo são a cânfora e alguns alcaloides naturais (alcaloides são moléculas com características básicas e formam sais com ácidos fortes) conforme os exemplos abaixo:

    cânfora   cocaina   sparteina
                  -alcaloide-   -alcaloide-

Exercícios

1-Represente as estruturas eclipse e estrela para o propano (H_3C-CH_2-CH_3). Quantas conformações limite (eclipse e estrela) não equivalentes ocorrem no giro completo?

2- a) Desenhe as conformações limite do 2-metilbutano de acordo com a representação de Newman; b) indique a conformação preferida; c) procure os valores para as energias de repulsão no texto e calcule a diferença para as diferentes conformações; d)estime a razão entre as concentrações das espécies estrela e eclipse a 298K; e) desenho o gráfico representando a variação da energia com o ângulo de torção.

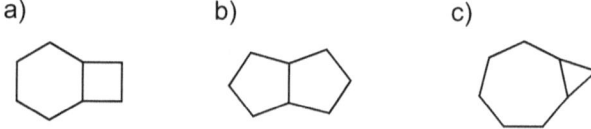

3- Com base nos valores de estabilidade dos ciclos por CH_2 (procure os valores no texto), qual o biciclo de fórmula C_8H_{14} mostrados abaixo é o menos estável, e o mais estável? Faça a aproximação, considerando que o carbono da junção faça parte apenas do anel menos estável.

a)   b)   c)

4- Desenhe as conformações dos isômero *cis*-1,3-dimetilciclo-hexano na forma cadeira. Existe diferença de estabilidade entre elas? Se existe, qual a mais estável? Faça o mesmo para o isômero *trans*.

5-Faça o mesmo para os isômeros *cis* e *trans* para o 1,4-dimetilciclo-hexano. Calcule a difereça de energia para ambos os isômeros.

6- Os valores das constantes de equilíbrio para o metilciclo-hexano e o *terc*-butilciclo-hexano são 19 e 3000, a 298 K, respectivamente. Calcule a diferença de energia entre as duas formas . Use R=1,987 cal/mol.K para obter energia em kcal/mol. Com este valor de energia calcule a constante a 500ºC (773K) para o meticiclo-hexano.

1-*terc*-butil-2-metilciclo-hexano

7- Desenhe os anéis na forma cadeira para o composto abaixo com: a) as duas junções *cis*; b) uma junção *cis* e outra *trans*.

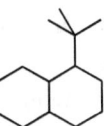

Capítulo 4- Estereoquímica

Os átomos ocupam lugar no espaço, em posições aproximadamente fixas em uma molécula, e que determinam a forma que a molécula interage com o meio, e inclusive as suas reações químicas. A parte da química que se dedica ao estudo da posição relativa dos átomos no espaço é a estereoquímica (estereos = espaço) da molécula.

1. Isomeria

Moléculas que apresentam a mesma fórmula química e diferentes fórmulas moleculares são chamadas de isômeros, que podem ser funcionais, de cadeia ou estereoisômeros. Os isômeros funcionais podem se diferenciar pela função química (ex: cetona-aldeído-epóxido, álcool-éter, cicloalcanos- alcenos).

Por exemplo, existem dois compostos com fórmula C_2H_6O: etanol e éter metílico. Enquanto que o etanol é líquido, obtido na fermentação da cana-de-açúcar, da uva e de cereais, o éter metílico é um gás, utilizado em aerossóis.

$$H_3C - \overset{\overset{\displaystyle H_2}{|}}{C} - OH \qquad\qquad H_3C - O - CH_3$$

etanol   éter metílico

Ambas as moléculas diferem também na solubilidade em água: o etanol é completamente solúvel em água, e o éter metílico é praticamente insolúvel. Suas propriedades diferem pelo arranjo das ligações químicas e interações com as moléculas vizinhas. A informação contida na fórmula C_2H_6O não é suficiente para distinguir uma da outra, sendo necessária a fórmula estrutural.

Propriedades físicas de moléculas de fórmula C_2H_6O

	Fórmula	Ponto de fusão (°C)	Ponto de ebulição (°C)
Etanol	C_2H_6O	-115	78
Éter metílico	C_2H_6O	-140	-24

O butano e o metilpropano têm fórmula C_4H_{10} diferem pela cadeia carbônica, e são isômeros de cadeia, enquanto que o *cis*- ou *trans*-2-buteno diferem pela posição relativa definida pela ligação dupla, e o R e S-2-butanol são diferentes pela disposição em torno de um carbono ligado a quatro radicais diferentes entre si. Os isômeros de cadeia e *cis-trans* apresentam propriedades físicas como temperatura de fusão, temperatura de ebulição e densidade diferentes, enquanto que os isômeros R e S têm estas mesmas propriedades idênticas.

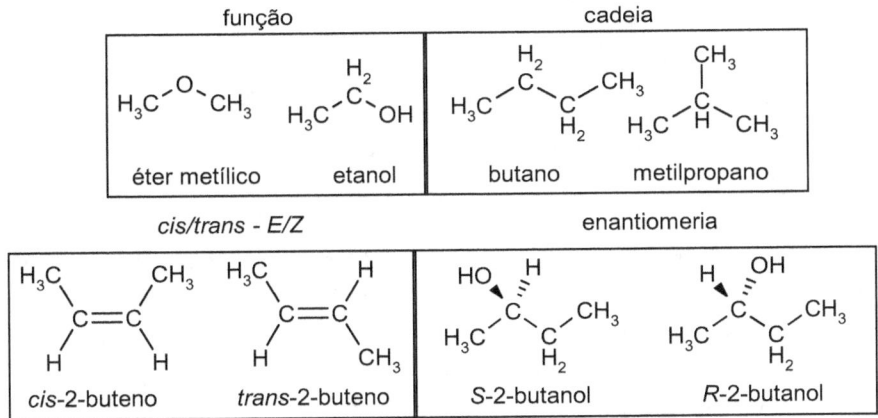

Os dois últimos grupos (cis-*trans* e *R-S*) apresentam a mesma conectividade, ou seja, os átomos estão ligados entre si da mesma forma, porém a disposição dos átomos no espaço é diferente. Estas moléculas são chamadas de estereoisômeros, diferenciados pelas nomenclaturas cis-*trans* (ou *E-Z*), e por *R-S* (ou *D-L*).

2. Estereoisomeria *cis-trans* (ou *E-Z*)

Compostos com ligação dupla C=C e cicloalcanos apresentam rotação impedida e podem demonstrar isomeria do tipo *cis-trans* ou *E-Z*. Em compostos com ligações duplas, a isomeria ocorre em compostos com os seguintes esquemas de substituição:

isomeria	isomeria	isomeria	não há isomeria

Para o primeiro quadro é possível classificar claramente a posição relativa dos grupos. A primeira forma é chamada de *cis*, onde os grupos idênticos estão do mesmo lado, e a segunda forma é chamada de *trans*, onde os grupos idênticos estão em lados opostos em relação à dupla ligação. Os isômeros *cis-trans* apresentam propriedades físico-químicas distintas.

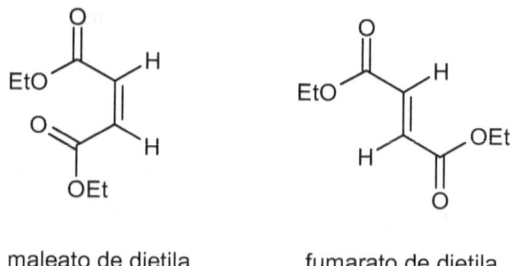

maleato de dietila

fumarato de dietila

p.fusão   -19 °C   104 °C

Quando os quatro grupos ligados a dupla são diferentes, a nomenclatura *cis-trans* pode ser confusa. É necessário estabelecer uma ordem de precedência, estabelecida pelas regras propostas por Cahn, Ingold, Prelog, baseada no número atômico dos átomos ligados diretamente à dupla ligação.

Se os grupos de maior número atômico ligados aos carbonos estão do mesmo lado da dupla ligação, recebem a nomenclatura *Z* (do alemão "zusammen"-juntos); se estão de lados opostos, recebem a nomenclatura *E* ("entgegen"-separados). Quando o átomo diretamente ligado tem a mesmo número atômico (mesmo elemento), define-se pelo número atômico dos átomos da continuação da cadeia.

Z-1-bromo-1-cloro-2-fluor-2-iodooeteno   *E*-1-bromo-1-cloro-2-fluor-2-iodooeteno

Uma importante classe de lipídios (biomoléculas insolúveis em água) são os ésteres de ácidos graxos com glicerol (1,2,3-propanotriol). Os ácidos graxos podem ser saturados (apenas ligações simples) e insaturados (com ligações duplas ou triplas), o que altera o seu ponto de fusão. A gordura animal é sólida e rica em ésteres de ácidos saturados, enquanto que os óleos vegetais (soja, girassol, etc) são líquidos e ricos em ésteres de ácidos insaturados. Os lipídios insaturados naturais são encontrados apenas na forma *cis*, como se pode observar nos exemplos a seguir. Em altas temperaturas (mais de 300 °C) pode ocorrer a transformação de lipídios *cis* em lipídios *trans*, que não são metabolizados pelo organismo, e se acumular em tecidos e vasos sanguíneos.

ácido *cis*-9-hexanodecenóico
ácido palmitoleico ,16:1 Δ^9

ácido *cis,cis*-9-12-hexanodecenóico
ácido linoleico 16:1 $\Delta^{9,12}$

O primeiro é o nome sistemático (IUPAC), o segundo é o nome usual. Ao lado deste nome está a indicação do número de carbonos, o número de ligações duplas e a posição das ligações duplas, indicada pelo símbolo Δ. O símbolo Δ^9 significa que a ligação dupla está entre os carbonos 9 e 10, e o símbolo $\Delta^{9,12}$ indica duas insaturações: uma no carbono 9 e outra no carbono 12.

3. Isomeria *cis-trans* em ciclos

Além dos alcenos, os compostos cíclicos também apresentam isomeria do tipo *cis-trans*, porque a rotação em torno das ligações C-C está impedida. Um exemplo simples é a isomeria do 1,2-dimetilciclopropano abaixo, em que o isômero *cis* apresenta os dois grupos CH_3 de um mesmo lado e o isômero *trans* tem os grupos CH_3 de lados diferentes.

cis   *trans*

Abaixo estão dois açúcares na forma não redutora (cíclica), a ribofuranose, derivada da ribose, com os dois grupos OH em negrito do mesmo lado e a arabinofuranose, derivada da arabinose, com os dois grupos OH em lados opostos em relação à ligação C-C. Os dois são açúcares distintos, sendo a ribofuranose o açúcar constituinte do RNA.

grupos OH em *cis*   grupos OH em *trans*

α-D-Ribofuranose α-D-Arabinofuranose

Os anéis de ciclo-hexano dissubstituídos combinam o equilíbrio axial-equatorial com a isomeria *cis-trans*. O 1,2-dimetilciclo-hexano apresenta dois isômeros: *cis* e *trans*, representados abaixo na forma planar (acima) e na projeção de Haworth (abaixo).

cis-1,2-dimetilciclo-hexano   trans-1,2-dimetilciclo-hexano

Quando o isômero *trans* é desenhado na forma cadeira, há duas possibilidades para as metilas ocuparem posições opostas em relação à ligação C-C do ciclo-hexano, quando uma das metilas fica na parte de "baixo" de um dos carbonos e a outra metila fica na parte de "cima" de outro carbono. Na primeira conformação (I), as duas metilas ficam em equatorial e na conformação (II), as duas metilas estão posicionadas em axial. A conformação em que ambas as metilas estão na posição equatorial é energeticamente favorecida, e a diferença de energia pode ser estimada em 2 x 1,7 kcal/mol (A CH$_3$)= 3,4 kcal/mol. Para o isômero *cis*, as duas conformações (III e IV) são estruturalmente idênticas, com uma metila em axial e a outra em equatorial, e têm a mesma energia.

trans-1,2-dimetilciclohexano   cis-1,2-dimetilciclohexano

(I)   distintas   (II)   (III)   idênticas   (IV)

4. Enantiômeros

O reconhecimento da existência de moléculas quirais e a sua importância biológica datam de 1860, quando Pasteur verificou que compostos com as mesmas características estruturais apresentavam giro da luz polarizada inversa e sugeriu que esta diferença poderia se originar do caráter assimétrico das suas moléculas. Ao estudar os sais de ácido tartárico produzidos na fermentação do mosto da uva, Pasteur verificou que os cristais de um sal de ácido tartárico diferiam entre si por serem a imagem especular (no espelho) um do outro. Com auxílio de uma lupa, separou manualmente os dois tipos de cristais, efetuando a primeira separação enantiomérica. Estes sais de ácido tartárico apresentam esta rara propriedade de cristalização diferenciada de enantiômeros, que pode ser observada macroscopicamente.

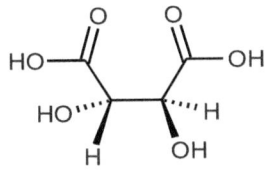

(2R, 3R) Ácido tartárico
desvia a luz para a direita

(2S, 3S) Ácido tartárico
desvia a luz para a esquerda

A primeira sugestão quanto à natureza desta diferença de arranjo espacial foi formulada quase simultaneamente por Van't Hoff e Le Bell, que lançaram a hipótese de que os quatro ligantes do carbono dispõem-se na direção dos quatro vértices de um tetraedro, cujo centro é ocupado pelo átomo de carbono. Quando os quatro ligantes do carbono são diferentes, esta estrutura é assimétrica

e permite a existência de duas formas geométricas não sobreponíveis que são a imagem no espelho uma da outra.

O nome quiral é aplicado às moléculas que são assimétricas, e este nome vem de mão (do grego chiros, lê-se quiros), porque quando a mão direita é refletida no espelho se vê é a mão esquerda. Ambas não são sobreponíveis entre si.

Os átomos de carbono responsáveis pela assimetria são chamados de carbonos assimétricos. O nome enantiômeros refere-se a dois compostos cujas estruturas moleculares não sobreponíveis são a imagem especular uma da outra. Quando misturados em proporções iguais dois enantiômeros constituem uma mistura racêmica. Abaixo estão os dois enantiômeros do HCBrClF, mostrados frente a frente, evidenciando que um é a imagem no espelho do outro.

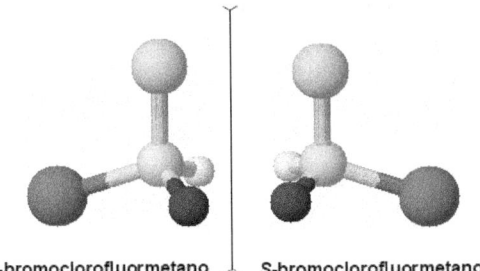

R-bromoclorofluormetano   *S*-bromoclorofluormetano

espelho

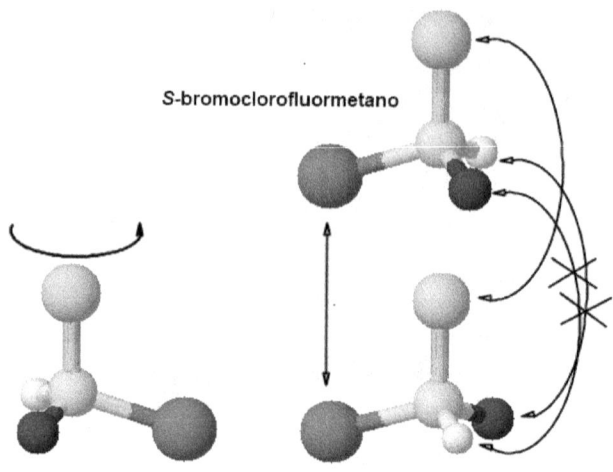

S-bromoclorofluormetano

R-bromoclorofluormetano   R-bromoclorofluormetano

Os enantiômeros têm o mesmo ponto de fusão, o mesmo ponto de ebulição, a mesma densidade, assim como suas outras propriedades físico-químicas. A exceção é o desvio da luz polarizada, obtida pela passagem da luz por um filtro polarizador, que permite a passagem da luz que vibra em apenas uma direção.

Os campos elétricos e magnéticos da luz interagem com os campos elétricos e magnéticos das moléculas da amostra. Se estes campos forem simétricos, não haverá desvio da luz, mas se forem assimétricos, a luz será desviada. Enquanto um dos enantiômeros desvia a luz para a direita (composto dextrógiro, ou (+)), o outro desvia para a esquerda (composto levógiro, ou (-)). Se os dois estiverem em quantidades iguais (mistura racêmica), o desvio de ambos se anulará e o resultado será um desvio zero. Um esquema simplificado do polaroide está na figura abaixo.

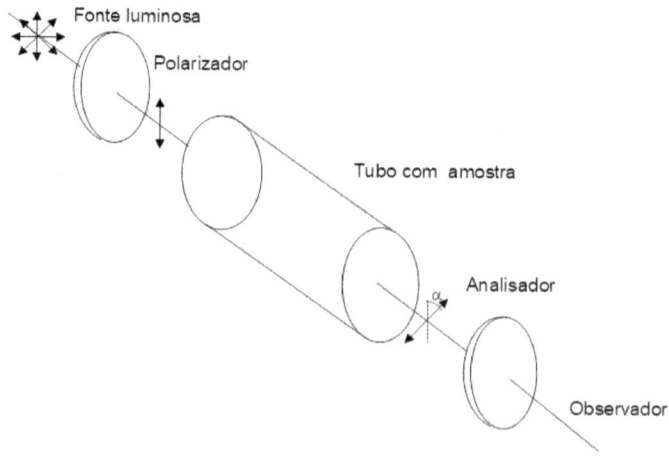

Fonte luminosa

Polarizador

Tubo com amostra

Analisador

Observador

O ângulo do desvio da luz polarizada (α) depende da concentração da substância (c) no tubo e do comprimento do tubo (l) e para normalizar os valores obtidos, usa-se o valor de $[\alpha]^D$, chamado de rotação específica, em que o valor de α é dividido pela concentração e pelo caminho ótico, ou seja, o comprimento do tubo que contém a amostra. Assim, o valor de $[\alpha]^D$ é uma característica de um composto e serve para caracterizar um composto assimétrico, e determinar a pureza de um enantiômero.

$$[\alpha]^t_\lambda = \frac{\alpha}{C\,(g/mL)\cdot l\,(dm)}$$

O sobrescrito t indica a temperatura em graus centígrados e λ o comprimento de onda no qual foi realizada a medida (mais utilizado = raia D da lâmpada de sódio em 589 nm), C (g/mL) é a concentração da substância analisada e l é o caminho ótico em decímetros, que é o comprimento do tubo com amostra no esquema acima. O desvio de luz polarizada de algumas moléculas simples de importância biológica está mostrado a seguir:

$[\alpha]^{20}_D = +14,0$

(C = 5 em 5 M HCl)

S-alanina (L-alanina)

$[\alpha]^{20}_D = +53$

(após 3h, C = 10 em água)

D-glicose

$[\alpha]^{20}_D = -38$

(C = 2 em dioxano)

colesterol

Se um enantiômero estiver contaminado por outro, o valor do desvio da luz polarizada $-[\alpha]^D-$ -será menor do que os valores tabelados, porque os desvios da luz polarizada vão se anular parcialmente ou totalmente. Neste último caso, o desvio ótico será zero. Quando houver um enantiômero em excesso, então o excesso enantiomérico será determinado por

$$e.e.\,(\%) = \frac{[\alpha]_{observado}}{[\alpha]_{tabelado}}\cdot 100$$

5. Nomenclatura R - S

A forma mais utilizada para nomear o estereoisômero presente é a nomenclatura R – S, que utiliza regras de prioridade na atribuição da precedência dos grupos ligados ao carbono assimétrico, definidas por Cahn, Ingold e Prelog. As regras de atribuição de prioridades para definição do enantiômero podem resumir-se seguindo o roteiro:

1- os átomos diretamente ligados ao centro assimétrico possuem a ordem de prioridade mais elevada e estabelecida de acordo com o seu número atômico:

$$I > Br > Cl > S > P > Si > F > O > N > C > H$$

2- no caso de dois substituintes diretos idênticos, a definição da precedência passa aos grupos ligados na sequência da cadeia. Por exemplo, para radicais do carbono, a precedência segue a ordem:

$$-CH_2-Br > -CH_2-Cl > -CH_2-SH > -CH_2-OH > -CH_2NH_2 > -CH_2-CH_3$$
$$e: \quad -C(CH_3)_3 > CH(CH_3)_2 > CH_2CH_3 > CH_3$$
$$porém: \quad CH_2NH_2 > C(CH_3)_3$$

3- para ligações duplas, deve-se contar duas vezes o átomo ao qual está ligado, conforme exemplo abaixo:

4- o grupo de menor prioridade fica "para trás" do plano, e observa-se o sentido do giro da posição dos outros grupos da maior prioridade para a menor prioridade, de 1 – 2 – 3.

Se a sequência crescente dos números for no sentido horário, a configuração é *R* (rectus), e se for no sentido anti-horário, a configuração é *S* (sinister).

A linha pontilhada significa entrando no plano da página e a linha mais cheia representa saindo do plano da página.

(2*R*, 4*S*)-5-etil-3-hidroxi-6-metil-4-pentanona

Outra forma de definição segue o giro da mão. O polegar orienta-se com o ligante de menor prioridade. Se a ordem de prioridade 1-2-3 girar de acordo com a mão direita, é o enantiômero *R*, se girar de acordo com a mão esquerda, é *S*. Diversas moléculas naturais possuem carbonos assimétricos e, conforme a fonte natural, é possível obter apenas um deles. Por exemplo, a carvona e o limoneno podem ser obtidos como enantiômero *R* ou *S* conforme o vegetal dos quais são extraídos. Estas moléculas apresentam um forte odor, e o olfato percebe o aroma dos enantiômeros de forma diferente.

R- carvona
Hortelã
Mentha spicata

S - carvona
cominho
Carum carvi

R - limoneno
casca de cítricos
aroma cítrico

S - limoneno
pinheiro
aroma terebentina

Os aminoácidos são os constituintes de enzimas e de tecidos conjuntivos e possuem no mínimo um carbono assimétrico, com exceção da glicina (H_2NCH_2COOH). A maioria dos aminoácidos que constituem as proteínas (aminoácidos proteinogênicos) está na configuração S porque a cadeia lateral R tem uma prioridade menor que o COOH e o NH_2. Para o aminoácido cisteína, o átomo de enxofre ligado ao carbono assimétrico recebe prioridade mais alta em relação ao COOH, o que resulta em uma configuração R.

configuração geral de um aminoácido

S-alanina

R-cisteína

6. Nomenclatura *D-L* e representação de Fischer

A nomenclatura *D* e *L* é utilizada para açúcares e aminoácidos, baseada na configuração do gliceraldeído. A estrutura 1 foi atribuída por Emil Fischer (1852-1919- prêmio Nobel de química em 1902) ao *R*-(+) gliceraldeído e a estrutura 2 foi atribuída ao *S*-(-) gliceraldeído. A cadeia carbônica deve ser posicionada no plano vertical. A parte mais oxidada (CHO no gliceraldeído) é dirigida para a parte superior do desenho. Os grupos na horizontal "saem" do plano, enquanto que os grupos na vertical "entram" no plano. Se o grupo OH está à direita, é atribuída a estereoquímica *D*, e se está à esquerda, é atribuída a estereoquímica *L*.

A grande maioria dos açúcares naturais está relacionada com o *D*-gliceraldeído e os aminoácidos naturais estão relacionados com o *L*-gliceraldeído. No caso dos aminoácidos, a posição do NH_2 é usada na definição de *D* ou *L*.

D-Gliceraldeído = R-gliceraldeído

1

L-Gliceraldeído = S-gliceraldeído

2

7. Quiralidade e atividade biológica

Nas palavras de Louis Pasteur "não pode haver a menor dúvida de que a causa única e exclusiva da diferença de fermentação (dos dois ácidos tartáricos) é o arranjo molecular oposto (dos dois ácidos tartáricos). Deste modo, a ideia da influência da assimetria dos compostos orgânicos naturais é introduzida nos estudos fisiológicos, sendo esta importante característica, talvez, a única linha de demarcação distinta entre matéria viva e matéria morta".

Nós somos capazes de reconhecer as diferenças entre os enantiômeros, porque as moléculas que nos compõem são assimétricas. Por exemplo, o aminoácido (+)-asparagina tem um gosto doce enquanto que a forma (-) é insípida de modo análogo ao que se verifica com os enantiômeros do ácido glutâmico.

Esta propriedade é utilizada na indústria alimentar na preparação de aditivos exaltantes do sabor tais como o aspartame (éster metílico da N-L-α-aspartil-L-fenilalanina) descoberto em 1965 na empresa Searl & Co.

aspartame

Outros exemplos deste tipo são conhecidos: o enantiômero (-) da nicotina é mais potente que o enantiômero (+), a (-)-epinefrina (ou adrenalina), que controla liberação de glicogênio no fígado, tem uma atividade 12 vezes superior ao enantiômero (+). A composição enantiomérica de aminoácidos livres em produtos alimentares é um instrumento para o controle da qualidade dos produtos. A presença de *D*-aminoácidos (não naturais) em sucos de frutos foi sugerida como critério de falsificação. Mas alimentos de origem fermentativa, tais como iogurtes, queijos e vinhos apresentam em sua composição alguns *D*-aminoácidos naturais. Por exemplo, a presença de *D*-alanina provém da lise (ruptura) das paredes celulares de leveduras.

A descoberta da diferença na atividade biológica dos enantiômeros de um composto provocou uma profunda mudança na indústria de produtos farmacêuticos nas últimas décadas, através da síntese dos compostos assimétricos puros. Um dos casos mais trágicos foi o uso da talidomida, derivada do ácido aspártico, receitada na Europa contra cólicas de gravidez na década de 1960.

Nos Estados Unidos foi proibida a comercialização pela FDA (Food and Drug Administration), porque os rigorosos testes mostraram os perigos da sua utilização. A talidomida provocou má-formações nos fetos, e vários nascimentos apresentaram braços e pernas atrofiados. A pesquisa subsequente mostrou que o enantiômero *S* era teratogênico (causava deformidades), enquanto que o enantiômero *R* não. Como o medicamento era comercializado na forma racêmica, os problemas apareceram rapidamente. Estudos demonstraram que, mesmo comercializada na forma *R* pura, ocorre uma reação de interconversão entre os isômeros pela remoção do próton do carbono quiral, que podia retornar por qualquer um dos lados e gerar a mistura racêmica.

S-talidomida

R-talidomida

A obtenção de drogas enantiomericamente puras é um desafio para a química, e um reconhecimento foi o Prêmio Nobel em Química foi outorgado a três pesquisadores da área de síntese orgânica que estudaram reações enantiosseletiva: Knowles, Noyori e Sharpless. Economicamente, existe um grande incentivo para esta pesquisa, por exemplo, a indústria de drogas quirais atingiu US$ 115 bilhões em faturamento em 2000 e em 2001 e continuou crescendo.

As enzimas são capazes de diferenciar moléculas com estereoquímica diferente, através de múltiplas interações entre elas. São necessários pelo menos três pontos de contato para que haja esta diferenciação. Observe o desenho:

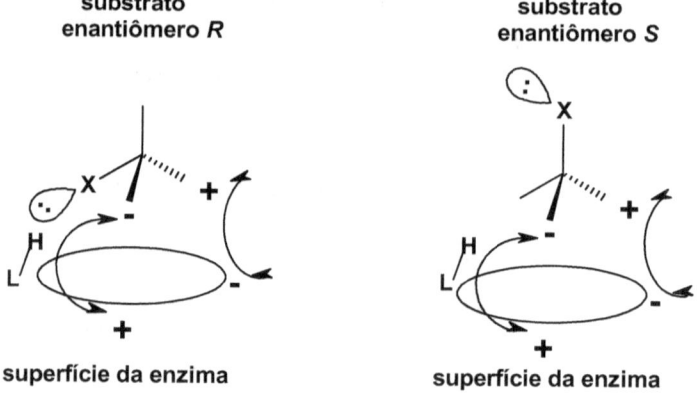

Na interação com o primeiro enantiômero existe uma complementaridade entre os sítios da enzima (positivo com negativo, negativo com positivo e interações por ligação de hidrogênio), enquanto que para o outro enantiômero, dois pontos interagem favoravelmente, mas perde a interação por ligação de hidrogênio. Logo, em uma mistura de dois enantiômeros, o primeiro se ligará seletivamente à enzima, pela formação da ligação de hidrogênio adicional, o que corresponde a 3-5 kcal/mol. A diferença de constante de associação correspondente a 5 kcal/mol a 25º C é de cerca de 4500, suficiente para que aquele que interage com mais força entre no sítio ativo da enzima e reaja e o outro não reaja.

Até hoje, muitos pesquisadores tentam explicar o surgimento da vida e uma das questões de difícil resposta é a especificidade por um enantiômero (homoquiralidade), em um ambiente que não propiciava a diferenciação entre as duas formas enantioméricas. Esta é uma questão que precede o surgimento da vida, porque está na forma com que os materiais básicos da vida surgiram. Existem diferentes hipóteses, que vão desde a resolução espontânea, que afirma que a separação de um dos enantiômeros foi fruto do acaso, enquanto que outros propõem uma interação com radiação quiral (luz circularmente polarizada) ou na vinda de aminoácidos quirais a partir de meteoritos, sendo que até o momento não foi encontrado excesso quiral em amostras de meteoros e outros planetas. Esta é uma entre tantas perguntas que o atual estágio do conhecimento científico não consegue responder sobre o surgimento da vida a partir da matéria inanimada.

8. Moléculas com mais de um centro assimétrico - diastereoisômeros

Uma molécula com um carbono assimétrico apresenta duas formas, sendo que uma é a imagem no espelho da outra. Mas quantos estereoisômeros existem em uma molécula com dois centros assimétricos? Qual é a imagem no espelho de cada um deles? Vamos dar uma olhada em duas moléculas obtidas de fontes naturais: a treonina e o ácido tartárico.

treonina - ácido 2-amino-3-hidroxibutanóico	ácido tartárico- ácido 2,3-dihidroxi-butanodióico

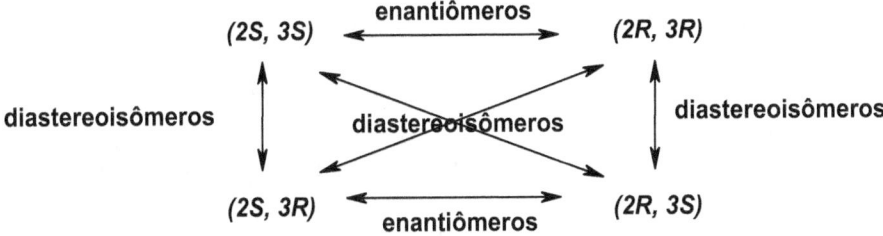

Em moléculas com mais de um carbono assimétrico, a possibilidade de estereoisômeros aumenta, e pode chegar até 2n. Assim, uma molécula com 2 carbonos assimétricos pode ter até 4 estereoisômeros possíveis e uma molécula com 3 carbonos assimétricos pode ter até 8 estereoisômeros possíveis.

No caso da treonina, um aminoácido natural com dois carbonos assimétricos, existem 4 estereoisômeros: (2R, 3R), (2S, 3S), (2R, 3S) e (2S, 3R) e todos são diferentes entre si. Para definir qual estereoisômero está presente, é necessário representar a configuração de cada um dos carbonos. A treonina natural é a (2S, 3R)-treonina. Os estereoisômeros (2R, 3R) e (2S, 3S) são enantiômeros (imagem no espelho) entre si, assim como os estereoisômeros (2R, 3S) e (2S, 3R). Porém a relação entre os estereoisômeros (2R, 3R) e (2R, 3S) é diferente, porque não são a imagem especular um do outro, e por isso são chamadas de diastereoisômeros, ou seja, são estereoisômeros que não são enantiômeros. Da mesma forma, (2R, 3R) e (2S, 3R) também são diastereoisômeros entre si.

Ao desenhar as quatro possibilidades do ácido tartárico se observa que apenas girando a molécula, os estereoisômeros (2R, 3S) e (2S, 3R) se tornam completamente idênticos. Logo, são a mesma molécula, chamada de forma meso.

Enquanto isso, para os estereoisômeros (*2R, 3R*) e (*2S, 3S*) isto não ocorre e são chamados de par (*d,l*), porque desviam a luz polarizada em sentidos opostos, enquanto que o isômero meso é simétrico e não desvia a luz polarizada. A simetria do meso é claramente percebida quando se traça um plano de simetria na molécula ou quando existe um centro de inversão. Assim, o ácido tartárico apresenta 3 estereoisômeros possíveis: os estereoisômeros (*2R, 3R*) e (*2S, 3S*), e a forma meso.

ácido *meso*-tartárico

Tópico especial - Semioquímicos

Os animais se comunicam através de uma variedade de formas: sons, luzes, danças, toques, etc, porém a mais utilizada é a comunicação química. Indivíduos de uma mesma espécie têm uma habilidade química para anunciar situações de perigo, localização de alimentos e fertilidade através de substâncias específicas chamadas de semioquímicos, também conhecidos como feromônios. Os mamíferos demarcam territórios ou atraem indivíduos de sexo oposto através dos aromas, porém a classe de seres vivos que mais utiliza este recurso são os insetos.

A população de insetos é estimada em um bilhão de bilhão de indivíduos – 10^{18}- e "apenas" 0,1 % são pestes de agricultura (10^{14} !!). Ainda assim, para cada pessoa existem cerca de 10^4 pragas agrícolas. O controle destas pragas envolve uma abordagem multidisciplinar, onde profissionais de diversos campos do conhecimento, tais como agronomia, biologia e química devem se esforçar para encontrar a solução que menos agrida o meio ambiente e que contemple os aspectos econômicos e humanos.

O primeiro feromônio foi isolado por Butenandt, que usou 500 mil fêmeas da mariposa Bombyx mori para isolar 1 mg (10^{-3} g) do bombicol. Daí surgiu a ideia de usar os feromônios na agricultura, controlando pragas através da atração dos indivíduos sexualmente ativos. Com a crescente necessidade de formas de controle de pragas que não agredissem as outras espécies presentes no ecossistema, a pesquisa sobre os feromônios se intensificou e já foram identificados feromônios de mais de mil espécies de insetos, sendo que cerca de 250 podem ser monitoradas através do uso de iscas, com eficácia comprovada para apenas uma dúzia delas.

Mariposa *Bombyx mori*, da qual foi isolado o primeiro feromônio, o bombicol

(10*E*,12*Z*)-hexadeca-10,12-dien-1-ol (bombicol)

Os feromônios apresentam funções distintas na comunicação entre os animais:

-feromônio sexual: permite que macho e fêmea se encontrem; podem ser produzidos por qualquer um, conforme a espécie;

-feromônio de trilha: comuns em insetos sociais, usados para demarcar o caminho entre a fonte de alimento e a colônia;

-feromônio de território: delimita territórios, diminuindo encontros indesejáveis e agressivos;

-feromônio de alarme: transmite uma mensagem de perigo ou assinala a presença de um inimigo;

-feromônio de oviposição: indica um local adequado para a postura de ovos;

-feromônio de agregação: atrai um grande número de insetos da mesma espécie, geralmente indica uma fonte de alimento.

Muscaluro (feromônio sexual masculino)
mosca doméstica (*Musca domestica*)

Disparluro, feromônio do macho da mosca cigana
Z-7,8-epoxi-2-metil-octadecano

Para maiores informações sobre semioquímicos, leia o artigo de Zarbin et al. em Química Nova, vol. 32, no. 3, pg. 722-731, 2009.

Exercícios

1- Defina os seguintes termos dentro do contexto da estereoquímica:
a) carbono assimétrico
b) isômeros
c) enantiômero
d) excesso enantiomérico
e) diastereoisômero
f) rotação impedida
g) racêmico
h) imagem especular
i) desvio da luz polarizada
j) regras de precedência

2- Para as moléculas abaixo, indique os carbonos assimétricos e calcule o número possível de enantiômeros:

a)   b)   c)   d)

3- O diamino-pimelato (estrutura abaixo) é um intermediário na síntese da lisina e ocorre nas formas assimétrica e *meso*. Desenhe os estereoisômeros da molécula abaixo e mostre que uma delas é a forma *meso*.

4- Quantos estereoisômeros possuem as moléculas abaixo? Desenhe-os e indique a estereoquímica segundo o sistema *R/S*.

a)   b)

5- Nas moléculas abaixo, indique em quais há possibilidade de estereoisomeria e qual o tipo: *cis/trans*, *R/S*, ambos ou nenhum.

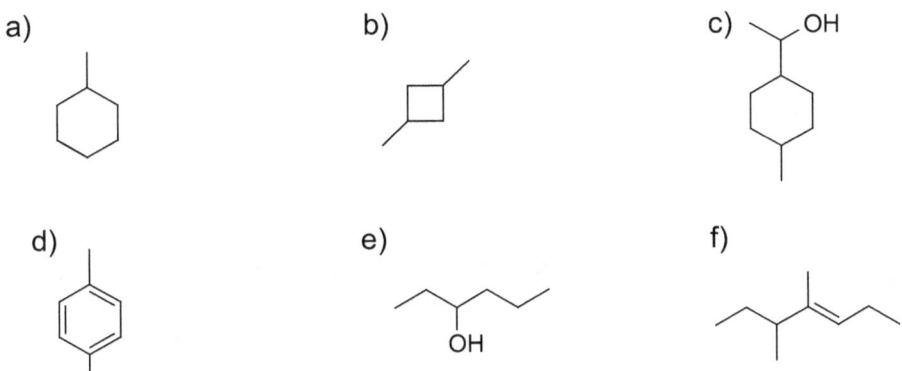

6- Indique nas moléculas abaixo qual o estereoisômero desenhado.

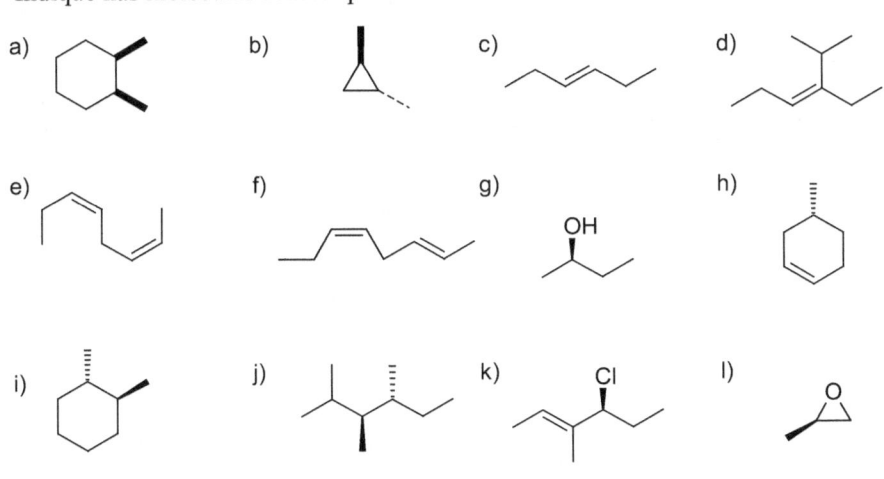

7-Indique se os carbonos assimétricos estão na conformação *R* ou *S*.

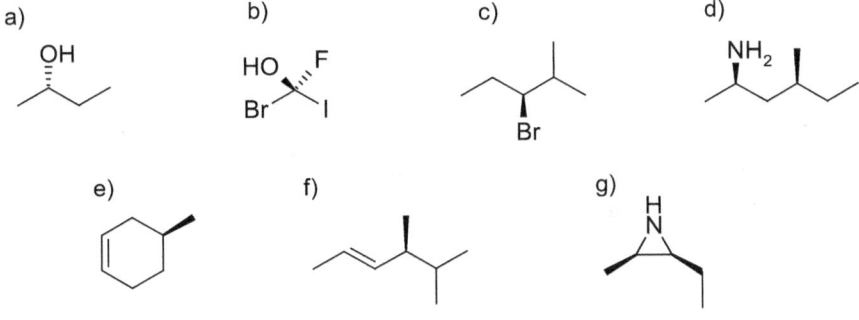

8- O limoneno é uma molécula quiral, mas quando sofre a hidrogenação (adição de hidrogênio) das ligações duplas, perde a quiralidade. Explique o porquê.

+ 2 H$_2$ → Pt/C (condições de hidrogenação)

9- Nas espécies químicas abaixo, identifique qual o tipo de relação entre cada par: a) estruturas de ressonância, b) confôrmeros (conformações distintas da mesma molécula), c) estereoisômeros *cis-trans*, d) enantiômeros, e) isômeros (não estereoisômero).

a)

b)

c)

d)

e)

f)

g)

h)

i)

j)

10- Foi medido o valor de α de uma solução 2,5 mol/L de um aminoácido desconhecido em HCl 5 mol/L a 25° C, usando um tubo de 1 cm, e o desvio encontrado foi de +6,9° . Abaixo estão alguns valores do desvio da luz polarizada conhecidos para os possíveis aminoácidos, medidos em condições semelhantes à análise. Indique qual dos aminoácidos abaixo pode ser.

	L-serina	L-valina	L-leucina	L-alanina	L-cisteína
[α]°	+13	+27	+15,5	+14	-34

11- Calcule a rotação específica para os seguintes casos, e represente o valor do desvio da luz polarizada corretamente:

A. 1,00 g de um composto é dissolvido em 5 mL de H_2O a 25º C, e a solução é analisada em um tubo com 1 cm de comprimento. A rotação observada é +0,55º .

B. 0,2 g de um composto é dissolvido em 2 mL de $CHCl_3$ a 25º C, e a solução é analisada colocado em um tubo com 1 dm de comprimento. A rotação observada foi de -2,4º .

12- Imagine enzimas com uma superfície côncava, específica para S-fenilalanina ou S-lactato ou S-aspartato. Quais grupos e características seriam necessários para diferenciar o enantiômero S do R para estes três receptores? Use símbolos mostrando cargas positivas, cargas negativas, grupos que possam interagir por ligações de hidrogênio ou grupos volumosos. Você pode visualizar o receptor de cima.

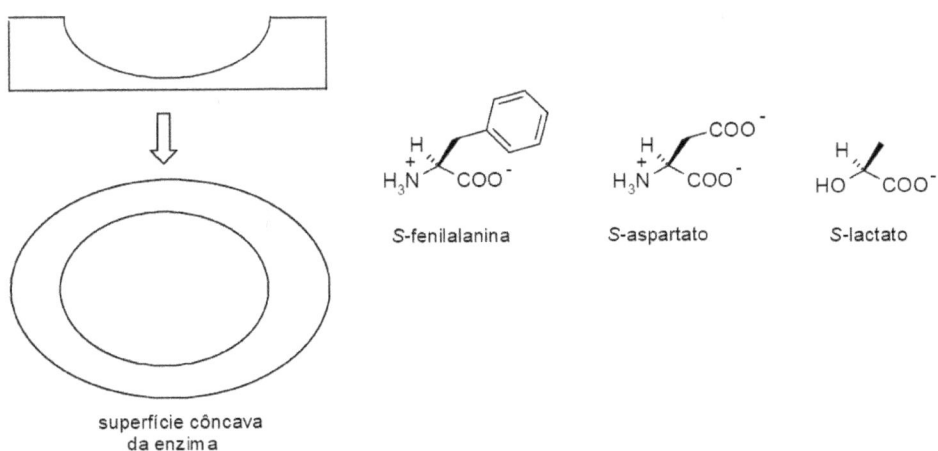

superfície côncava
da enzima

Seção 2 - Propriedades de Moléculas Orgânicas

As propriedades se referem a comportamentos específicos que são observados quando se estuda uma molécula orgânica: mudança de estado físico, solubilidade em um determinado solvente, propriedade de absorção ou emissão de luz.

O objetivo desta seção é relacionar a variação destes comportamentos com a estrutura, ou seja, estimar um valor para uma determinada molécula ou uma tendência para um grupo de moléculas conforme os padrões já conhecidos.

O comportamento ácido e básico também é incluído neste grupo, embora seja uma reação química de transferência de próton (conceito de Brönsted) ou interação com um par de elétrons (conceito de Lewis), porque também pode ser relacionado com padrões moleculares, e compreender este conceito é fundamental para determinar a forma molecular em um meio específico.

Capítulo 5- Ligações não covalentes e Agregados Supramoleculares

As moléculas interagem entre si através de forças de atração e repulsão, que determinam as propriedades da matéria em fase líquida e sólida. Estas interações também são chamadas de ligações não-covalentes. As interações ocorrem entre moléculas (intermoleculares) ou entre grupos e átomos de uma mesma molécula (intramoleculares).

Estas forças são as interações eletrostáticas (entre cargas), ligações de hidrogênio, interações entre íons e dipolos, interações entre dipolos e interações de Van der Waals. As energias destas interações variam entre 1 a 10 kcal/mol, muito mais fracas do que as ligações covalentes, que apresentam energias de ligação entre 50 a 150 kcal/mol.

A partir destas ligações não covalentes são formadas estruturas supramoleculares (acima da molécula), que delimitam espaços, transportam moléculas e íons, transferem elétrons, catalizam reações químicas, compõem tecidos, entre outros.

Existe uma função definida de acordo com a forma e as propriedades destas estruturas organizadas. Na hemoglobina, uma complexa estrutura molecular com quatro unidades que contêm o cofator carregador de oxigênio, chamado de heme, liga cooperativamente quatro moléculas de oxigênio para que sejam liberadas nos tecidos. A estrutura organizada do ADN (ou DNA- deoxyribonucleic acid) permite o acúmulo de informação, transcrita para a síntese de proteínas, que também são estruturas auto-associadas, com a função de constituição de tecidos e catálise de reações químicas. Vamos examinar com mais detalhe como operam estas forças para avaliar a sua importância na organização molecular.

1. Íon-íon

As interações entre íons baseiam-se na atração entre íons de cargas opostas e repulsão entre íons de mesma carga. Estas interações explicam a estabilidade dos agregados iônicos sólidos como Na^+Cl^-, $K^+_2O^{2-}$, $Ca^{2+}SO_4^{2-}$. Alguns destes sólidos são solúveis em água, como Na^+Cl^-, K^+Br^-, $Na^+NO_3^-$, enquanto que outros são insolúveis ou pouco solúveis em água, como no caso do $Mg^{2+}O^{2-}$ e $Ca^{2+}CO_3^{2-}$.

A energia eletrostática entre íons pode ser calculada pela Lei de Coulomb (equação a seguir), que depende do produto entre as cargas e do inverso da distância. Os valores de energia de atração são negativos, significam uma diminuição de energia e estabilização do sistema, enquanto que os valores de energia de repulsão são positivos, o que significa um acréscimo de energia, ou seja, uma desestabilização do sistema.

$$E = \frac{K \cdot |q^- \cdot q^-|}{\epsilon D \cdot r}$$

E = energia, K (constante de Coulomb) = 9.10^9 N.m^2/C^2 ; Q_1, Q_2 = cargas; ε = constante dielétrica; r = distância entre as cargas

A constante dielétrica é a capacidade do meio de separar as cargas. Solventes que interagem fortemente com íons positivos e negativos, como a água, possuem uma alta constante dielétrica, enquanto que solventes que interagem fracamente com os íons, como o hexano, possuem baixa constante dielétrica.

Assim, a água consegue separar íons e solubilizá-los, enquanto que o hexano não é capaz, e os íons permanecem juntos e insolúveis. Solventes como o etanol apresentam valores de ε intermediários. Abaixo está uma tabela de valores de ε para os principais solventes.

Constantes dielétricas de alguns solventes utilizados em química orgânica

solvente	Constante Dielétrica
Água (H_2O)	78
Acetonitrila($H_3CC\equiv N$)	36
Metanol(H_3COH)	33
Etanol(H_3CCH_2OH)	25
Acetona $H_3CC=OCH_3$)	21
Éter etílico($CH_3CH_2OCH_2CH_3$)	4
Benzeno (C_6H_6)	2
Hexano (C_6H_{14})	2
ar	1,0006
vácuo	1

As interações atrativas entre grupos carregados como o NH_3^+ do aminoácido lisina e os carboxilatos ($-CO_2^-$) de resíduos dos aminoácidos ácido aspártico ou glutâmico contribuem na estrutura de proteínas, diminuem o movimento das cadeias de aminoácidos fixam a conformação da enzima As interações entre íons inorgânicos (ex: Zn^{2+}) e o fenolato do aminoácido tirosina (aminoácido com um grupo fenol) são importantes no sítio ativo de carboxipeptidases (enzima que quebra as ligações amidas das proteínas ingeridas).

enzima — atração — resíduo de lisina — atração — Zn²⁺ — adenosina

NH_3^+ — O^- — enzima

resíduo de aspartato — resíduo de tirosina — repulsão repulsão — trifosfato do ATP

Por sua vez, a eliminação de interações repulsivas na hidrólise dos íons fosfato no ATP contribui para a grande liberação de energia que ocorre nesta reação, e serve como energia química para a promoção de reações endotérmicas.

2. Ligações de hidrogênio

Dentre as diferentes interações intermoleculares, as ligações de hidrogênio (também chamadas de pontes de hidrogênio) são aquelas que apresentam as consequências mais importantes. A ligação de hidrogênio pode ser intramolecular (entre átomos de uma mesma molécula) ou intermolecular (entre átomos de moléculas diferentes).

metanol intermolecular — metilamina e água intermolecular — ácido acético intermolecular dimérica — 4-hidroxipentanona-2 intramolecular

O termo ligação de hidrogênio se refere a um arranjo particular de átomos, em que o hidrogênio se encontra ligado covalentemente a um átomo eletronegativo (flúor, oxigênio, nitrogênio e em alguns casos, cloro) que polariza a ligação. O hidrogênio com carga positiva parcial interage com o par de elétrons de outro átomo eletronegativo com carga negativa parcial ou integral, o que estabiliza o arranjo de átomos.

A energia de uma ligação de hidrogênio típica pode oscilar entre 3 a 50 kcal. mol⁻¹ (5 kcal.mol⁻¹ é um valor médio) dependendo da natureza entre os átomos, da distância entre os átomos e do ângulo entre os três átomos.

$$\overset{\delta^-}{-D}-\overset{\delta^+}{H}----\overset{\delta^-}{:R}-$$

átomo doador de ligação de hidrogênio — átomo receptor de ligação de hidrogênio

Ligações do tipo O-H: O são mais fortes do que ligações do tipo N-H: O, porque o átomo de oxigênio é mais eletronegativo e polariza mais a ligação O-H do que o nitrogênio polariza a ligação N-H, assim a interação entre o $H^{\delta+}$ com o par de elétrons do oxigênio é mais forte do que a interação com o nitrogênio. O elemento que mostra maiores energias de ligações de hidrogênio
é o mais eletronegativo, o flúor. No caso do fluoreto de hidrogênio (H-F), os valores são os mais altos de todos, entre 20-30 kcal.mol^{-1}, alcançando 50 kcal.mol^{-1} para o caso da associação entre o íon fluoreto e o HF (F$^-$ --- H-F).

Valores médios para energias de ligações de hidrogênio

Doador de LH ⋯ Receptor de LH	Energias médias
O-H ⋯ :O-	10 kcal/mol
O-H ⋯ :O	5 kcal/mol
O-H ⋯ :N	4 kcal/mol
N-H ⋯ :N	3 kcal/mol

O átomo de oxigênio de uma molécula de água pode atuar como doador de duas ligações de hidrogênio, porque possui dois hidrogênios ligados ao oxigênio e atua como receptor de duas ligações de hidrogênio, porque possui dois pares de elétrons livres. Os álcoois (ex: metanol) podem doar uma ligação de hidrogênio e receber duas ligações de hidrogênio pelos pares isolados. Aminas primárias (ex: metilamina) podem receber uma ligação e doar duas, e assim por diante.

Embora a energia de ligação de hidrogênio seja pequena quando comparada com as energias típicas para ligações covalentes, um grande número delas pode "segurar" a conformação de cadeias de aminoácidos em enzimas. O colágeno evidencia a força destas interações, em que as ligações de hidrogênio entre três cadeias mantêm as fibras unidas, formando estruturas de tripla hélice, que comunicam resistência aos tendões. No DNA são as ligações de hidrogênio entre as bases nitrogenadas que estabilizam a estrutura de dupla hélice. A seguir estão representadas algumas ligações de hidrogênio com importância biológica:

entre um grupo hidroxila de um álcool e água

entre um grupo carbonila e água

entre grupos peptídios em polipeptídios

entre bases complementares no DNA

As ligações de hidrogênio entre as bases nucleotídicas são responsáveis pela interação entre as duplas hélices do DNA, que codifica a informação genética. Na interação adenina-timina (A-T) se formam ligações de hidrogênio entre o NH$_2$ (A) com C=O: (T), entre o C=N: (A) e NH (T) , enquanto que na interação guanina-citosina (G-C), existem interações entre o C=O: (G) e H$_2$N (C), entre o NH (G) e C=N: (C) e NH$_2$ (G) e C=O: (C).

Adenina — Timina   e não   Adenina   Citosina

Guanina — Citosina   e não   Guanina   Timina

Alguns pesquisadores apontam uma interação entre C-H e C=O na interação adenina-timina, enquanto outros não consideram esta interação uma ligação de hidrogênio. Certamente esta ligação é mais fraca do que uma ligação de hidrogênio que envolva OH ou NH, porém o carbono está ligado a átomos eletronegativos, o que polariza também a ligação C-H, tornando o hidrogênio mais "positivo".

Outro fator que diminui a estabilidade da ligação A-T são as interações repulsivas secundárias, em que os dipolos de átomos participantes das ligações de hidrogênio se atraem ou se repelem, conforme o esquema doador-receptor.

Nos exemplos abaixo é possível observar que o par C-G apresenta duas interações secundárias atrativas e duas repulsivas, enquanto que o par A-T apresenta três interações repulsivas.

A estrutura de dupla-hélice do DNA previne a entrada de água no espaço entre as bases nucleotídicas. Os fosfatos externos mantém a dupla-hélice em contato com a água, enquanto que a desoxirribose pouco interage com a água, e mantém as bases em posição para interagirem umas com as outras. A água deve ser excluída do interior da dupla hélice para evitar a competição na formação de ligações de hidrogênio com as bases nucleicas.

3. Interações íon-dipolo

A presença de íons positivos e negativos em solventes polares leva a uma orientação preferencial de suas moléculas em torno dos íons. Os dipolos moleculares negativos se voltam para os íons positivos e os dipolos positivos se voltam para os íons negativos. O número de moléculas em torno dos íons depende do tamanho relativo entre eles: quanto maior o íon, maior o número de moléculas que pode acomodar em torno de si.

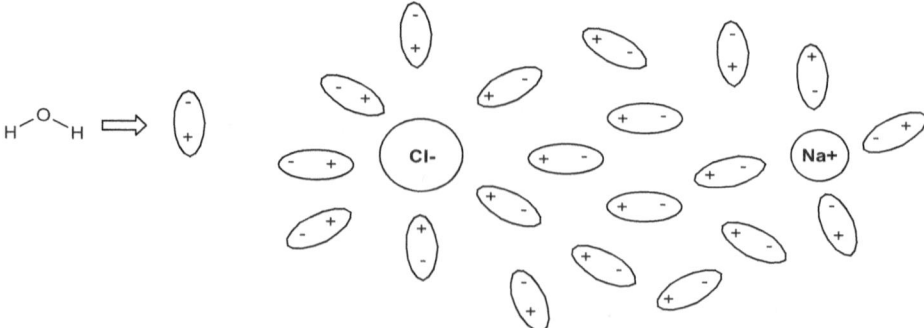

Esta interação ocorre entre com moléculas orgânicas com heteroátomos (ver tópico especial de reconhecimento molecular) e direciona reações químicas de moléculas orgânicas com íons. Por exemplo, o íon cianeto (-:CN) é atraído pelo dipolo positivo da acetona, que se situa sobre o carbono carbonílico. Na sequência, o íon cianeto forma uma ligação covalente e forma a cianidrina.

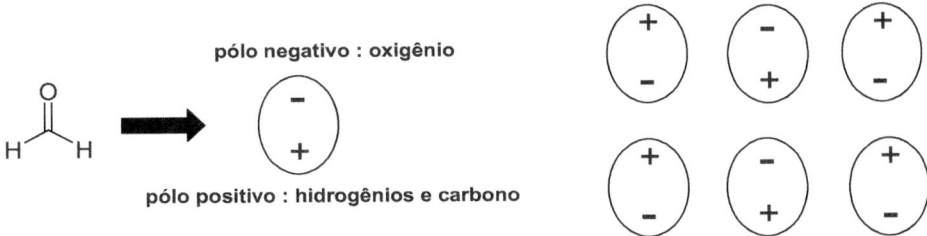

cianidrina

Muitas enzimas têm metais ligados que funcionam como cofatores, como o Mg^{2+}, Ca^{2+} ou Zn^{2+}, sem os quais a enzima não seria ativa. Na hidrólise de ligações peptídicas pela carboxipeptidase A, acredita-se que o íon zinco cumpra duas funções 1) atua como âncora para segurar os reagentes na posição correta para a reação; 2) coordenação do metal com os elétrons livres do oxigênio desloca a nuvem eletrônica das ligações químicas.

4. Interações entre dipolos

Ligações polares entre elementos de eletronegatividade diferentes, como C-Cl, C=O e C≡N levam a separação de cargas na ligação química. Nas ligações acima, o polo positivo está sobre o C (eletronegatividade = 2,5) e o polo negativo sobre os átomos de Cl, O e N (eletronegatividade = 3,0; 3,5 e 3,0, respectivamente). A separação de cargas resulta em uma atração mútua e em uma orientação preferencial das moléculas. Podemos representar a molécula de formaldeído da seguinte forma simplificada:

pólo negativo : oxigênio

pólo positivo : hidrogênios e carbono

No conjunto de moléculas, os polos positivos e negativos se orientam de forma que haja atração entre eles. O movimento de translação molecular no líquido ocasiona uma maior dispersão nas orientações dos dipolos, ou seja, as moléculas não se encontram permanentemente orientadas na forma positivo- -negativo, mas no estado sólido estas orientações relativas são determinantes para a estrutura dos cristais.

O efeito da orientação entre dipolos é observado na variação de pontos de ebulição entre isômeros *cis* e trans de alcenos, onde o isômero *cis* apresenta um ponto de ebulição maior do que o isômero trans, no qual os momentos de dipolo são anulados pelo sentido contrário dos dipolos. Veja o exemplo abaixo:

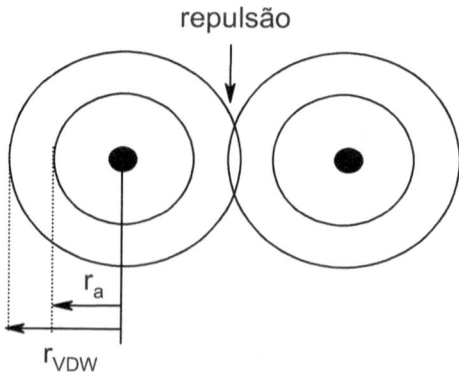

$\mu = 1,85$ D
p.e. = 60 °C

$\mu = 0,0$ D
p.e. = 48 °C

cis-dicloroeteno   *trans*-dicloroeteno

Este tipo de interação também direciona reações químicas que ocorrem entre regiões negativas de moléculas (ex: pares isolados de átomos de oxigênio, enxofre e nitrogênio) e regiões positivas. Por exemplo, nas reações entre cloretos de ácido e aminas, o carbono ligado ao Cl tem carga parcial positiva e atrai o par isolado do nitrogênio (região negativa), direcionando para a formação da amida.

5. Interações de van der Waals

As interações entre as nuvens eletrônicas das moléculas são conhecidas de forma geral como forças de Van der Waals, que podem ser atrativas ou repulsivas. O critério para definir se a interação é atrativa ou repulsiva é a distância entre os núcleos dos átomos que interagem. O raio de Van der Waals é um pouco maior do que o raio atômico do átomo, e pode ser entendido como uma região em que os elétrons da camada externa repelem outros elétrons próximos.

repulsão

r_a

r_{VDW}

Os valores para os raios de Van der Waals para os elementos mais comuns em química orgânica estão mostrados na tabela seguinte:

Raios de Van der Waals de elementos comuns em moléculas orgânicas

elemento	H	C	N	O	S	P
r $_{vDW}$ (Å)	1,09	1,70	1,55	1,52	1,80	1,80

Se os átomos estão mais próximos do que a soma dos raios de Van der Waals, ocorre a repulsão entre as camadas eletrônicas; se estiverem a uma distância levemente maior do que a soma dos raios de Van der Waals dos átomos, ocorre uma pequena atração pela indução de dipolos entre os átomos e se estiverem a uma distância grande, não ocorre interação. As interações atrativas também são conhecidas como forças de London.

A exceção importante são as ligações de hidrogênio, em que um átomo de hidrogênio capaz de interagir com o par de elétrons de um átomo eletronegativo está situado a uma distância mais curta que o raio de Van der Waals.

6. Mudanças de estado de moléculas orgânicas

A troca de estado de uma substância (sólido ↔ líquido ↔ gasoso) é a mudança de agregação entre as moléculas, e envolve a troca de calor entre a substância e o ambiente, que ocorre em uma temperatura característica para uma substância pura.

A passagem de estado sólido para o estado líquido envolve a absorção de calor do ambiente para aumentar a vibração das moléculas, vencer as interações no estado sólido e dar energia translacional para romper a estrutura cristalina.

Por exemplo, ao retirar um cubo de gelo do congelador, o ambiente transfere calor para o gelo, resultando em uma modificação de estado, e se tivermos água líquida e o ambiente estiver abaixo de 0° C (por exemplo, quando colocamos água no congelador), o calor vai fluir da água para o ambiente, levando ao seu congelamento.

Uma forma rápida e barata para determinar a identidade de uma substância pura é determinar o seu ponto de fusão ou ebulição. Por exemplo, o ácido salicílico funde a 159° C, enquanto que o produto de acetilação, a aspirina funde 136° C. Desta forma é possível identificar se a reação ocorreu pelo ponto de fusão do material obtido da reação.

p.f. = 159 ºC   p.f.= 136 ºC

Para que uma molécula saia do líquido para a fase gasosa, onde estará praticamente isolada, é necessário que esta molécula tenha velocidade para vencer as forças atrativas entre as moléculas existentes na fase líquida. Os dois fatores principais que atuam sobre o ponto de ebulição são a massa molecular e as forças intermoleculares no estado líquido. Moléculas de massa maior têm menor velocidade para uma mesma temperatura, porque a energia cinética (E_c) é dada por.

$$E_c = \frac{m \cdot v^2}{2}$$

Em alcanos, este efeito pode ser visto na variação do ponto de ebulição na tabela abaixo:

Ponto de fusão (p.f) e ebulição (p.eb.) de alcanos lineares até seis carbonos

alcano	p.f. (^oC)	p.eb.(^oC)
metano	-182	-162
etano	-183	-89
propano	-188	-42
butano	-126	-1
pentano	-130	36
hexano	-96	68

Para os primeiros alcanos, a variação no ponto de ebulição é muito grande, por exemplo do metano para o etano a variação é de 73° C, porque a massa molecular praticamente dobra (passa de 16 g/mol para 28 g/mol). Para alcanos maiores, o aumento é de cerca de 25 – 30° C por CH_2.

O ponto de fusão está relacionado também com o "empacotamento" molecular na fase sólida, e quanto mais simétrica a molécula, melhor o empacotamento. Como o metano tem simetria tetraédrica, apresenta um ponto de fusão relativamente alto quando comparado com alcanos de maior massa molecular.

As cadeias lineares se acomodam melhor no sólido, possibilitando um melhor empacotamento, e por isso alcanos lineares fundem a temperaturas maiores do que alcanos ramificados de mesma massa molecular.

O hexano (C_6H_{14}) funde a -95° C, enquanto que o ponto de fusão do seu isômero 2,3-dimetilbutano (C_6H_{14}) é de -129° C. A influência sobre o ponto de ebulição é semelhante, porque a maior área superficial da cadeia linear aumenta as forças de London: o ponto de ebulição do hexano é 68°C, enquanto seu isômero, o 2,3-dimetilbutano, ferve a 58°C.

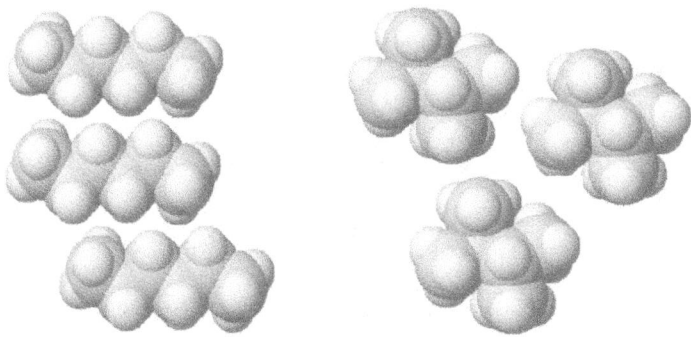

A presença da ligação dupla em gorduras vegetais diminui o ponto de fusão, quando comparado com as mesmas gorduras saturadas. A ligação dupla introduz uma "dobra" na cadeia, o que dificulta o empacotamento das cadeias, diminuindo as interações intermoleculares na fase sólida e aumentando o intervalo de temperatura da fase líquida. O óleo de soja é líquido, enquanto que o seu produto de hidrogenação (margarina) é sólido. Veja o que acontece com o aumento da saturação de ácidos graxos.

ácido linolenico p.f. = -11° C

$\downarrow$ H$_2$, Ni

ácido linoleico p.f. = -5° C

$\downarrow$ H$_2$, Ni

ácido oleico p.f. = -16 ° C

$\downarrow$ H$_2$, Ni

ácido esteárico p.f. = -71 ° C

Os haletos de alquila apresentam pontos de ebulição maiores que os alcanos com o mesmo número de carbonos pelo aumento de massa molecular e pela interação dipolo-dipolo, porém a diferença é pequena ao comparar com alcanos de massa molecular próxima.

Para os derivados de flúor ocorre uma diminuição do ponto de ebulição a partir do derivado difluorado, atribuída a repulsão entre os pares eletrônicos isolados dos átomos de flúor. Este efeito levou ao uso dos clorofluorcarbonos (CFCs) como refrigerantes em geladeiras e condicionadores de ar. Posteriormente descobriu-se seu efeito destruidor sobre a camada de ozônio.

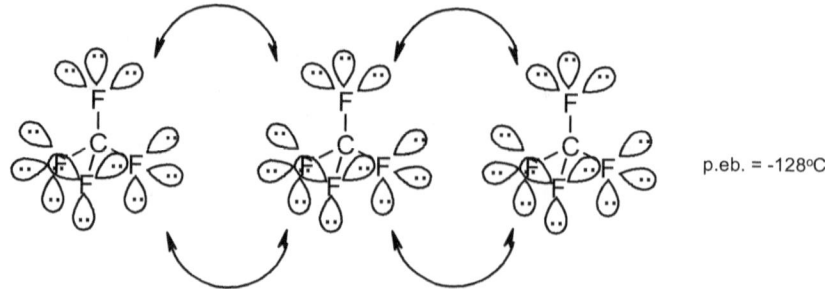

p.eb. = -128°C

Os álcoois formam ligações de hidrogênio entre si, e por isso os álcoois de baixa massa molecular são líquidos à temperatura ambiente, enquanto que os hidrocarbonetos com massa molecular próxima (butano e buteno) são gasosos.

ponto de fusão (°C)	- 90	- 108	-114	25
ponto de ebulição (°C)	118	99	108	82

Os álcoois lineares têm maior facilidade para que as moléculas se aproximem e interajam por ligação de hidrogênio, o que explica o maior ponto de fusão e ebulição dos álcoois lineares.

Aldeídos e cetonas apresentam pontos de fusão mais altos do que hidrocarbonetos de massa molecular próxima, porque interagem por dipolo-dipolo, porém mais baixo do que álcoois, pela ausência de ligações de hidrogênio, de acordo com os valores de ponto de ebulição da acetona, do metilpropeno e do 2-propanol, que possuem massa molecular e geometrias semelhantes:

-7,2 °C   56 °C   108 °C

Os ácidos carboxílicos apresentam pontos de fusão e ebulição consideravelmente superiores aos alcanos de massa molecular correspondente, devido às ligações de hidrogênio entre as diferentes moléculas.

Propriedades de alguns ácidos carboxílicos

Nome	Fórmula	p.f (°C)	p. eb. (°C)
Fórmico	$HCOOH$	8	100,5
Acético	CH_3COOH	16,6	118
Propiônico	CH_3CH_2COOH	-22	141

Butírico	$CH_3CH_2CH_2COOH$	6	164
Láurico	$CH_3(CH_2)_8COOH$	31	decomposição
Mirístico	$CH_3(CH_2)_{12}COOH$	44	decomposição
Palmítico	$CH_3(CH_2)_{14}COOH$	63	decomposição
benzoico	C_6H_5COOH	122	250
Salicílico	o-OHC_6H_4COOH	231	decomposição

interage com doador de LH

interage com receptor de LH

ácido carboxílico / ácido carboxílico / ácido carboxílico / água / ácido carboxílico / amida

O grupo COOH é polar e capaz de atuar como doador e receptor de ligações de hidrogênio e a interação com outra molécula de ácido carboxílico forma dímeros com o dobro da massa molecular. A interação também pode ocorrer com a água, o que explica a solubilidade de ácidos de cadeia curta em água, e também com outras moléculas orgânicas:

ácido maleico   ácido fumárico

rede de ligações de hidrogênio entre moléculas de ácido fumárico

A interação complementar nos ácidos carboxílicos explica as diferenças entre as propriedades dos isômeros *cis* e *trans* do ácido butenodioico. O ácido fumárico (*trans*) e maleico (*cis*) apresentam propriedades completamente distintas em relação à solubilidade em água e temperatura de fusão, conforme a tabela a seguir.

Propriedades dos ácidos fumárico e maleico

	Solubilidade H_2O (g/100 mL)	Ponto de fusão (°C)
Ácido fumárico	0,63	287
Ácido maleico	78	138

As ligações de hidrogênio diméricas entre as moléculas de ácido fumárico permitem uma forte agregação no estado sólido, que diminui a solubilidade em água e aumenta o ponto de fusão. Esta agregação não ocorre no ácido maleico pela restrição geométrica imposta pela proximidade entre os dois grupos COOH no espaço.

Amidas primárias e secundárias também interagem por ligações de hidrogênio diméricas, que são ainda mais fortes do que nos ácidos carboxílicos, em que atuam como doadores de ligações de hidrogênio pelo N-H e receptores de ligações de hidrogênio pelo C=O. Uma consequência é que amidas possuem pontos de ebulição mais altos do que álcoois de mesma massa molecular. Na sequência etanamida (acetamida), propanamida (propionamida) e butanamida (butiramida) é possível perceber que o aumento de massa molecular pouco influencia o ponto de ebulição. A aproximação das moléculas para a formação de ligações de hidrogênio é o fator predominante. No grupo butanamida, N- -etilacetamida e N,N-dimetilacetamida a massa molecular permanece a mesma, mas diminuem os hidrogênios capazes de formar ligações de hidrogênio e assim o ponto de ebulição mostra uma queda acentuada na amida terciária, que não possui um N-H para atuar como doador de ligação de hidrogênio.

acetamida	propionamida	butiramida	N-etilacetamida	N,N-dimetilacetamida
p.f. 80 °C p.eb. 221 °C	p.f. 79 °C p.eb. 213 °C	p.f. 106 °C p.eb. 216 °C	p.f. 92 °C p.eb. 205 °C	p.f. -19°C p.eb. 165°C

A estabilização por ligações de hidrogênio induz à preferência por conformações em amidas. A ligação C-N tem características de ligação dupla, com duas conformações possíveis, e a conformação trans permite um melhor arranjo na formação de ligações de hidrogênio intramoleculares, com posicionamento de grupos doadores e receptores de LH de ambos os lados, que permite a formação da estrutura de folha beta em proteína, tais como a fibroina da seda.

trans ou E (mais estável)   cis ou Z

ligações de H entre três cadeias antiparalelas
(conformação trans)

Reconhecimento Molecular: metais e moléculas

A capacidade de discriminar entre outras é chamada de reconhecimento molecular. Esta capacidade vem da formação de interações intermoleculares geometricamente complementares. As ligações de hidrogênio, interações entre cargas, interações hidrofóbicas contribuem para que uma molécula ou íon desempenhe a sua função biológica: entre no sítio ativo da enzima ou passe por uma membrana ou se ligue a um receptor celular, enquanto que outras moléculas passam desapercebidas.

O balanço iônico é importante para regular a pressão osmótica, o mantido por canais que transportem moléculas de água (aquaporinas) e íons (ex: canais de potássio). O canal específico para o íon potássio impede a passsagem do sódio pelo diâmetro do poro e pelo posicionamento dos grupos que interagem na distância correta, de acordo com o raio iônico do potássio. O Prêmio Nobel de Química de 2003 foi concedido a Peter Agre and Roderick MacKinnon (www. nobel.se/chemistry/laureates/2003), por estudos sobre a estrutura de canais de água e canais de potássio, que atuam na membrana intercelular.

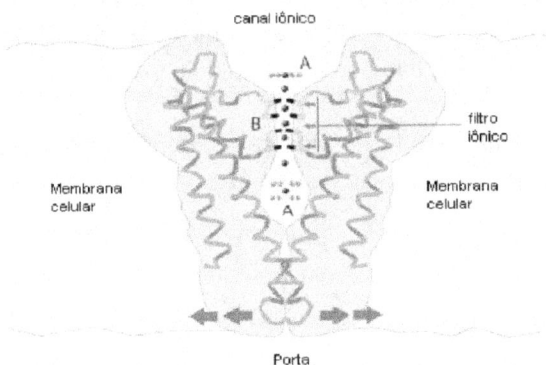

Para o transporte do potássio, é necessário primeiro retirar a água de hidratação. Por isso, a abertura do poro da proteína que constitui o canal apresenta sítios de ligação que interagem com o íon K+ de forma semelhante à água. O transporte de cátions de metais alcalinos (Na^+ e K^+) através de membranas celulares é responsável por diversos processos metabólicos. Por exemplo, o controle da liberação de energia do ATP interfere no equilíbrio Na+/K+, conforme a equação abaixo:

$$3\,Na^+_{ic} + 2\,K^+_{ec} + ATP^{4-} + H_2O \xrightarrow{Mg^{2+}} 3\,Na^+_{ec} + 2\,K^+_{ic} + ADP^{3-} + HPO_4^{2-} + H^+ + 35\,kJ/mol$$

ic= intracelular; ec= extracelular

Moléculas sintéticas que ligam cátions metálicos alcalinos (Li^+, Na^+, K^+) foram obtidas pela primeira vez por Charles Pedersen em 1967, quando estava trabalhando na Du Pont, quando isolou um produto obtido como impureza de uma reação. O dibenzocoroa-6 apresenta seis átomos de oxigênio com pares eletrônicos isolados disponíveis para interagir com os íons sódio ou potássio. Esta molécula transporta o cátion da água para um solvente orgânico (clorofórmio, benzeno) imiscível em água. Pelo trabalho no estudo da complexação de cátions, Pedersen recebeu o Prêmio Nobel de 1984, compartilhado com Donald Cram e Jean Marie Lehn.

cátion Na^+ complexado pelo dibenzoétercoroa[6] – estrutura (esquerda) e com raio de Van der Waals (direita)

O raio do íon Na^+ tem o diâmetro justo para entrar na cavidade formada pelos átomos de oxigênio; o K^+ é um cátion maior e é complexado com menos força, posicionando-se abaixo dos oxigênios, interagindo de forma menos efetiva. Existe uma correlação de tamanho da cavidade com o raio iônico do cátion.

éteres-coroa de distintos tamanhos são seletivos para metais diferentes

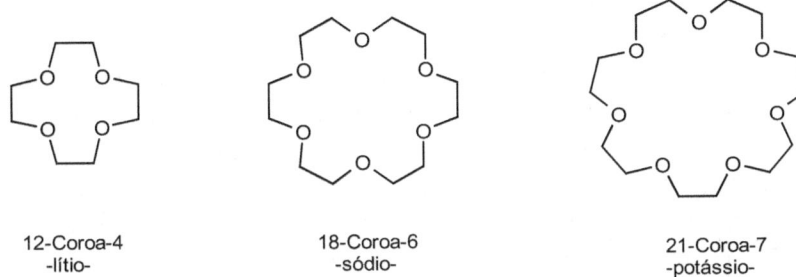

| 12-Coroa-4 -lítio- | 18-Coroa-6 -sódio- | 21-Coroa-7 -potássio- |

O reconhecimento molecular tem outra face. Moléculas com estrutura similar aos metabólitos de bactérias ou vírus são utilizadas para bloquear a ação destes microorganismos. Um exemplo são as drogas a base de sulfa que matam algumas bactérias. Estas bactérias necessitam do ácido para-aminobenzoico (PABA do inglês para-aminobenzoic acid) para a síntese do ácido fólico, e não conseguem distinguir o PABA das moléculas das sulfas. O resultado é que a sulfa entre no sítio ativo em lugar do PABA, o ácido fólico não é sintetizado e a bactéria morre.

similaridade entre PABA e sulfas para a síntese do ácido fólico

As sulfas são inibidores competitivos na ligação do PABA, porque se ligam no mesmo lugar no qual o substrato se liga na enzima, resultando na diminuição da atividade enzimática. Os inibidores não competitivos se ligam em outras regiões e induzem modificações na forma da enzima, que diminuem a velocidade da reação com o substrato. Estes estudos permitem conhecer melhor a forma de atuação da enzima que cataliza uma determinada reação.

7. A água e os compostos orgânicos - agregados em água

A água não tem carbonos, e por isto não deveria ser considerada um "composto orgânico". Contudo, é a molécula presente em maior quantidade nos organismos, e seria absurdo não considerar a relação entre as águas e as moléculas orgânicas. As enzimas são os catalisadores que fazem com que as reações ocorram em um tempo compatível com os processos vitais e estão dispersas na água, assim como os nutrientes. Por sua vez, as membranas celulares fazem separação entre a água externa à célula e a água interna e devem possuir grupos polares ou com carga elétrica que interagem com a água e cadeias carbônicas que não interagem.

A água é um solvente com características únicas e o conjunto destas características torna a água indispensável para a manutenção da vida como a conhecemos, tanto no nível dos seres vivos individuais, quanto em nível planetário, influindo sobre o clima. A água é a única substância cuja densidade do sólido (d_{gelo} = 0,91 g/cm^3) é cerca de 10 % menos denso do que a água líquida (d_{agua} = 1,0 g/cm^3 a 4° C). A razão é a estrutura hexagonal em fase sólida que maximiza as ligações de hidrogênio no gelo, criando espaços vazios, enquanto que no líquido as moléculas aproximam-se para fazer as ligações de hidrogênio por todas as direções.

ligações de hidrogênio na água (bidimensional)

8. Solubilidade em água

A água é um solvente polar, com a capacidade de formar ligações de hidrogênio entre as moléculas de água e com substâncias dissolvidas. A ligação O-H é polarizada pela maior eletronegatividade do átomo de oxigênio (O = 3,5) em relação ao hidrogênio (H = 2,1). O oxigênio apresenta uma carga parcial negativa e o hidrogênio uma carga parcial positiva. O ângulo H-O-H é de 104,5°, sua forma é angular e a distância O-H é de 0,97Å, e possui dois pares de elétrons não ligantes, que podem interagir com outros hidrogênios polarizados.

polaridade e ligações de hidrogênio da água

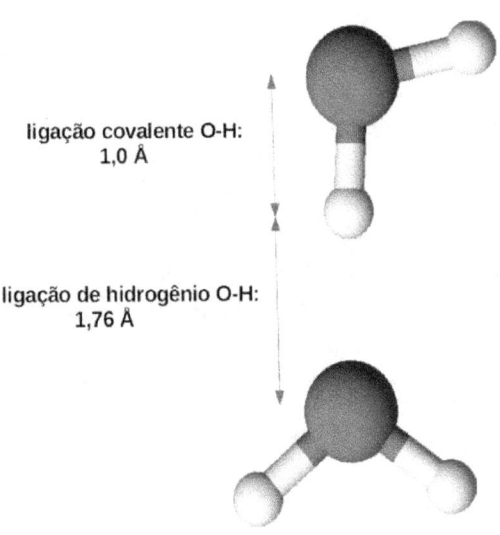

ligação covalente O-H:
1,0 Å

ligação de hidrogênio O-H:
1,76 Å

A molécula de água pode doar duas ligações de hidrogênio e receber duas ligações de hidrogênio, e é complementar a si mesma, por isso a água interage com mais força com outras moléculas de água. Para que uma molécula orgânica entre na estrutura da água líquida deve "compensar" a perda de ligações de hidrogênio causada pela entrada desta molécula. Por isso, somente íons e moléculas que fazem ligações de hidrogênio ou interações íon-dipolo são solúveis em água. A solubilidade é usualmente representada pela massa que dissolve em 100 mL de água (g/100 mL).

9. Os compostos orgânicos em água

Moléculas orgânicas compostas apenas de carbono e hidrogênio são insolúveis em água. A insolubilidade destes compostos é observada no caso dos derramamentos de óleo em acidentes ou quando os navios petroleiros lavam seus depósitos e lançam os resíduos no mar. O óleo, de menor densidade, forma uma fina camada sobre a água, espalhando-se por grandes extensões, levado pelas correntes.

Um exemplo foi o acidente do navio Exxon Valdez em 1989, que derramou 11 milhões de galões de óleo cru no mar do Alasca em uma região em que um grande número de aves marinhas, mamíferos marinhos e peixes vêm procriar.

Dez anos após, estimou-se que ainda permanecessem no ambiente 40.000 litros de óleo nas praias locais, na forma de espumas ou de bolas de asfalto. Acidentes com petroleiros, plataformas de petróleo têm sido cada vez mais comuns e seus danos não têm sido totalmente estimados.

A presença de grupos que interagem através de ligações de hidrogênio, como OH e NH, assim como cargas positivas ou negativas, aumenta a solubilidade em água. Moléculas que possuem grupos polares e cadeias apolares longas, como os álcoois e ácidos carboxílicos de cadeia longa, são ditas anfipáticas, e o conhecimento das propriedades destas moléculas é importante para o entendimento da estrutura das membranas e das enzimas.

Em álcoois e ácidos, o grupo OH comunica solubilidade em água, enquanto que a cadeia alifática diminui a solubilidade. Assim, quanto maior a cadeia linear, menor é a solubilidade. Na série de ácidos carboxílicos na tabela abaixo, observa-se que a solubilidade diminui com o aumento da cadeia orgânica, a parte apolar da molécula. Para os primeiros ácidos, a solubilidade em água é comandada pela influência do grupo COOH, que interage por ligações de hidrogênio com a água e o aumento da cadeia hidrofóbica diminui a solubilidade.

Solubilidade de ácidos carboxílicos em água

Nome	Fórmula	Solubilidade (g/100 g H_2O)
Fórmico	HCOOH	∞
Acético	CH_3COOH	∞
Propiônico	CH_3CH_2COOH	∞
Butírico	$CH_3(CH_2)_2COOH$	∞
Valérico	$CH_3(CH_2)_3COOH$	3,7
Caproico	$CH_3(CH_2)_4COOH$	1,0
Caprílico	$CH_3(CH_2)_5COOH$	0,7
Cáprico	$CH_3(CH_2)_6COOH$	0,2
Láurico	$CH_3(CH_2)_{10}COOH$	insolúvel

Uma forma de avaliar quantitativamente esta distribuição é o uso de "log P", o logaritmo do coeficiente de partição de um soluto entre água (muito polar) e 1-octanol (praticamente apolar).

água   1-octanol

Valores de log P para algumas moléculas orgânicas

Substância	Fórmula	Log P
acetamida		-1,16
metanol	H_3C-OH	-0,82
ácido acético		-0,31

éter etílico		0,83
tolueno		2,37
hexametilbenzeno		4,61

Os valores negativos indicam uma maior solubilidade em água, porque a concentração do soluto é maior na fase aquosa, resultando em constantes de partição entre 0 e 1, cujo logaritmo é negativo, enquanto que valores positivos indicam maior solubilidade no solvente orgânico, e quanto maior este valor, maior esta solubilidade.

O valor de log P aumenta com o tamanho da cadeia alifática, conforme os valores de álcoois lineares. Nestes compostos um aumento de um CH_2 na cadeia aumenta em 0,5 a 0,6 unidades de log P.

	H_3C-OH	$H_3C-\underset{H_2}{C}-OH$	$H_3C-\underset{H_2}{C}-\underset{H_2}{C}-OH$	$H_3C-\underset{H_2}{C}-\underset{H_2}{C}-\underset{H_2}{C}-OH$
log P	-0,82	-0,18	0,33	0,84

A ramificação da cadeia é outro fator que altera as propriedades físicas, conforme observado para álcoois alifáticos de quatro carbonos.

A solubilidade em água de álcoois primários é menor do que a dos álcoois secundários e terciários de mesma massa molecular. O efeito mais importante é a interação da cadeia alifática sobre a estrutura da água. Moléculas que têm cadeia alifática mais longa rompem as ligações de hidrogênio dentro da água, o que desestabiliza estas moléculas de dentro do líquido – é o caso do 1-butanol e do isobutanol.

solubilidade (g/100 mL)	7,3	29	8,7	solúvel
log P	0,84	0,68	0,80	0,58

O valor de log P é utilizado para estimar a absorção de um fármaco pela parede intestinal. Moléculas apolares (log P positivo e alto) serão mais absorvidas.

Contudo, se os valores de log P forem muito altos, a molécula poderá ficar retida na mucosa e não passar para os tecidos internos do corpo. A solubilidade em água é o parâmetro para a classificação de vitaminas, divididas em dois grandes grupos:

lipossolúveis (solúveis em gordura e insolúveis em água) e hidrossolúveis (solúveis em água). Observe a diferença entre a vitamina A (lipossolúvel) com 21 átomos de carbono e apenas um grupo OH e a vitamina C (hidrossolúvel) com 6 carbonos e 4 grupos hidroxila.

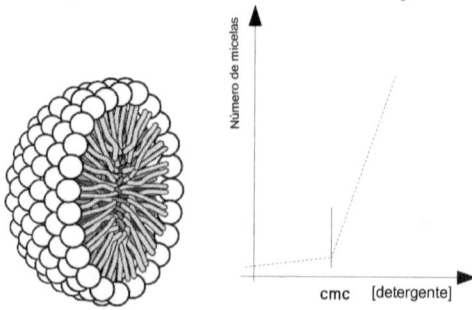

vitamina A
retinol

log P = 5,68

vitamina C
ácido ascórbico

log P = -1,85

10. Agregados em água – micelas e vesículas

Já vimos que carboxilatos com cadeia carbônica longa (sabões) são os produtos da reação de gorduras e óleos com NaOH e KOH, ou da reação de ácidos carboxílicos com bases fortes. Quando são adicionados à água, formam agregados com centenas de moléculas, chamados de micelas, acima de uma concentração específica do sabão. Esta é a concentração micelar crítica (c.m.c.), e pode ser observada por uma brusca mudança em propriedades como a condutividade e a viscosidade da solução. A formação das micelas diminui a mobilidade do carboxilato em uma solução aquosa e cria no seu interior uma região de características hidrofóbicas. Nesta região podem se incorporar moléculas orgânicas apolares, como benzeno ou hidrocarbonetos de cadeia longa.

corte de uma micela e gráfico mostrando a concentração micelar crítica (cmc)

As micelas podem também se originar em cátions amônio de cadeia longa. Neste caso, a carga positiva se dirige para a superfície da micela, enquanto que a cadeia linear se dirige para o centro da micela. No caso de carboxilatos, a micela é aniônica, e no caso de cátions amônio de cadeia longa como o cloreto de *N*-dodecil-trimetilamônio–DOTAB (sigla em inglês) são formadas micelas catiônicas. As micelas aniônicas atraem cátions e as catiônicas atraem ânions.

$N(CH_3)_3^+ \ Br^-$

As membranas moleculares são compostas por fosfoglicerídios, que possuem duas cadeias apolares que saem da extremidade polar e formam estruturas organizadas em água. Os fosfoglicerídios são derivados do glicerol, com dois ácidos graxos ligados a duas hidroxilas do glicerol, e a outra se liga a um grupo polar, ou carregado. Um exemplo está abaixo:

X= $CH_2 CH_2 NH_3^+$ (etanolamina);

$CH_2 CH_2 N^+ (CH_3)_3$ (colina);

$CH_2 CH (NH_3^+) COO^-$ (serina);

$CH_2 CH OH CH_2OH$ (glicerol)

Estas moléculas em água se organizam na forma de bicamadas e formam vesículas tridimensionais e definem compartimentos, conforme a figura abaixo. O interior destas membranas é apolar e as superfícies são iônicas. As membranas celulares acomodam proteínas transmembranas, que comunicam o exterior e o interior da célula. As cadeias apolares ficam no interior da membrana, enquanto que as partes polares ou iônicas ficam para fora da membrana.

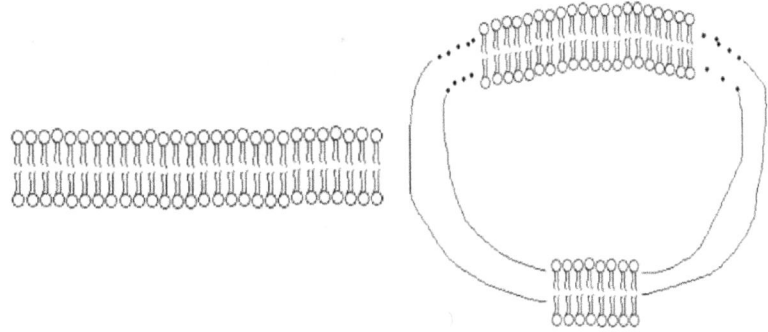

dupla membrana fosfolipídica

A grandeza termodinâmica responsável pela agregação das cadeias hidrofóbicas é a entropia, porque as moléculas de água próximas às cadeias carbônicas são mais organizadas do que no meio aquoso. Quando as cadeias carbônicas se aproximam, "expulsam" estas moléculas de água, resultam no aumento da desorganização do sistema, aumentando a entropia, o que diminui da energia livre do sistema ($\Delta G = \Delta H - T\Delta S$), caracterizando uma mudança espontânea.

primeira camada:
m moléculas de água ordenadas por unidade de carboxilato

água pouco
ordenada

$+$ n . m H_2O
desordenadas

n sabão - m H_2O ordenadas

**micela n sabão - n.m H_2O
desordenadas**

A força que atua sobre as moléculas da superfície em direção ao interior do líquido resulta em outra propriedade importante da água, a sua alta tensão superficial. No interior dos líquidos (molécula 1 no desenho abaixo), as forças atuam em todas as direções, se anulando quando os vetores são somados. Na superfície (molécula 2), as forças que atuam para os lados se anulam, mas a força que atua dirigida para o centro não é anulada, logo esta é a força resultante, e quanto maiores as forças intermoleculares, maior será a força resultante. Por isso, as gotas de água tendem a adotar uma força esférica, onde a área superficial é mínima em relação ao volume.

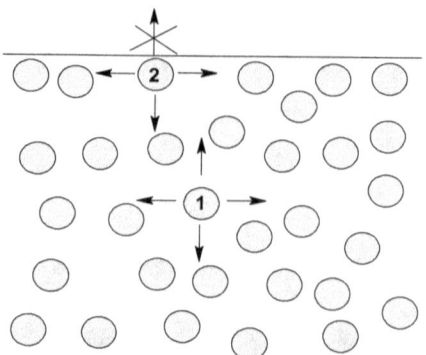

A alta tensão superficial da água permite que pequenos insetos possam deslizar sobre a superfície da água, sem que rompam esta camada superficial de água e se afoguem. A tensão superficial é alterada por substâncias tensoativas, tais como os sais de ácidos carboxílicos e alquilamônios de cadeia longa. A cadeia hidrofóbica se dirige para o ar, apolar, enquanto que a parte carregada se dirige para o interior da água. A consequência é que ocorre uma diminuição da força que atua em direção ao centro, diminuindo sensivelmente o valor da tensão superficial. Logo, detergentes em água alteram as propriedades da água, com consequências sobre a vida animal, porque perturbam as propriedades químicas usuais da água que a vida aquática está adaptada. Além da diminuição da tensão superficial, diminuem a quantidade de oxigênio dissolvido na água, utilizado para a oxidação da matéria orgânica por bactérias. A forma de limpeza dos detergentes também ocorre pela diminuição da tensão superficial, só que em vez do ar, existe a gordura. O "rabo" apolar penetra na gordura, deixando a cabeça carregada voltada para a água. Com isso, diminui a tensão superficial na fronteira gordura/água, permitindo que a água molhe a gordura e esta seja removida.

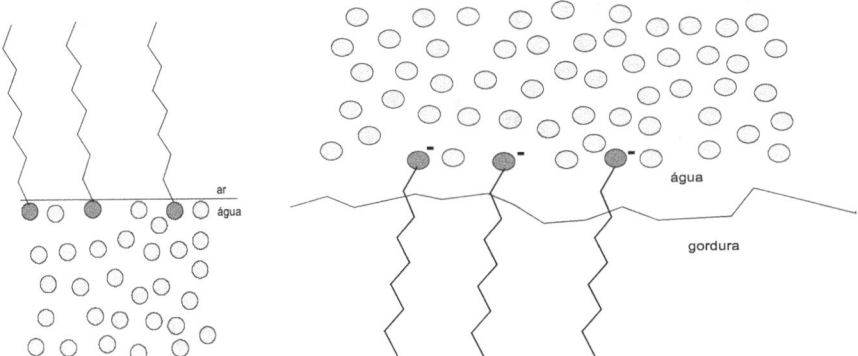

Tópico Especial – Cromatografia

A cromatografia é a técnica de identificação e purificação de compostos orgânicos mais utilizada no laboratório analítico moderno, e o princípio de atuação é o mesmo na separação de contaminantes do ambiente ou na separação e identificação de proteínas do plasma sanguíneo. As técnicas cromatográficas podem levar a respostas muito rápidas e precisas para questões importantes no trabalho de laboratório: "onde está o produto?" ou "podemos identificar o composto e informar a sua quantidade?" ou "como podemos separar esta mistura?" ou "quantos e quais compostos existem nesse extrato vegetal?".

As forças intermoleculares responsáveis pela separação cromatográfica são fracas quando comparadas com as ligações químicas, e por isso os processos são reversíveis e ocorrem em equilíbrios rápidos, que permitem a separação de compostos de misturas complexas.

As interações ocorrem na superfície da fase estacionária, e o substrato que mais interage, se move mais lentamente, e por isso fica mais tempo retido. Esta interação na superfície é chamada de adsorção – não está escrito errado; adsorção é o termo utilizado quando o soluto fica na superfície da fase, e absorção quando fica no interior.

Existem diversos tipos de separações cromatográfica, dependendo da fase que ocorre (gasosa ou líquida), do suporte em realizada (papel, sílica, alumina, carboidratos insolúveis), da forma que se dispõe a fase estacionária (coluna, placa).

separação cromatográfica em coluna

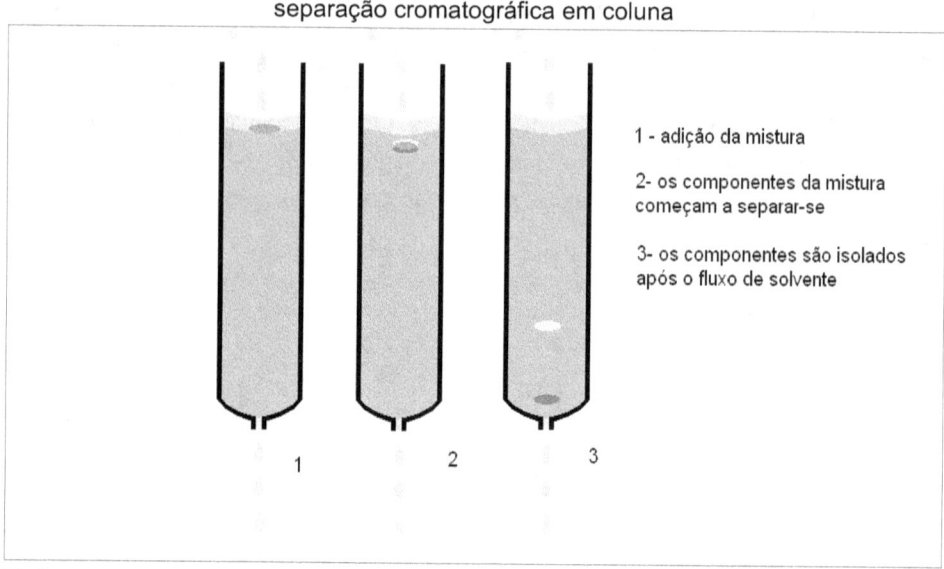

1 - adição da mistura

2- os componentes da mistura começam a separar-se

3- os componentes são isolados após o fluxo de solvente

1   2   3

Embora possa parecer complexo, isso mostra a versatilidade do princípio cromatográfico, aplicável a diversos usos. Há um bom tempo existem aparelhos que permitem separações e caracterização automática das moléculas que constituem as amostras.

A cromatografia em colunas com uma fase estacionária quiral permite a separação de enantiômeros, que interagem de forma diferenciada. Estas colunas são caras e separam pequenas quantidades de material de cada vez. As fases estacionárias são usualmente açúcares ou derivados de aminoácidos, por exemplo, o derivado de leucina abaixo.

Exercícios

1-Coloque as forças intermoleculares em ordem de importância na estabilização de agregados: forças de Van der Waals, ligações de hidrogênio, íon-dipolo, interações eletrostáticas, dipolo-dipolo.

2-Coloque as séries de compostos abaixo em ordem crescente de ponto de ebulição e de solubilidade em água, e explique brevemente sua resposta.

a)$CH_3CH_2CH_2OH$, $CH_3CH_2CH_2CH_2OH$, $CH_3CH_2CH_2(OH)CH_3$,
$CH_3CH_2CH_2CH_2CH_2CH_2OH$

b) $CH_3CH_2CH_2OH$, CH_3CH_2COH (aldeído), CH_3COOH

c) $CH_3CH_2CH_2NH_2$, $CH_3CH_2NHCH_3$, $(CH_3)_3N$

3-Construa o gráfico de pontos de ebulição dos hidretos dos elementos do grupo 16 e explique por que a água possui um comportamento anômalo quando comparado com os outros.

composto	H_2O	H_2S	H_2Se	H_2Te
ponto de ebulição (°C)	100	-33	-26	-13

4-Relacione os compostos 1 a 4 com os compostos A-D de acordo com a compatibilidade por ligações de hidrogênio? Desenhe a estrutura dos agregados formados por ligações de hidrogênio.

5-A interação entre o uracilo e a diamino-piridina é favorecida pelas ligações de hidrogênio, mas desfavorecida pelas interações secundárias.

uracilo   2,6-diaminopiridina (DAP)

a) Faça um desenho do agregado formado por ambas as moléculas.;

b) indique as ligações de hidrogênio e as interações secundárias;

c) estime a energia de interação entre as moléculas, considerando que as ligações de hidrogênio diminuem a energia, usando os valores da tabela de valores médios de ligações de hidrogênio no texto e considere que cada interação secundária desestabiliza 2 kcal/mol;

d) com este valor, calcule a constante de associação a 25° C (298 K), considerando a energia de interação como o valor de ΔG^0. O valor reportado na literatura (conforme o artigo de Jorgensen – J. Amer. Chem. Soc. 1990, 12, 2008-2010) é $K_{ass.} = 170$.

6- Para os ácidos abaixo, explique a ordem de ponto de ebulição

a)   b)   c)   d)

186 ºC   176 ºC   175 ºC   164 ºC

7- Qual dos cátions diamônio que melhor interage com o ânion succinato? Explique sua resposta.

succínato

a)

b)

c)

d)

8- Para as moléculas abaixo, estime o valor de log P (ex: 0- 0,5), com base nas estruturas e nos valores da tabela de log P do texto.

| ácido acético | *p*-dimetilbenzeno | *N*,*N*-dimetilformamida | 1,4-dioxano |

9- Ordene os seguintes aminoácidos em ordem de log P.

| alanina | serina | fenilalanina | valina |

Capítulo 6- Luz e Moléculas Orgânicas

A absorção de luz é fundamental no balanço energético na cadeia alimentar. A energia luminosa é a fonte externa de energia para a síntese da glicose ($C_6H_{12}O_6$) a partir de moléculas de baixa energia (H_2O e CO_2). Existem moléculas especialmente projetadas para a absorção de luz, como as clorofilas, a ficoeritrobilina e ficocianobilina em cianobactérias e algas vermelhas, e o complexo enzima-retinal na visão. A absorção de luz ocorre nos processos de visão dos animais, permitindo a sensação claro-escuro e distinção de cores. Alguns seres vivos emitem luz utilizando reações químicas, como a bioluminescência de algas e a luz dos peixes abissais e vaga-lumes, com um aproveitamento de energia muito mais eficiente que as lâmpadas atuais.

A luz tem características de onda e partícula. O comportamento de onda é observado no deslocamento da luz ou nos fenômenos de reflexão e interferência, enquanto que o comportamento como partícula pode ser identificado quando a luz interage com a matéria.

1. Descrição da onda

O comprimento da onda é representado pela letra λ (lambda) e o tempo para que a onda leva para percorrer um comprimento de onda é definido como o período τ (tau). O inverso do período é a frequência ν (nu) e a velocidade da luz no vácuo é uma constante $c = 3,0.10^8 m/s$. A frequência de uma onda é o número de ondas que passa por um determinado ponto por unidade de tempo, e também pode ser calculada como o quociente entre a velocidade da onda e o comprimento da onda.

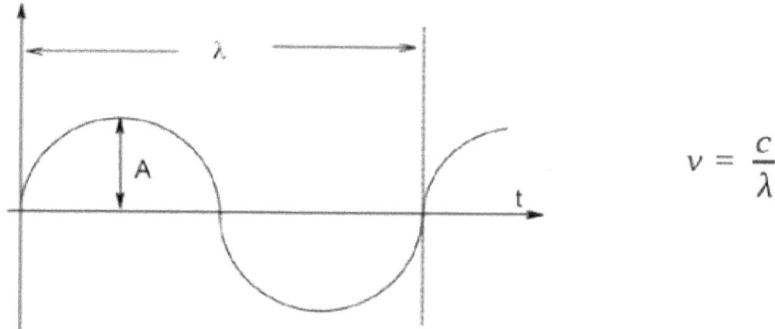

$$\nu = \frac{c}{\lambda}$$

A energia da onda é diretamente relacionada com a frequência desta luz e inversamente proporcional ao comprimento de onda, e a constante de conversão é a constante de Planck, que vale $h = 6,66.10^{-34}$ Joule.segundo (J.s). As equações que relacionam energia do fóton com frequência e comprimento de onda com energia estão mostradas abaixo:

$$E = h.\nu \qquad E = \frac{h.c}{\lambda}$$

De acordo com a energia da onda, ocorrem distintos fenômenos de absorção ou de emissão de luz. Alguns provocam movimentos moleculares, outros provocam a passagem de elétrons de para um nível excitado, outros provocam emissão de luz ou até mesmo reações químicas, chamadas de reações fotoquímicas e outras não provocam nada. Abaixo estão mostradas as regiões usualmente estabelecidas para a luz de acordo com o comprimento de onda.

| log λ | -16 | -14 | -12 | -10 | -8 | -6 | -4 | -2 | 0 | 2 | 4 |

raios gama   raios-X   u.v.   i.v.   micro-ondas   rádio

visível

2. Absorção de luz Infravermelha

A região do infravermelho (iv) situa-se entre 2 μm e 15 μm, em um comprimento de onda maior do que a luz visível vermelha. Nesta região a luz apresenta energia suficiente para provocar movimentos de vibração e torção molecular, conforme as funções químicas presentes.

Nos movimentos de vibração, ocorre o deslocamento de um átomo de sua posição de equilíbrio em uma molécula ao longo do eixo de ligação. Este movimento está sujeito a uma força restauradora que aumenta com o deslocamento.

O sistema massa-mola, que segue a lei de Hooke é um bom modelo para descrever o estiramento da ligação química, cuja frequência natural de vibração depende das massas dos pesos e da resistência da mola. A absorção de luz pode fornecer a energia para que ocorra este deslocamento, porém a energia da luz deve ser igual à diferença de energia correspondente à vibração molecular.

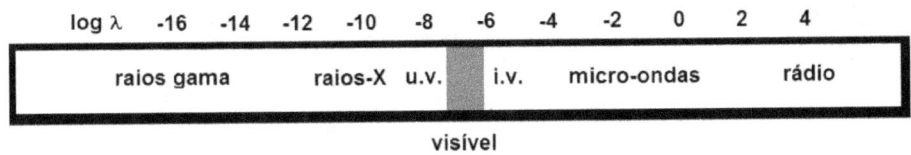

$$\Delta E = E_2 - E_1 = h . \nu$$

Esta propriedade permite a identificação de moléculas através de uma técnica experimental, conhecida como espectroscopia de absorção de infravermelho.

A absorção de luz é detectada pela medida da fração de luz infravermelha absorvida por uma substância como uma função do comprimento da onda.

Os químicos usam a escala de número de onda para o infravermelho, em que o número de onda significa a quantidade de ondas que se encontram por unidade de distância, ou seja, um valor de 1000 cm$_{-1}$ indica que em um cm estão presentes 1000 ondas. O número de onda ($1/\lambda$) é diretamente proporcional à frequência; logo, também é diretamente proporcional à energia.

$$v = \frac{1}{\lambda} \qquad E = h \cdot v = \frac{h \cdot c}{\lambda} = h \cdot c \cdot v$$

A partir da lei de Hooke, a frequência de estiramento de dois átomos ligados é calculada por:

$$v = \frac{1}{2 \cdot \pi \cdot c} \sqrt{\frac{k}{\left(M_x \cdot M_y \right) / \left(M_x + M_y \right)}}$$

Em que k é a constante de força da equação (quanto mais forte é a ligação, maior k) e M_x e M_y são as massas dos núcleos ligados. Quanto mais leves os átomos e mais forte a ligação, maior será a frequência de absorção e menor o comprimento de onda. Logo, a ligação C–H absorve em frequência maior do que a C–C e ligações C–C absorvem em frequência menor do que as ligações C=C.

Frequências de estiramento de algumas ligações químicas

Ligação	Número de onda (cm^{-1})	Ligação	Número de onda (cm^{-1})
C-H	2900-3100	C=O	1540-1870 (intensa)
C-C	800-1200 (fracas)	O-H	3100-3500 (larga)
C=C	1600-1650	C-N	1020-1250
C≡C	2100-2140	C-Cl	550-850
C-O	1000-1300	N=O	1290-1550

Os espectros de infravermelho de moléculas contendo mais que dois ou três átomos são mais complexos, uma vez que outros tipos de movimentos atômicos além de simples estiramentos são ativos, com movimentos de torção de ligações e grupos.

Contudo, mesmo para moléculas complexas o espectro de infravermelho proporciona uma "impressão digital" entre 1500 e 800 cm^{-1}, útil para a identificação de uma estrutura. Por isso, espectrofotômetros de infravermelho estão aparelhos presentes em muitos laboratórios de química. Abaixo está o espectro de absorção de luz infravermelha da propanona (acetona). A absorção em 2950 cm^{-1} corresponde às ligações C-H, mas a característica dos compostos com o grupo C=O é a forte banda entre 1700-1800 cm^{-1}.

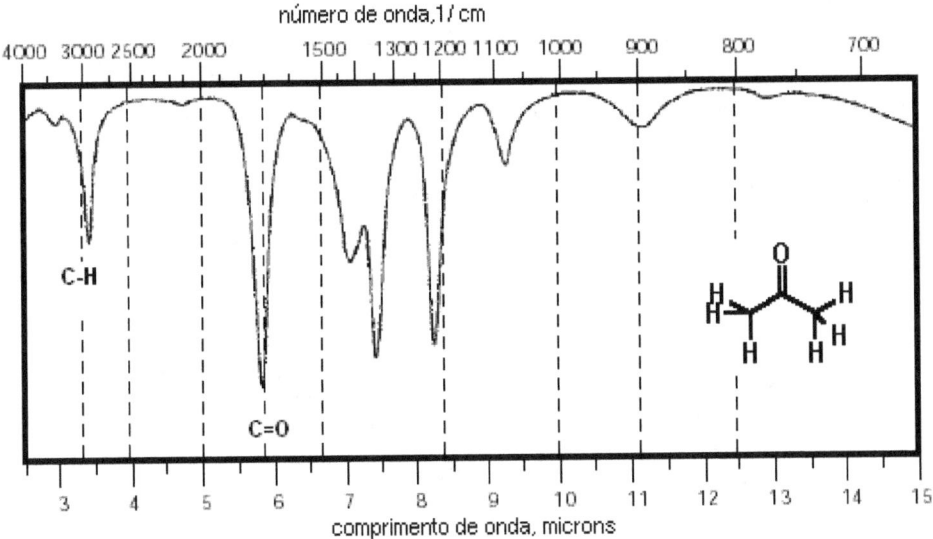

A absorção de luz infravermelha ocorre pela mudança de dipolo molecular, assim alguns movimentos são ativos e outros inativos no infravermelho, por exemplo o caso do dióxido de carbono, CO_2.

Tópico especial: efeito estufa - um caso de absorção de Luz Infravermelha

Derretimento de geleiras, inundação de regiões costeiras, aumento da temperatura global, desertificação de grandes áreas. Algumas destas são as previsões derivadas do aumento do efeito estufa. As estufas são espaços fechados, com o objetivo de aprisionar o calor do sol, permitindo que o frio da noite não mate vegetais ou animais mantidos no seu interior. A nossa atmosfera atua como uma estufa, impedindo que o calor da radiação solar não seja completamente refletido para o espaço, aumentando a temperatura, que seria de -18° C (determinada pela radiação emitida pela terra) para 15° C de temperatura média. Com isso, a atmosfera proporciona um aquecimento de 33° C. Em Marte, a atmosfera proporciona um aquecimento de apenas 3° C, com isso a temperatura média é -53° C. O efeito de aumento de temperatura se deve à captura da luz refletida pela terra, que se dá na região do infravermelho, entre 4 mm e 100 mm. Os principais componentes da atmosfera são nitrogênio e oxigênio, que não absorvem luz infravermelha, mas os responsáveis pelo efeito estufa são outros: vapor de água, água na forma de gotículas; dióxido de carbono, CFCs (clorofluorcarbonos), metano (CH_4), óxido nitroso (NO_2), HCFCs (hidroclorofluorcarbonos) e hexafluoreto de enxofre (SF_6). O aumento destes gases na atmosfera depende de eventos naturais ou da ação humana , e pode levar a um efeito estufa mais pronunciado e um aquecimento na temperatura do planeta.

O que está em debate atualmente é o aumento do CO_2 antropogênico (gerado pelo homem) e suas consequências sobre o aquecimento global. A queima de petróleo, carvão e o desmatamento gera CO_2 com consequências que não puderam ser totalmente avaliadas, e vão desde o derretimento da calota polar até a fertilidade da Sibéria. Este efeito ainda está sob um forte debate, inclusive com acusações de fraudes em dados e descaso ambiental.

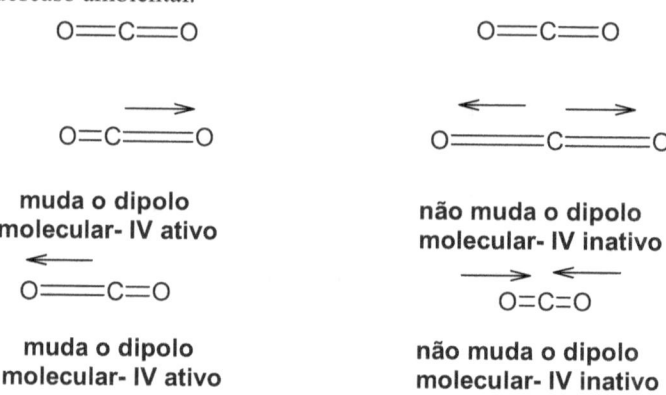

muda o dipolo molecular- IV ativo	não muda o dipolo molecular- IV inativo
muda o dipolo molecular- IV ativo	não muda o dipolo molecular- IV inativo

3. Espectroscopia ultravioleta e visível: as cores das moléculas

A faixa de luz acessível ao olho humano vai de 380 nm até 750 nm, entre o violeta e o vermelho. Esta luz tem energia suficiente para outro tipo de excitação molecular: a passagem de um estado eletrônico mais baixo para outro mais alto, da mesma forma do que a luz ultravioleta. O fóton de luz pode ser captado por íons metálicos ou grupos orgânicos, pela compatibilidade entre os níveis de energia da espécie química com a energia do fóton absorvido. Se a absorção de luz ocorre na faixa do visível (350-800 nm), esta luz é retirada do espectro que chega ao olho, e vemos a cor complementar àquela que foi absorvida. Assim, uma molécula que absorve luz verde, o olho humano vê como laranja-vermelho.

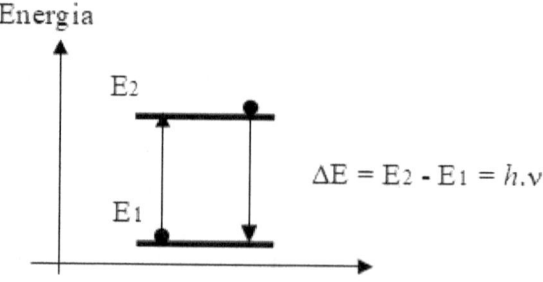

$$\Delta E = E_2 - E_1 = h.\nu$$

O elétron recebe a energia do fóton de luz, e sua energia não é mais compatível com o nível mais baixo de energia, desta forma ele "pula" para outro estado energético de maior energia. Porém, o elétron não permanece neste estado indefinidamente e retorna para o estado energético fundamental. A diferença de energia entre o estado excitado e fundamental é transferida para o meio na forma de calor ou na emissão de um fóton. Em moléculas orgânicas existem características estruturais para que ocorra esta absorção de luz e se esta absorção ocorre no intervalo da luz visível (350 – 800 nm), se observa cor. A principal característica é presença de ligações duplas e simples alternadas (ligações duplas conjugadas), que formam um sistema de ligações π; outro fator que desloca a absorção para valores de λ maiores é o aumento de substituição sobre a dupla ligação. Observe na figura a seguir que o número de ligações duplas conjugadas desloca o máximo de absorção para valores maiores de λ e menores de energia.

duplas conjugadas	0	1	2	3
λ_{max}(nm)	135	171	235	258

Para a compreensão da distribuição de energia entre os orbitais, vamos partir de moléculas mais simples. O eteno apresenta apenas um orbital π ocupado e um orbital π^* não ocupado (*) representa o estado excitado). Estas transições são chamadas de transições do tipo $\pi \rightarrow \pi^*$. A diferença de energia entre eles corresponde à absorção de um fóton de 165 nm. Quando duas ligações duplas estão conjugadas, os orbitais π correspondentes às ligações que estão em um mesmo plano e interagem, e assim se forma um sistema de ligações π.

No eteno, o elétron, quando absorve um fóton passa de do orbital ligante OL1 para o orbital não ligante ONL1. No caso do 1,3-butadieno (figura seguinte), o elétron passa de OL2 para ONL1. Observe que a diferença de energia entre eles é menor do que no eteno, logo a energia absorvida é menor (comprimento de onda maior) do que para o eteno.

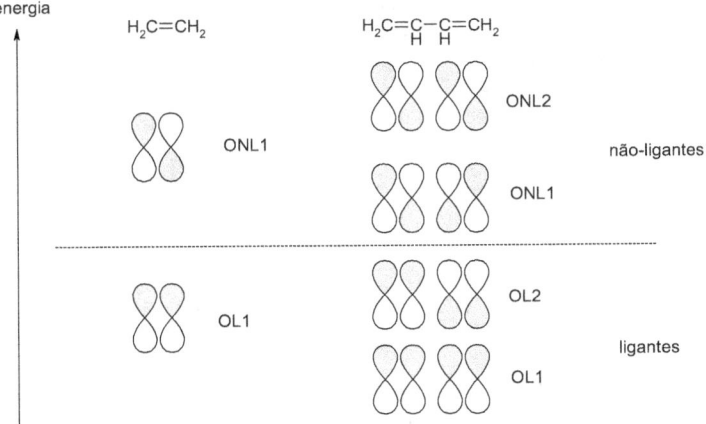

A conjugação produz uma sobreposição contínua das ligações π sobre os átomos, e a forma dos orbitais ligantes e não ligantes π reflete esta sobreposição.

Assim, em vez de um orbital π ligante e um antiligante, são formados dois orbitais π ligantes e dois orbitais π* antiligantes. A diferença de energia para o "salto" do elétron de π para π* requer menor energia, e ocorre em um comprimento de onda maior, conforme os exemplos do eteno e 1,3-butadieno abaixo:

Conjugação e comprimento de onda

Duplas conjugadas	Comprimento de onda absorvido (nm)	Cor absorvida	Cor transmitida
> 8	200-400	ultravioleta	incolor
8	400	violeta	amarelo-esverdeado
9	425	anil	amarelo
10	450	Azul	laranja
11	490	azul-esverdeado	vermelho

A absorção de luz no processo da visão requer a presença de um grupo conjugado, o retinal, sintetizado a partir do caroteno, formando o retinol, com cinco ligações conjugadas (vitamina A).

β-caroteno

caroteno dioxigenase

2

retinol (vitamina A)

Moléculas com átomos com pares de elétrons isolados (ex: oxigênio, nitrogênio) podem ter outro tipo de absorção, em que o elétron passa do orbital isolado (também chamado de não ligante) para o orbital π^*. Este tipo de absorção é representado por n $\rightarrow \pi^*$. Estas absorções não são muito intensas, devido à baixa probabilidade do elétron passar do orbital n para o sistema π. A quantidade de luz absorvida é medida pela absobância A, que se relaciona com a concentração de acordo com a Lei de Beer:

$$A = \varepsilon.c.l,$$

onde ε (épsilon) é a absortividade molar, que depende da probabilidade da transição ocorrer, c é a concentração e l é o caminho ótico, ou seja, a distância que a luz viaja dentro da amostra.

Álcoois, cetonas, aminas, amidas, ácidos carboxílicos absorvem na região do ultravioleta, através deste tipo de transição eletrônica. A acetona possui uma absorção em 195 (π-π^*) e outra em 274 nm (n-π^* ε = 15) devido à excitação dos elétrons n, enquanto que a absorção da *trans*-pent-3-en-2-ona ocorre a 218 nm (π-π^*) e em 324 nm (n-π^*).

$\pi \longrightarrow \pi^*$ $\pi_{max.}$ a 218 nm $\varepsilon_{max.}$ = 2.10^4

$n \longrightarrow \pi^*$ π_{max} a 324 nm ε_{max} = 24

A diferença na absorção de cores se deve a pequenas modificações na estrutura molecular. As estruturas da xantopterina e a leucopterina diferem apenas por um grupo OH, que desloca a absorção do ultravioleta (incolor) para o amarelo.

xantopterina
borboleta amarela
e pigmento de outros insetos

leucopterina
substância incolor
em asas de borboletas brancas

4. Fundamentos da Fotossíntese

A entrada de energia na cadeia dos seres vivos se dá através da absorção da luz solar. Em vegetais complexos esta absorção ocorre pela clorofila, que apresenta um anel formado por ligações conjugadas C=C e C=N em torno do íon Mg^{2+}.

Existem duas formas de clorofila mais abundantes, denominadas "clorofila α" e "clorofila β", com diferenças nos grupos ligados ao grupo ligado do sistema de elétrons conjugados. Estas diferenças deslocam a absorção da clorofila α para em 420 nm (máximo) e 680 nm e permitem que a clorofila β absorva em 460 nm (máximo) e

650 nm, correspondendo a uma absorção da luz azul e vermelha, permitindo a luz verde passar ou ser refletida, o que dá a cor característica dos vegetais clorofilados. As diferenças de cor de um vegetal para outro se devem às diferentes quantidades de cada clorofila e de outros pigmentos presentes nas folhas.

R = CH$_3$ - α -clorofila

R = β-clorofila

Os fótons captados são direcionados para aumentar o nível energético dos elétrons do centro metálico. O utilizados na redução do CO$_2$, que servirão para a síntese de glicose e obtenção de energia:

$$H_2O + CO_2 \xrightarrow{\text{luz}} H_{12}C_6O_6 + O_2$$

glicose

As moléculas que captam a luz nas cianobactérias e algas vermelhas são semelhantes, e são a ficoeritrobilina e ficocianobilina, respectivamente, cujas estruturas estão mostradas abaixo. Nestas moléculas encontramos diversas ligações saturadas, em conjugação com pares eletrônicos do nitrogênio, conforme anteriormente mostrado no estudo dos heterocíclicos (pirrol).

ficoeritrobilina

ficocianobilina

5. Fotoquímica da visão

A capacidade de reconhecer formas e cores tem em sua origem fenômenos químicos, em que a absorção de luz provoca uma cascata de reações químicas que resulta em um impulso elétrico. A absorção de luz por dienos conjugados e a interconversão entre isômeros *cis-trans* são as propriedades fundamentais para que o sinal luminoso seja captado.

$+ \; H_2N-$ Metarodopsina II $\longrightarrow$ $+ \; H_2O$

11- *cis*-retinal

11- *cis*-retinal-rodopsina

Metarodopsina II

11- *cis*-retinal-rodopsina

Metarodopsina II

luz

Metarodopsina II

11- *trans*-retinal-rodopsina

A retina apresenta dois tipos de células receptoras, os cones e os bastões. Os bastões estão situados na periferia e são responsáveis pela visão da luz difusa e não distinguem as cores. A visão dos bastões se dá apenas em tons de cinza. Os cones são encontrados principalmente no centro da retina e são responsáveis pela visão das cores e da luz brilhante.

Alguns animais apresentam praticamente apenas cones, como os pombos, que veem bem em cores durante o dia, enquanto as corujas têm a retina coberta por bastões, veem muito bem em luz tênue, mas não distinguem cores.

A absorção de luz ocorre por uma enzima que se situa na membrana celular (uma enzima transmembrana), chamada rodopsina, formada pela condensação entre uma proteína, a opsina e o 11-*cis*-retinal. A reação de formação da rodopsina envolve uma ligação C=N (imina) entre o retinal com um resíduo de lisina (aminoácido que contém um grupo NH_2).

A absorção de um fóton de luz resulta na reação de isomerização da ligação 11-*cis*-retinal para 11-*trans*-retinal da rodopsina. A energia de ativação para esta reação é de cerca de 35 kcal.mol^{-1}. Este é o ponto de partida para uma sequência de eventos até o sinal nervoso: A mudança de conformação permite que a rodopsina interaja com a transducina, um complexo enzimático constituído por três unidades. A associação com a transducina libera uma das unidades, cujo resultado é a ativação de outra enzima (fosfodiesterase da guanosina monofosfato cíclica – PDE da cGMP, que converte cGMP em GMP), resultando no bloqueio do canal de entrada de sódio da célula, gerando um potencial de 35-40 mV. Neste tempo o *trans*-retinal é isomerizado e se inicia um novo processo.

A conjugação da cadeia poli-insaturada desloca a absorção de luz do complexo retinal-rodopsina para o espectro visível, e a absorção da rodopsina coincide com a sensibilidade dos bastões à luz, com máximo de absorção em 506 nm.

A sensibilidade às cores nos cones se dá por diferenças da sequência de aminoácidos da rodopsina localizados próximo ao retinal, que deslocam a absorção de luz para o azul, vermelho ou verde. Em química se conhece um fenômeno idêntico, o solvatocromismo, em que moléculas absorvem luz em diferentes comprimentos de onda em diferentes solventes, o que altera o ambiente próximo a molécula que absorve a luz. Estas mudanças se originam por diferenças na estabilização do estado excitado pela diferença de polaridade do solvente.

6. Ressonância Magnética Nuclear

A ferramenta mais utilizada por um químico orgânico para conhecer a identidade de um composto obtido em uma reação química ou extração de um composto de uma fonte natural, é a ressonância magnética nuclear (RMN ou NMR em inglês, de nuclear magnetic resonance). O fenômeno RMN vem da absorção de radiação magnética de um núcleo (usualmente H^1 e C^{13}) com "spin" (giro) quando submetido a um campo magnético, que passa de um estado a favor do campo (menor energia) para um estado contra o campo (maior energia).

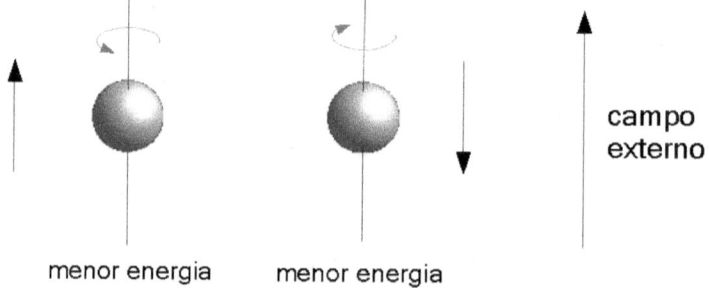

menor energia   menor energia   campo externo

Para que ocorra o fenômeno da ressonância, é possível variar o campo magnético externo ou a frequência externa, e quando estes se igualam ao campo magnético em torno do núcleo, ocorre uma absorção de energia detectada pelo aparelho. Esta absorção depende do campo magnético em torno do núcleo, que depende da densidade eletrônica e da circulação de elétrons, que não é igual dentro da molécula. Desta forma é possível diferenciar núcleos de um mesmo elemento de acordo com a posição dele na molécula.

Por exemplo, hidrogênios de metilas ligadas a átomos eletronegativos (ex: O, N, Cl) absorvem em valores de campo mais baixo do que metilas ligadas ao carbono, e o campo magnético gerado pelos elétrons de anéis aromáticos altera o campo magnético em torno de um hidrogênio ligado a um benzeno de forma que a absorção ocorrem um campo magnético menor do que hidrogênios ligados a alquilas.

A escala δ (delta, da letra delta grega minúscula) é dada em ppm, e os valores de campo maior estão à direita e os valores de campo menor estão à esquerda. O pico em δ 0,0 corresponde ao padrão interno TMS (tetrametilsilano – Si(CH$_3$)$_4$). A vizinhança de elementos eletronegativos ou a presença de campos magnéticos de ligações π alteram o valor de δ, e a tabela abaixo mostra alguns destes valores.

Deslocamento químico de próton metílico (H$_3$C-X)

composto	Δδ CH$_3$ X (ppm)
CH$_4$	0,23
CH$_3$OH	3,48
CH$_3$F	4,27
CH$_3$Cl	3,06
CH$_3$Br	2,69
CH$_3$I	2,16
CH$_3$CH$_3$	0,86
H$_3$C-CH=CH$_2$	1,71
H$_3$C-C≡CH	1,80
H$_3$C-fenil	2,35
CH$_3$COCH$_3$	2,17

Na série F, Cl, Br e I, o valor de δ diminui, uma evidência da menor densidade eletrônica sobre o hidrogênio quando o carbono está ligado a um elemento mais eletronegativo, no caso, o flúor. A área de cada pico é proporcional ao número de hidrogênios que absorve em um dado valor de δ. Veja o exemplo:

espectro de RMN do malonato de dimetila, os números 1 e 3 correspondem à área do pico, proporcional ao número de hidrogênios

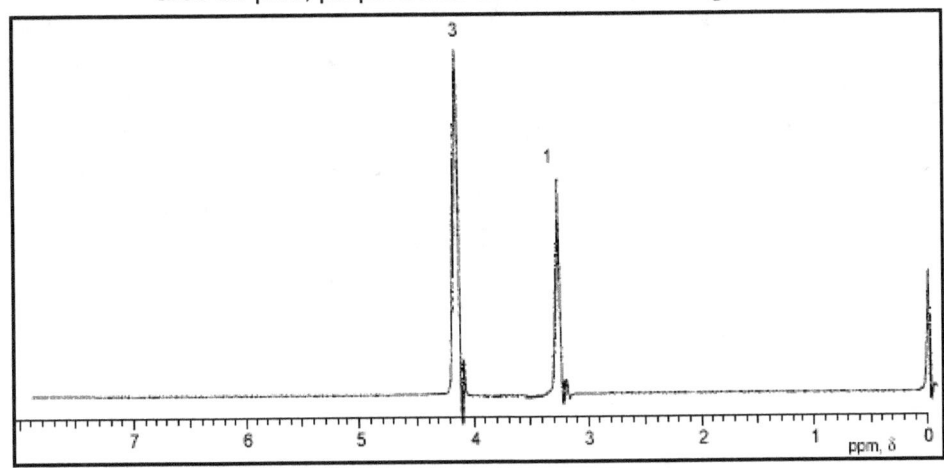

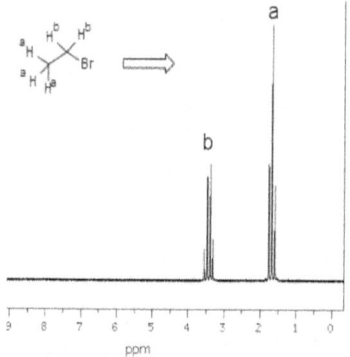

os 6 hidrogênios dos CH_3 são equivalentes e fornecem apenas um sinal com intensidade 6; os 2 hidrogênios do CH_2 são equivalentes e fornecem um sinal com intensidade 2

$6 : 2 = 3 : 1$

O sinal referente à absorção de um hidrogênio é afetado pela presença de hidrogênios vizinhos, que aumentam a multiplicidade dos sinais. Se um hidrogênio tem um C-H vizinho a ele, mostrará um sinal duplo, com picos próximos entre si, se houver um CH_2 vizinho, mostrará um sinal triplo, e se tiver um CH_3 vizinho, mostrará um sinal quádruplo. Observe o espectro do brometo de etila, em que o sinal do CH_3 (a) aparece desdobrado em três, pela vizinhança do CH_2, e o sinal do CH_2 (b) aparece desdobrado em quatro, pela vizinhança do CH_3.

Os átomos de hidrogênio ligados a átomos de oxigênio em álcoois (ROH), fenóis (Aromático-OH) e ácidos carboxílicos (RCOOH) passam de uma molécula a outra mais rápido que o tempo de análise do RMN (aproximadamente 0,1 s), e usualmente não interagem com os hidrogênios vizinhos desta forma e aparecem como um único sinal.

A espectroscopia de RMN é aplicada para a determinar a estrutura tridimensional de proteínas, porque permite observar grupos próximos no espaço, a partir da interação entre núcleos quando estes retornam aos estados de baixa energia (relaxação).

A técnica de RMN é atualmente muito utilizada em medicina, fornecendo imagens de ressonância magnética (MRI – Magnetic Resonance Imaging), pemitindo visualizar tecidos e anomalias, como tumores ou má-formações. A obtenção de imagens se baseia na velocidade com que um núcleo retorna para o estado de baixa energia e nas variações da proporção de água nos estados magneticamente excitados.

7. Espectrometria de massas

O choque entre um feixe de elétrons de alta energia com moléculas orgânicas resulta na formação de íons positivos radicais, instáveis, que resultam em reações de fragmentação e rearranjos até chegar em moléculas neutras e íons mais estáveis. Quando os íons são submetidos a um campo elétrico, podem ser separados de acordo com a massa molecular do íon (mais exatamente, na razão massa/carga, porém a carga é usualmente 1) e se torna possível observar um padrão na formação de íons de acordo com a molécula analisada. A massa é registrada como um pico em um gráfico de abundância por m/z (massa/carga). As moléculas neutras não sofrem desvio e não podem ser detectadas por este método. O desenho a seguir mostra o esquema geral de um espectrômetro de massas. A amostra é ionizada por um feixe de elétrons, colimada para o cíclotron, onde as massas são separadas de acordo com o desvio promovido pelo campo magnético H_0 e são registrados no detector.

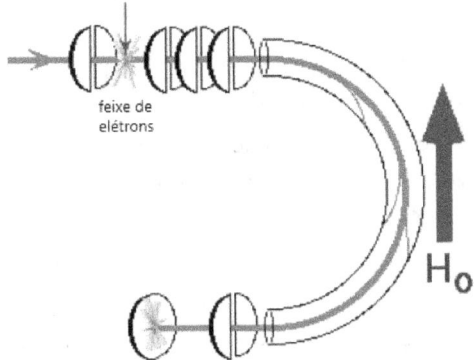

feixe de
elétrons

H_0

A abundância de um determinado pico está relacionada com o caminho que a molécula percorre e a estabilidade deste pico em relação com os outros picos, assim cada molécula resulta em um padrão diferente.

Com o acúmulo de dados se tornou possível reconhecer padrões de fragmentação de acordo com as funções químicas presentes. De forma geral, a fragmentação ocorre:

1- no carbono vizinho a átomos de oxigênio, nitrogênio e halogênios;

2- no carbono vizinho a anéis aromáticos;

3- formando na ordem de estabilidade: carbocátions terciários > carbocátions secundários > carbocátions primários.

A coleção de picos resultantes de uma molécula específica é chamada de "espectro de massa", embora não seja um espectro, uma vez que este termo denota a interação com a luz, o que não ocorre nesta técnica. A apresentação de um espectro de massas mostra no eixo das abscissas "eixo x" a razão massa/carga (m/z) e no eixo das ordenadas "eixo y" a abundância relativa do íon. Quanto maior a altura do pico, mais abundante o íon e maior a sua estabilidade relativa. Veja o espectro de massa de uma molécula simples como o 2-metilbutano.

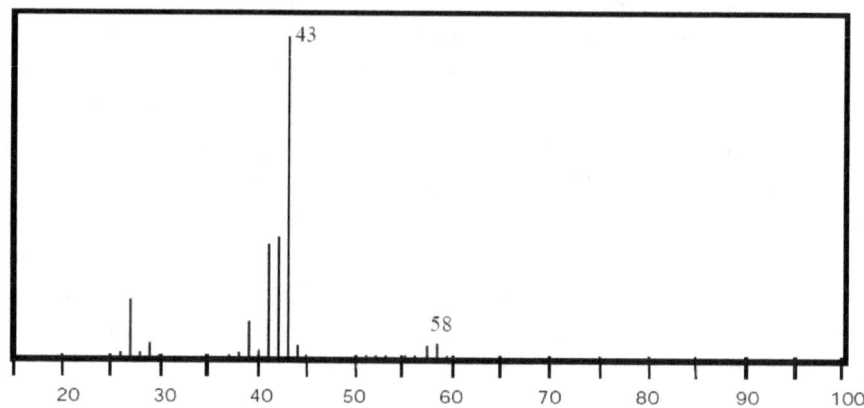

O pico em 58 corresponde à massa molecular do 2-metilbutano, originário das moléculas ionizadas que chegam ao detector sem sofrer fragmentação, e por isso é chamado de pico íon molecular. Contudo, o pico mais intenso (também chamado pico-base) está em m/z=43, 15 unidades menor do que o pico íon molecular, e vem da perda de um CH_3, que gera um carbocátion secundário mais estável do que o íon molecular.

A diferença de massa corresponde à saída de um átomo ou grupo de átomos e os grupos mais frequentes que abandonam a molécula em uma fragmentação estão mostrados na tabela abaixo:

massa	grupo	massa	grupo	massa	grupo	massa	grupo
15	CH_3	26	C_2H_2	31	OCH_3	43	C_3H_7
16	NH_2	29	CHO	32	CH_2OH	43	CH_3CO
17	OH	29	CH_2CH_3	42	CH_2CO	44	CO_2
18	H_2O	30	CH_2O	42	C_3H_6	45	OCH_2CH_3

O espectro de massa do 2-butanol mostra que o átomo de oxigênio direciona a fragmentação para os carbonos vizinhos.

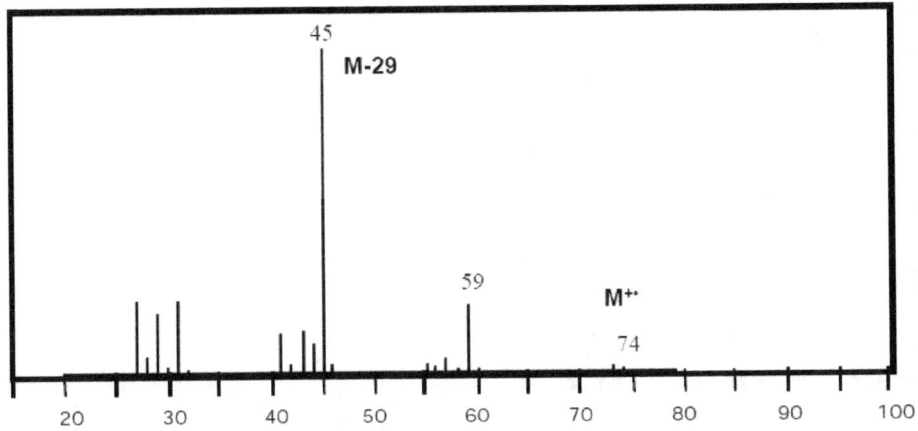

O pico íon molecular situa-se em m/z 74, e os picos em m/z 59 e 49 resultam da perda de uma metila de massa 15 e de uma etila de massa 29, respectivamente.

O espectro de massas do brometo de benzila revela dois picos com m/z 172 e 170, correspondentes ao pico íon molecular. Este efeito mostra a presença dos isótopos 79 e 81 do átomo de bromo presentes nas moléculas. A abundância relativa dos isótopos é próxima a 50%. O pico mais abundante é único, o que revela a perda do átomo de bromo, que causava a dualidade das massas.

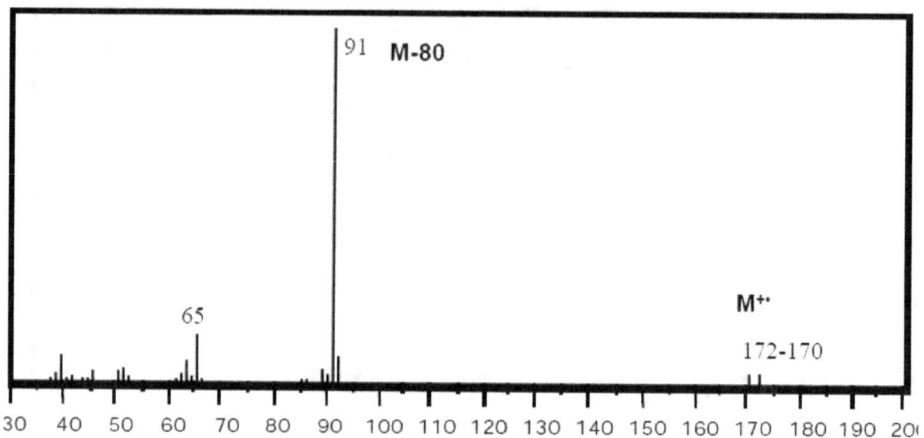

De forma semelhante, a presença de um átomo de cloro na molécula resulta em dois picos para o pico íon molecular, porém a abundância relativa é de 3:1, uma vez que o isótopo 35 corresponde a aproximadamente 75 % e o isótopo 37 a 25 % do cloro natural.

Exercícios

1- Qual a energia de um fóton de 6.10^7 Hz? Calcule também o seu comprimento de onda em nm. Qual a energia de um fóton de 250 nm? É maior ou menor do que um fóton de 50 cm$_{-1}$?

2- A absorção de luz para o estiramento da ligação carbono-nitrogênio em aminas (C-N) aparece próximo a 1100 cm^{-1}, em iminas (C=N) ocorre em 1650 cm^{-1}, enquanto que em nitrilas (C≡N) ocorre em 2230 cm^{-1}. Relacione com a energia e comprimento da ligação química.

3- Coloque as absorções dos polienos abaixo em ordem crescente de energia e de comprimento   de   onda   de   absorção.

a)   c)

b)   d)

4- O álcool etílico é oxidado no corpo a ácido acético, passando pelo acetaldeído. Os espectros de infravermelho do álcool etílico, acetaldeído e ácido acético estão mostrados abaixo. Indique quais as mudanças importantes observadas no espectro e relacione com a tabela do texto. A análise de infravermelho seria capaz de identificar qual destes três compostos está presente em uma amostra?

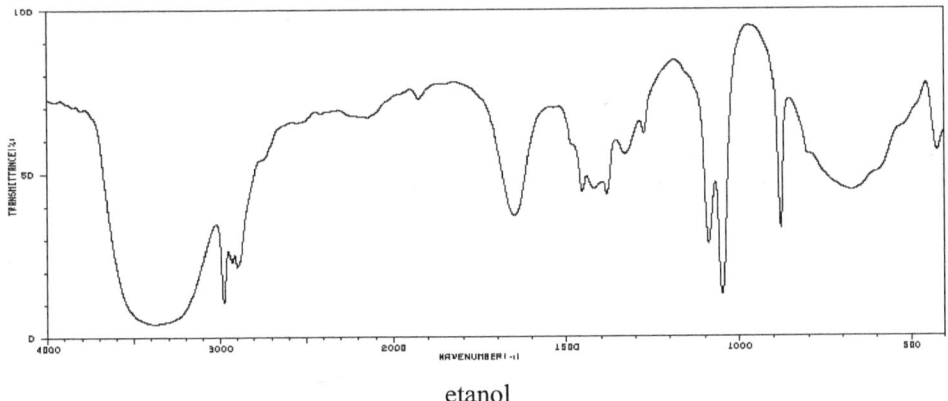

etanol

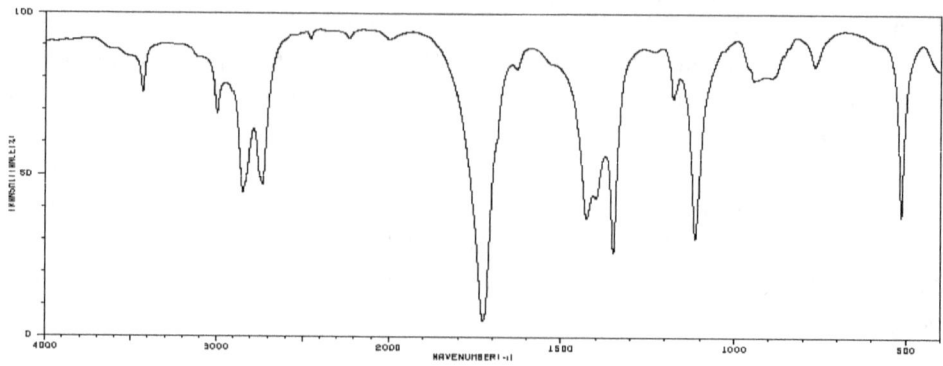

acetaldeído

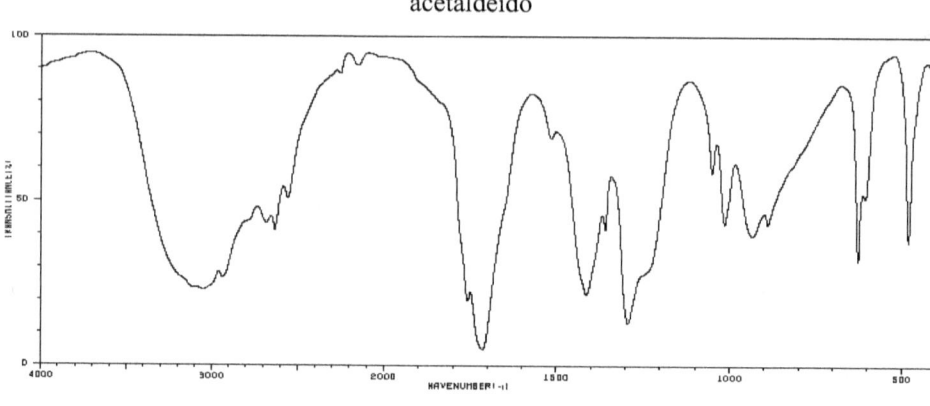

ácido acético

5- Relacione os compostos abaixo com os espectros de infravermelho: a) metanol, b) clorofórmio, c) clorobenzeno, d) hexano, e) 1-hexeno, f) ciclo-hexanona

I)

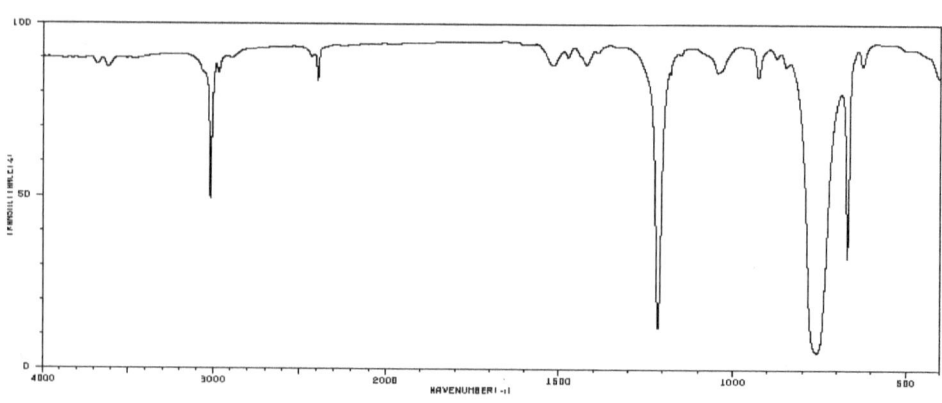

II)

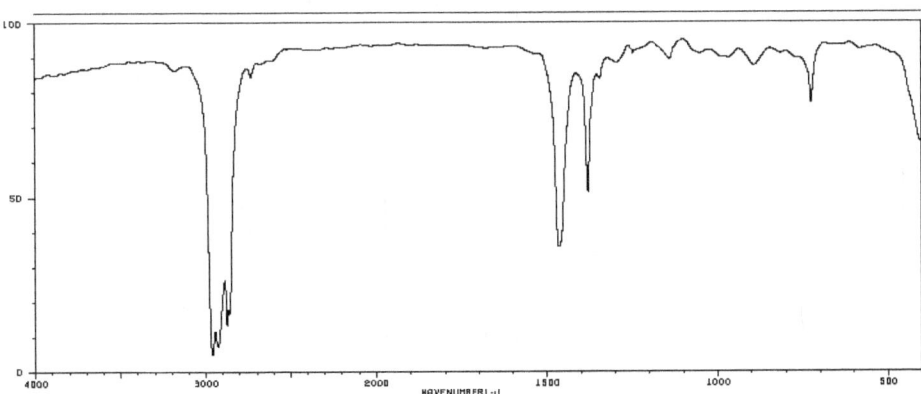

III)

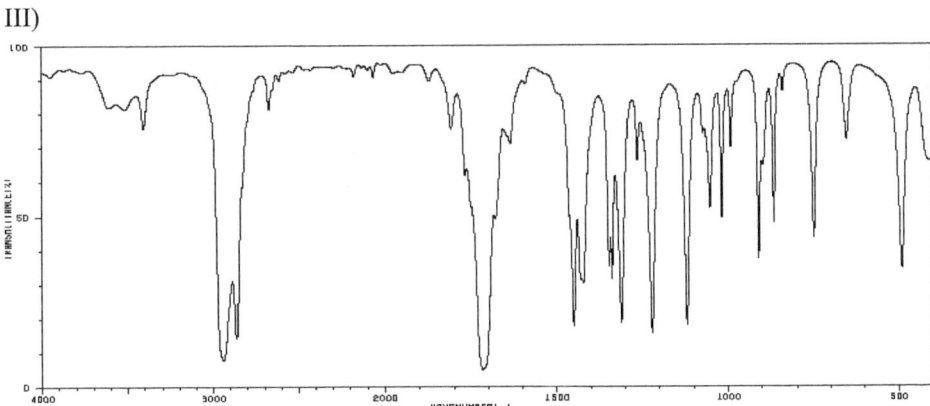

IV)

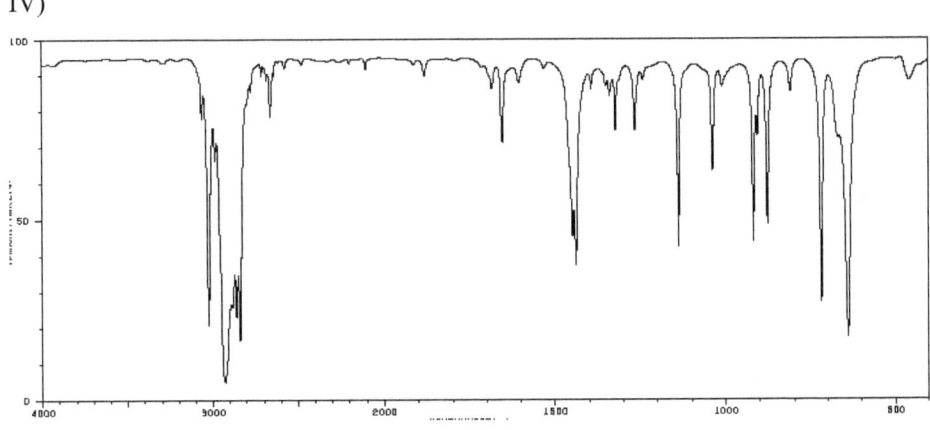

V)

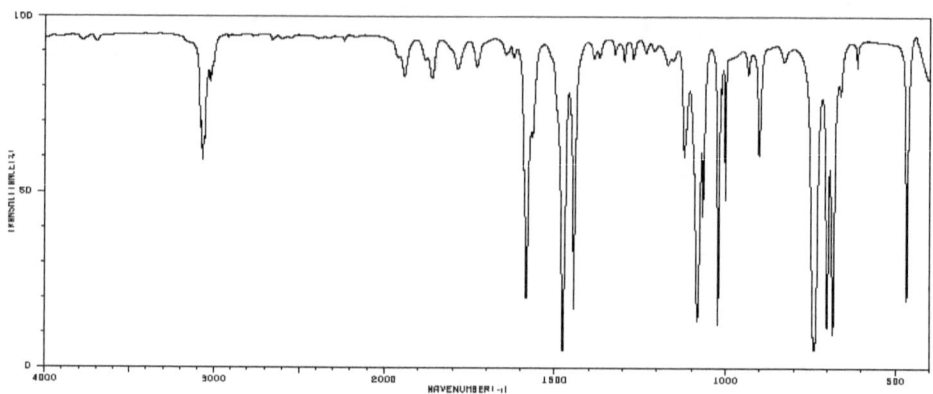

VI)

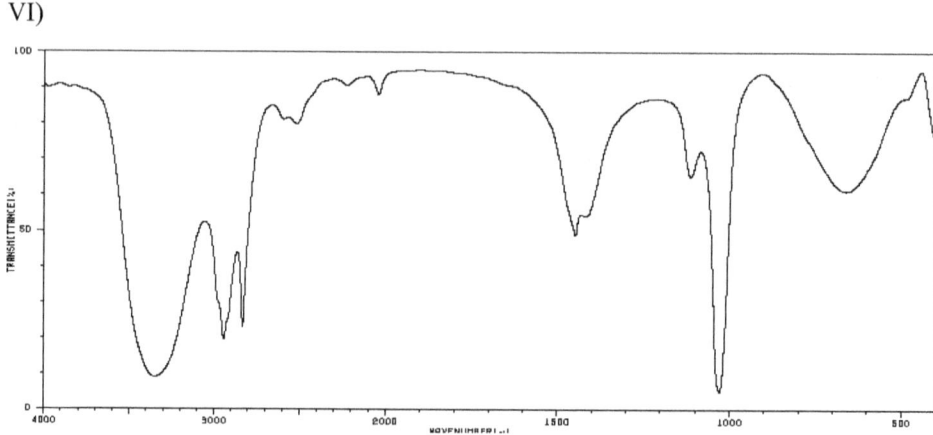

6- Relacione os compostos abaixo com os espectros de RMN: a) metanol b) acetona c) acetaldeído d) tolueno (os prótons aromáticos aparecem como sinal único)

I)

II)

III)

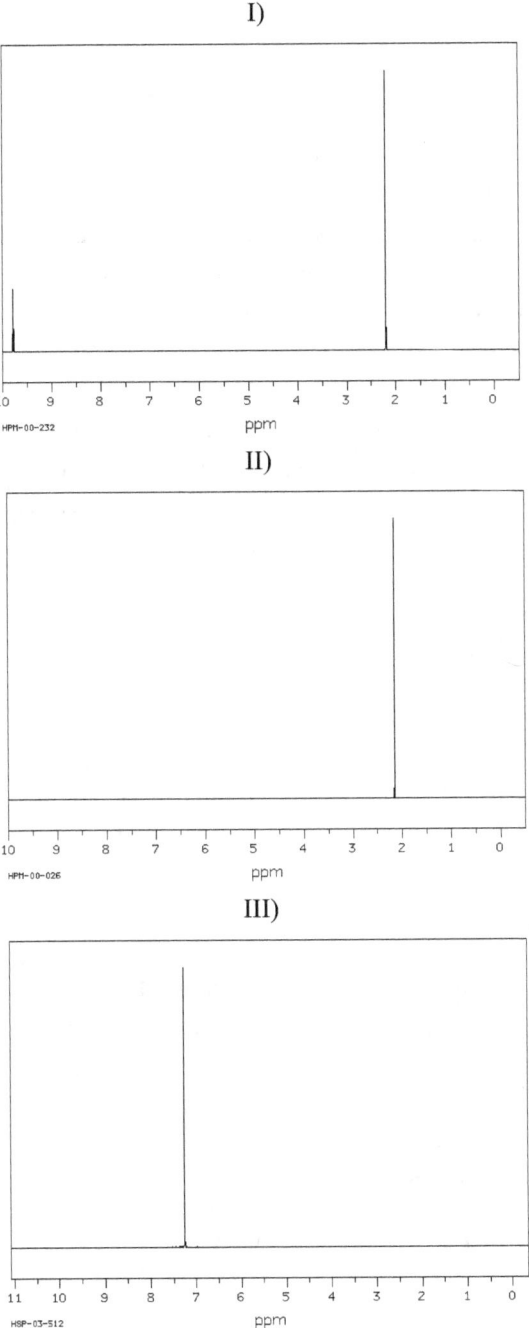

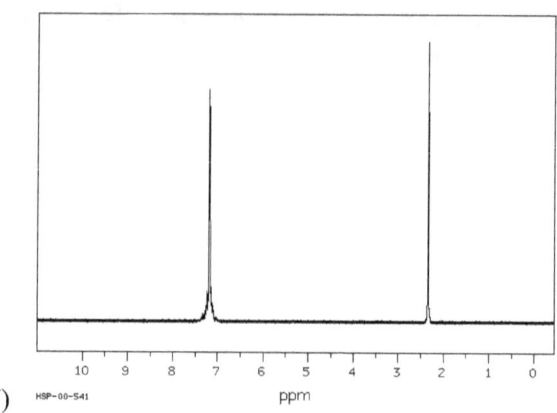

IV) HSP-00-541

ppm

7-Quais técnicas espectroscópicas (ultravioleta, infravermelho, RMN ou espectrometria de massas) seriam indicadas para diferenciar os seguintes compostos (pode ser mais do que uma técnica)? Quais seriam as diferenças em cada uma destas técnicas?

a) Pentano e hexano?

b) Benzeno e fenol?

OH

c) Benzeno e naftaleno?

d) Acetato de etila e acetona?

O

O

O

e) N, N-dimetilacetamida e N, N-dimetilformamida?

O

N

O

N H

8- A qual das moléculas abaixo pertence o seguinte espectro de massas? Dado : fórmula molecular – $C_5H_{10}O_2$.

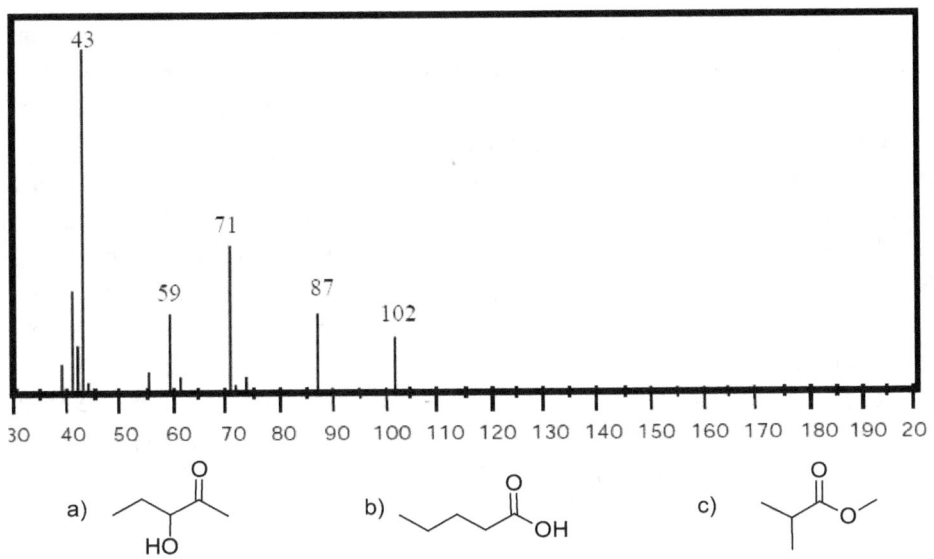

Capítulo 7- Compostos Orgânicos Ácidos e Básicos

A transformação química mais simples é a transferência de próton (H^+) de uma molécula para outra. Esta classe de reações são chamadas de reações ácido-base, e muitas vezes são a primeira etapa de uma sequência de reações, porque formam espécies químicas instáveis, que reagem mais rapidamente.

As reações ácido-base alteram a solubilidade dos compostos orgânicos em meio aquoso ou orgânico, o que afeta a permeabilidade de uma determinada molécula por uma membrana celular hidrofóbica, que não permite a passagem por difusão de moléculas com carga (ânions e cátions). Por exemplo, carboxilatos ou fosfatos não podem passar do meio intracelular para o meio extracelular por difusão pela membrana celular.

Ácidos e bases são estudados em cursos de química geral, mas vamos nos restringir aos conceitos fundamentais e depois passaremos às moléculas orgânicas que apresentam este comportamento, buscando compreender a força relativa entre ácidos e bases, relacionando com a estrutura molecular.

1. Ácidos e bases - conceitos

Diversas classes de compostos orgânicos apresentam comportamento ácido ou básico, segundo os conceitos de Brönsted ou de Lewis. Um ácido de Brönsted é aquele que doa um próton (H^+) e a base de Brönsted é aquele que recebe o próton. Assim, quando ocorre a transferência de próton, afirmamos que um composto atuou como um ácido. Contudo, existe uma base implícita que recebeu o próton. Por exemplo, o HCl na reação abaixo foi o ácido porque transferiu o próton para o NH_3, que foi a base.

$$HCl \quad + \quad NH_3 \rightleftharpoons Cl^- \quad + \quad NH_4^+$$

| ácido mais forte | base mais forte | base mais fraca | ácido mais fraco |

Quando um ácido transfere um próton (no caso, o HCl), forma a sua respectiva base conjugada (Cl^-), e quando uma base (NH_3) recebe o próton, forma o ácido conjugado (NH_4^+).

A base conjugada tem uma diferença de carga de -1 em relação ao ácido e o ácido conjugado tem uma diferença de carga de +1 em relação à base. A causa desta diferença de carga é a transferência do H+, que ao sair do ácido deixa o par de elétrons. Quando o H^+ liga-se à base, "transfere" a carga positiva para o resto da molécula.

Um ácido de Lewis é a espécie química que recebe um par de elétrons, e uma base de Lewis é aquela que doa o par de elétrons. O conceito de Lewis é mais amplo do que o conceito de Brönsted, mas ambos ajudam a descrever os fenômenos químicos.

Quando ocorre uma transferência de próton, dizemos que ocorreu uma reação ácido-base de Brönsted, e nos casos em que pares de elétrons estão envolvidos, dizemos que ocorreu uma reação ácido-base de Lewis.

$$\bigcirc NH_3 \;+\; M^+ \;\rightleftharpoons\; [\,M-NH_3\,]^+$$

Os ácidos de Lewis mais comuns são os íons metálicos (ex: Zn^{+2}, Cu^{+2}, Fe^{+2} e Fe^{+3}), presentes em várias enzimas, enquanto que ácidos carboxílicos (RCOOH) têm um comportamento típico de ácido de Brönsted. Em nosso estudo, vamos estudar as propriedades de ácidos e bases, relacionar estas propriedades com a estrutura molecular e compreender as consequências das reações ácido-base.

2. Ácidos e bases: fórmulas

A acidez de um ácido de Brönsted é definida quantitativamente pela transferência de um próton para a água (neste caso, uma base de Brönsted), formando a base conjugada A- e o íon hidrônio H_3O^+:

$$A\text{-}H \;+\; H_2O \;\rightleftharpoons\; A^- \;+\; H_3O^+$$

A constante de equilíbrio (K_e) desta reação é definida como a razão obtida pela multiplicação das concentrações dos produtos e dos reagentes,

$$K_e = \frac{[A^-] \cdot [H_3O^+]}{[AH] \cdot [H_2O]}$$

enquanto que a constante de acidez (K_a) desconsidera a variação da concentração de água, porque $[H_2O]$ permanece praticamente constante.

$$K_a = K_e [H_2O] \quad ;$$

combinando as definições, obtemos a função de Ka:

$$K_a = \frac{[A^-] \cdot [H_3O^+]}{[AH]}$$

A $[H_2O]$ em água pura é 55 mol/L, muito maior do que as concentrações dos produtos e reagentes (usualmente em torno de 10^{-1} a 10^{-2} mol/L) e permanece praticamente constante. Por isso, o produto de $[H_2O]$ com K_e forma uma nova constante, chamada de constante de acidez, ou K_a. Os valores das constantes de acidez, definem a força de um ácido; quanto maior o valor de K_a, maior a liberação de H^+ para o meio, e mais forte é o ácido. É possível escrever na forma de pK_a, onde:

$$pK_a = -\log K_a$$

Agora um ácido de $K_a = 0,1$ (ou 10^{-1}) tem um $pK_a = 1$, e um ácido com $K_a = 0,01$ (10^{-2}) tem um $pK_a = 2$. Quanto menores os valores de pK_a, mais forte é o ácido. Quanto menor o valor de pK_a, maior $[H_3O^+]$ e mais ácido será o meio. O H_3O^+ encontra-se em água e em equilíbrio com o íon hidróxido OH^-; conforme o equilíbrio abaixo:

$$H_2O \ + \ H_2O \ \rightleftharpoons \ H_3O^+ \ + \ HO^-$$

a constante de equilíbrio é conhecida como constante de ionização da água (K_w) e a 25°C o seu valor é de $1,0.10^{-14}$.

$$K_w = \left[OH^- \right] \cdot \left[H_3O^+ \right] = 1,0 \cdot 10^{-14}$$

Quando $[H_3O^+]$ aumenta, $[OH^-]$ diminui e vice-versa. Se $[H_3O^+] = 1,0. \ 10^{-7}$ mol/L; $[OH^-] = 1,0 . \ 10^{-7}$ mol/L, e diz-se que o meio é neutro, se $[H_3O^+] > 10^{-7}$ mol/L,$[OH^-] < 10^{-7}$ mol/L, e a solução é ácida e se $[H_3O^+] < 10^{-7}$ mol/L, $[OH^-] > 10^{-7}$ mol/L, e a solução é básica. A acidez de uma solução aquosa é expressa pelo pH, definido como:

$$pH = - \log \left[H_3O^+ \right]$$

O pH do sangue é praticamente neutro, com pH=7,36, enquanto que o suco de limão tem pH = 2, ou seja $[H_3O^+] = 10^{-2}$ mol/L, logo $[OH^-] = 10^{-12}$ mol/L.
Para uma base, ocorre a transferência de próton da água para a base, de acordo com o seguinte equilíbrio:

$$B: \ + \ H_2O \ \rightleftharpoons \ BH^+ \ + \ OH^-$$

A constante de equilíbrio da reação leva à seguinte expressão:

$$K_e = \frac{\left[OH^- \right] \cdot \left[HB^+ \right]}{[B][H_2O]}$$

De forma semelhante à constante de acidez é possível escrever a constante de basicidade K_b, considerando o produto com a concentração de água, que permanece praticamente constante.

$$K_b = \frac{\left(\left[OH^- \right] \cdot \left[HB^+ \right] \right)}{[B]}$$

e :

$$pK_b = - \log K_b$$

Atualmente, prefere-se representar apenas os valores de pK_a dos ácidos conjugados. O valor de pK_b se relaciona com o valor de pK_a do ácido conjugado pela expressão:

$$pK_b = 14 - pK_a$$

Assim, quanto mais forte for uma base, mais fraco será o seu ácido conjugado e quanto mais forte for um ácido, mais fraca será a sua base conjugada.

3. Equação de Handerson-Hasselbach

A equação de Handerson-Hasselbach permite analisar de forma rápida a espécie predominante em um determinado pH e ter uma nova definição de pK_a.
A partir da equação de definição de K_a:

$$K_a = \frac{[A^-] \cdot [H_3O^+]}{[AH]}$$

ao aplicar o logaritmo negativo em ambos os lados da equação, temos:

$$-\log K_a = -\log \frac{[A^-] \cdot [H_3O^+]}{[AH]}$$

isolando o termo contendo $-[H_3O^+]$

$$-\log K_a = -\log [H_3O^+] - \log \frac{[A^-]}{[AH]}$$

o termo $-\log K_a$ corresponde a pK_a e o termo $-\log [H_3O^+]$ corresponde a pH. Trocando pK_a e pH de lado, temos a equação na sua forma final:

$$pK_a = pH - \log \frac{[A^-]}{[AH]} \qquad pH = pK_a + \log \frac{[A^-]}{[AH]}$$

quanto a concentrações da conjugada e do ácido são iguais, o quociente é igual a 1 e o termo logarítmico é igual a zero, e pH = pK_a. Assim, o valor de pK_a pode ser entendido como o pH em que a concentração da forma básica é igual à da forma básica.

$$se\ [A^-] = [AH], [A^-]/[AH] = 1;\ \log [A^-]/[AH] = 0, assim\ pK_a = pH$$

Em valores acima do pK_a, predomina a forma básica e em valores abaixo do pK_a predomina a forma ácida. Para cada unidade de pH acima do pK_a, a concentração da forma básica aumenta dez vezes em relação à concentração da forma ácida.

4. Ácidos Orgânicos

Para que uma molécula possa ter comportamento de ácido de Brönsted basta ter uma ligação entre um átomo e um hidrogênio, e ser transferido para uma base na forma de H^+. Porém, a maior parte das ligações C-H requer muita energia para que ocorra a liberação do H^+, assim este processo é desfavorecido, resultando em valores de constante de acidez muito baixas, menores do que 10^{-30}. Na prática, este tipo de molécula não pode ser considerado um ácido.

A maior parte dos ácidos orgânicos apresenta uma ligação do hidrogênio com um heteroátomo, e o mais importante deles é o oxigênio, com os ácidos carboxílicos, fenóis e álcoois. Os cátions amônio também são ácidos importantes em biomoléculas. Os equilíbrios e valores de pK_a típicos para estes ácidos estão mostrados abaixo:

Entre os ácidos de Brönsted, os representantes mais importantes são os ácidos carboxílicos, cuja característica é o grupo carboxílico -COOH. A reação ácido-base de transferência de próton para a água está mostrada abaixo:

$$RCOO\text{-}H + H_2O \rightleftharpoons RCOO^- + H_3O^+$$

Comparando os ácidos carboxílicos com os álcoois, outra classe de compostos que apresentam a ligação OH, os primeiros são 10^{10} (10 bilhões) de vezes mais ácidos. A que se deve este aumento de acidez? Quando o ácido transfere o próton forma-se o íon carboxilato, para o qual é possível desenhar duas estruturas de ressonância que diferem apenas na distribuição de elétrons entre os átomos. Na primeira, a ligação dupla é entre C e O_1, e a carga negativa sobre O_2, e na segunda o inverso. As duas são energeticamente equivalentes, pois possuem uma ligação dupla entre C e O e uma carga negativa sobre o outro O.

A melhor forma de representar o íon carboxilato é a última estrutura, em que tanto a ligação dupla quanto a carga estão espalhadas pelos átomos constituintes do grupo carboxilato, embora na prática se desenhe uma das estruturas e a ressonância está subentendida. A carga negativa situa-se sobre os dois átomos de oxigênio, permitindo que a carga esteja mais dispersa. O resultado é uma estabilidade maior do ânion formado, pela menor repulsão interna e porque permite uma maior interação com o solvente. Os álcoois não têm a possibilidade de ressonância, e a carga não pode ser estabilizada efetivamente pelo resto da cadeia.

A acidez dos ácidos carboxílicos varia conforme o radical orgânico ligado e alguns exemplos estão mostrados na próxima tabela. Existem algumas tendências que permitem avaliar os fatores que atuam sobre a acidez. Conforme os hidrogênios são substituídos por cloro na série ácido acético, cloroacético, dicloroacético e tricloroacético, o valor de K_a aumenta. Este efeito se deve à maior eletronegatividade do cloro em relação ao hidrogênio. O átomo de cloro atrai os elétrons à sua volta e ajuda a diluir a carga pelo resto da molécula, o que estabiliza a base conjugada. Aumentando o número de átomos de cloro ligados ao carbono vizinho ao carboxilato, este efeito é maior, o que aumenta a acidez.

aumenta efeito retirador de elétrons pelos átomos de cloro

Efeito de átomos eletronegativos sobre a acidez

Ácido	Estrutura	K_a	pK_a
Ácido acético	CH_3COOH	$1,76.10^{-5}$	4,76
Ácido cloroacético	$CH_2ClCOOH$	$1,38.10^{-3}$	2,86
Ácido dicloroacético	$CHCl_2COOH$	$5,68.10^{-2}$	1,25
Ácido tricloroacético	CCl_3COOH	0,23	0,63

Conforme o átomo de cloro se distancia do grupo COOH, na série ácido 2-clorobutanoico, 3-clorobutanoico, 4-clorobutanoico, o valor de K_a diminui na série. Assim, o efeito depende da distância entre o átomo retirador de elétrons e o grupo que apresenta características ácidas.

Efeito da distância do cloro em ácidos clorobutanoicos

Ácido	Estrutura	K_a	pK_a
Ácido 2-clorobutanoico	$CH_3CH_2CHClCOOH$	$1,30.10^{-3}$	2,89
Ácido 3-clorobutanoico	$CH_3CHClCH_2COOH$	$8,90.10^{-5}$	5,05
Ácido 4-clorobutanoico	$CH_2ClCH_2CH_2COOH$	$2,96.10^{-5}$	5,53

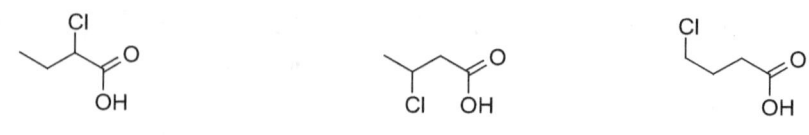

ácido 2-clorobutanoico   ácido 3-clorobutanoico   ácido 4-clorobutanoico

Os efeitos doadores e retiradores de elétrons podem ser comparados pelos valores experimentais de pK_a de derivados do ácido benzoico mostrados abaixo. Os grupos que atuam como retiradores de elétrons são o Cl e o NO_2 (nitro), que diminuem o pK_a em relação ao ácido benzoico (ácidos mais fortes que o ácido benzoico) e os grupos que atuam como doadores de elétrons são o CH_3 e o OCH_3, que aumentam o pK_a em relação ao ácido benzoico.

	COOH	COOH	COOH	COOH	COOH
	H	Cl	NO_2	CH_3	OMe
pK_a	4,2	4,0	3,4	4,4	4,5

O grupo metoxi ($-OCH_3$) e outros grupos alcoxi ($-OR$) têm um comportamento peculiar, porque o oxigênio é um elemento eletronegativo, mas em muitos casos atua como um doador de elétrons, porque os elétrons isolados sobre o oxigênio atuam em ressonância com o resto da molécula, passando para a parte aromática e desta forma os grupos alcoxi atuam como doadores de elétrons.

A estabilização do carboxilato se deve também à interação com a água, que atua como doador de ligações de hidrogênio ao carboxilato. No interior de enzimas globulares, a quantidade de água é menor, e por isso alguns grupos COOH de resíduos de ácido glutâmico e aspártico permanecem na forma não ionizada.

estabilização do íon carboxilato
por ligações de hidrogênio com a água

Em pH biológico (pH= 7,2) os ácidos carboxílicos estão na forma de carboxilato, porque o pH é bastante superior ao pK_a dos ácidos carboxílicos, e por isso não difundem pelas membranas hidrofóbicas, impermeável a moléculas com cargas. Contudo existem canais que permitem a passagem de piruvato do citosol para a matriz da mitocôndria (piruvato translocase), onde o piruvato ($H_3CCOCOO^-$) é oxidado para obtenção de ATP, a moeda energética dos seres vivos.

Quando dois grupos ácidos estão presentes na mesma molécula, é possível ocorrer uma ou duas ionizações, mesmo que os dois grupos ácidos sejam iguais, resultando em dois valores de pK_a para a molécula, que varia a forma de acordo com o pH do meio. Por exemplo, a primeira ionização do ácido oxálico ocorre em pH menor do que nos ácidos carboxílicos monopróticos, pelo efeito retirador de elétrons do outro grupo carboxílico, que estabiliza o íon carboxilato.

ácido oxálico   ácido monohidrogeno oxálico   oxalato

Na segunda ionização forma-se mais uma carga negativa, o que provoca repulsão intramolecular e desestabiliza o oxalato. Mas, mesmo assim, a forma do ácido oxálico em pH 7 é o oxalato, uma vez que o pK_{a2} é 4,28.

Os fenóis possuem o grupo -OH ligado diretamente ao anel benzênico, e têm valores de K_a cerca de 100.000 vezes maiores do que os álcoois. Por exemplo, o fenol tem Ka de $1,1 . 10^{-10}$, enquanto álcoois têm K_a em torno de 10^{-15}. Para o fenol, podemos desenhar as seguintes estruturas de ressonância, que comunicam estabilidade adicional ao ânion formado. A última estrutura é a mais importante para o íon fenóxido, na qual a carga negativa se encontra sobre o oxigênio, o átomo mais eletronegativo e o anel mantém a aromaticidade.

1   2   3   4

Contudo, as três primeiras estruturas contribuem para a estrutura real do íon, onde que a carga negativa se encontra espalhada por todo o sistema aromático.

A presença de grupos retiradores de elétrons ligados ao fenol estabiliza ainda mais a base conjugada, aumentando a acidez do fenol substituído, e a presença de grupos doadores leva ao efeito inverso. Os grupos alquil e alcóxi são doadores de elétrons, enquanto que o halogênio retira elétrons pela eletronegatividade e o grupo NO_2 retira por ressonância:

Os valores de pK_a de alguns fenóis estão mostrados abaixo:

	1	2	3	4	5
pK_a	10,0	10,2	9,4	7,1	4,3

Os mesmos princípios de estabilidade da base conjugada dos carboxilatos valem para os alcóxidos, que são as bases conjugadas dos álcoois. Álcoois são ácidos fracos, com a mesma força de acidez da água, em torno de 15 unidades de pK_a, logo os alcóxidos são bases mais fortes do que os carboxilatos.

A formação completa de alcóxidos somente ocorre quando são adicionadas bases fortes na ausência de água. Um método utilizado para a preparação do etóxido de sódio é a adição de sódio metálico (CUIDADO! EXPLOSIVO COM ÁGUA!) em pequenas porções ao etanol. O etóxido de sódio e outros alcóxidos (ex: *terc*-butóxido de potássio $(CH_3)_3C-O^- K^+)$ são utilizados como bases em diversas reações orgânicas.

$$CH_3CH_2OH + Na \longrightarrow CH_3CH_2O^- Na^+ + 1/2\ H_{2\ (g)}$$

Os hidrocarbonetos são ácidos muito fracos, porém foi possível estabelecer uma ordem de acidez, em que os alcanos são os mais fracos de todos, e mesmo em todo o metano do mundo não haveria um só na forma da sua base conjugada. Por sua vez os alcinos podem ser desprotonados usando bases muito fortes como o amideto de sódio $(NaNH_2)$. Os valores típicos de acidez de hidrocarbonetos estão mostrados abaixo:

Função	Hidrogênio ácido	pK_a
Alcano	$- H_3C$-**H**	56
Alceno	$- H_2C=CH$-**H**	44
Alcino	$- C\equiv C$-**H**	29

Compostos orgânicos com ligações C-H em posição α a ligações C=O são ácidos fracos, devido à estabilização da carga negativa da base conjugada por ressonância. Este efeito é ainda mais importante se houver duas ligações C=O em posição α, e a acidez do 1,3-propanodial é comparável a um ácido carboxílico.

hidrogênio α a carbonilas

compostos 1,3-dicarbonílicos

pK$_a$	20	4,5	9	13

5. Bases orgânicas

Carboxilatos, alcóxidos, enolatos são bases conjugadas de ácidos carboxílicos, álcoois e compostos carbonilados respectivamente, porém a principal função orgânica com característica básica é são as aminas. Conforme o número de radicais ligados ao nitrogênio, as aminas podem ser primárias (R-NH$_2$), secundárias (R^{1}NHR^2) ou terciárias (R^{1}R^{2}R^{3}N). A reação da amina com a água gera o íon amônio e o íon hidróxido.

A quantidade de íon hidróxido formada na reação da base com a água é a medida da força da base, logo, quanto mais o equilíbrio estiver deslocado no sentido dos produtos (amônio e hidróxido), maior será a força da base e maior será a constante de basicidade; K$_b$. Atualmente, prefere-se usar o valor do K$_a$ do íon amônio derivado da amina, a partir da sua reação com a água:

Os valores de K$_a$ e K$_b$ e pK$_a$ e pK$_b$ se relacionam de acordo com as equações:

$$K_a = \frac{10^{-14}}{K_b} \qquad pK_a = 14 - pK_b$$

Assim, quanto mais ácido for o íon amônio (maior K$_a$), mais fraca será a amina (menor K$_b$). O valor de K$_b$ de aminas situa-se entre 10^{-3} a 10^{-5}. , conforme a tabela abaixo:

Valores de K$_a$, pK$_a$ e K$_b$ de aminas e dos respectivos cátions amônio:

Nome	Fórmula	K_a	pK$_a$(ác. conjugado)	K_b
metilamina	CH_3NH_2	$2,2.\,10^{-11}$	10,7	$4,5.\,10^{-4}$
dimetilamina	$(CH_3)_2NH$	$1,9.\,10^{-11}$	10,9	$5,4.\,10^{-4}$
trimetilamina	$(CH_3)_3NH$	$3,3.\,10^{-11}$	10,5	$0,3.\,10^{-4}$
etilamina	$CH_3CH_2NH_2$	$2,0.\,10^{-11}$	10,7	$5,1.\,10^{-4}$
dietilamina	$(CH_3CH_2)_2NH$	$1,0.\,10^{-11}$	11,0	$10.\,10^{-4}$
trietilamina	$(CH_3CH_2)_3N$	$1,8.\,10^{-11}$	10,7	$5,6.\,10^{-4}$
propilamina	$CH_3CH_2CH_2NH_2$	$2,4.\,10^{-11}$	10,6	$4,1.\,10^{-4}$
butilamina	$H_3C(CH_2)_3NH_2$	$2,1.\,10^{-11}$	10,7	$4,8.\,10^{-4}$

De forma geral, as aminas primárias, secundárias e terciárias são bases de mesma força. Esta tendência vem de dois fatores concorrentes. O primeiro é a estabilização do íon amônio através de ligações de hidrogênio com o solvente (água), maior para aminas primárias, depois secundárias e por último, as aminas terciárias.
Este fator tornaria as aminas primárias mais ácidas. O segundo é a estabilização por efeito doador de elétrons do grupo alquil, que estabiliza mais os amônios terciários, depois os secundários e depois os primários. Por este fator sozinho, as aminas terciárias seriam as mais básicas. A soma dos dois fatores resulta em uma basicidade muito próxima para as aminas.

aumento de basicidade por efeito de doação de elétrons dos grupos ligados ao nitrogênio

amônio primário   secundário   terciário

aumento de basicidade por efeito de ligações de hidrogênio com a água

O nitrogênio básico das anilinas está ligado diretamente ao anel aromático. Experimentalmente, a basicidade das anilinas é cerca de 10^5 menor do que das aminas, porque o par eletrônico do nitrogênio responsável pelo caráter básico, interage com o sistema π do anel aromático, e quando ocorre a protonação perde-se esta estabilização, porque o par eletrônico ligado ao H^+ deve sair do plano do anel aromático.
Os valores de pK$_a$ dos ácidos conjugados mostram o mesmo efeito eletrônico observado em derivados do ácido benzoico e fenóis: grupos retiradores de elétrons

diminuem a densidade eletrônica sobre o anel e também sobre o nitrogênio, o que desestabiliza o ácido conjugado da anilina e aumenta sua acidez, resultando em uma diminuição da basicidade da amina.

pK_a	4,6	5,1	5,1	3,8	1,1
	H	CH_3	OMe	Cl	NO_2

6. Reações entre ácidos e bases

Com os valores de pK_a e pK_b acima, podemos calcular qual será o valor da constante de equilíbrio entre ácidos e bases em água. Para uma reação ácido- -base qualquer:
Podemos considerar que esta reação se deve aos equilíbrios abaixo:

$$HA_1 + A_2^- \rightleftharpoons A_1^- + HA_2 \quad ;$$

$$K_e = \frac{[HA_2][A_1^-]}{[A_2^-][HA_2]}$$

$$HA_1 + H_2O \rightleftharpoons A_1^- + H_3O^+ \qquad K_{a1}$$

$$HA_2 + H_2O \rightleftharpoons A_2^- + H_3O^+ \qquad K_{a2}$$

$$A_2^- + H_3O^+ \rightleftharpoons HA_2 + H_2O \qquad 1/K_{a2}$$

$$HA_1 + A_2^- + \cancel{H_2O} + \cancel{H_3O^+} \rightleftharpoons A_1^- + HA_2 + \cancel{H_2O} + \cancel{H_3O^+} \qquad K_e = K_{a1}/K_{a2}$$

$$HA_1 + A_2^- \rightleftharpoons A_1^- + HA_2 \qquad pK_e = pK_{a1} - pK_{a2}$$

p K_e positivo = reação favorece reagentes
p K_e negativo = reação favorece produtos

O equilíbrio químico é deslocado no sentido de formar o ácido de maior pK_a (ácido mais fraco). Por exemplo, para a reação do ácido acético com a trietilamina:

$$CH_3COOH + (CH_3CH_2)_3N \rightleftharpoons CH_3COO^- + (CH_3CH_2)_3\overset{+}{N}H$$

os valores de pK_a do ácido acético e do trietilamônio são conhecidos:

pK_a (ácido acético) = 4,8

pK_a (trietilamônio) = 10,7

$pK_e = pK_a$ (ácido acético) - pK_a (trietilamônio) = 4,8 – 10,7 = - 5,9;

$K_a = 10^{-(-5,9)} = 10^{5,9} = 7,9 \cdot 10^5$

Equilíbrio deslocado no sentido de formação dos produtos!

O valor indica claramente que após a mistura de ácido acético e trietilamina em água ocorrerá a transferência e estarão nas formas conjugadas (acetato e trietilamônio.

Para a reação do ácido benzoico e *para*-nitroanilina:

pK_a (ácido benzoico) = 4,8 pK_a (*para*-nitroanilínio) = 1,0

$pK_e = pK_a$ (ácido benzoico) - pK_a (*para*-nitroanilínio) = 4,2 – 1,0 = 3,2;

Equilíbrio deslocado no sentido de formação dos reagentes!

Neste caso, a transferência de próton não é favorecida, e o ácido e a base em sua maior parte estarão nas suas formas neutras.

Quando são adicionados ácidos fortes às soluções, as bases fracas reagem completamente, resultando no ácido conjugado da base fraca. Por exemplo, a reação da trietilamina com HCl é totalmente dirigida para a formação do cloreto de trietilamônio, também chamado de cloridrato de trietilamina.

pK_a = -5 pK_a = 11,1

O mesmo ocorre quando bases fortes são adicionadas aos ácidos fracos, sempre com a tendência de formar o ácido mais fraco (no caso, a água) e a base mais fraca (no caso, o acetato) no equilíbrio químico.

$pK_{a\ CH3COOH}$ = 4,76 $pK_{a\ H2O}$ = 15,7

As propriedades ácido-básicas são utilizadas em catálise de reações químicas, na solubilização de moléculas orgânicas e no uso como indicadores, que mudam de cor conforme o pH do meio.

7. Influência das formas ácido-básicas nas reações químicas

A transferência de prótons ocorre na catálise de várias reações importantes para a síntese de compostos orgânicos em laboratório Por exemplo, os fenóis reagem lentamente com brometos de alquila levando a éteres fenólicos, contudo os fenolatos (base conjugada do fenol) reagem rapidamente, e nos dois casos têm-se o mesmo produto. Este se deve ao aumento da carga negativa sobre o oxigênio, o que torna mais fácil o deslocamento do átomo de bromo no haleto de alquila. Veja o exemplo:

$$R_1O^- \ Na^+ \ + \ R_2\text{-}Br \longrightarrow R_1\text{-}O\text{-}R_2 \ + \ Na \ Br$$

alcóxido　　**brometo de alquila**　　　**éter**

exemplo:

Várias reações de substituição envolvem álcoois e suas espécies desprotonadas (alcóxidos) ou protonadas (oxônio). Os valores de pKa de álcoois giram em torno de 15 unidades de pK_a e para abstrair o próton do grupo do OH, é necessária a adição de bases fortes como hidreto (H^-), amideto (NH_2^-) ou sódio metálico.

alcóxido　　　　　　　**álcool**　　　　　　　**oxônio**

Álcoois são ácidos fracos, e protonação de um álcool requer a adição de ácido fortes (HCl, H_2SO_4, HNO_3), que se liga a um par de elétrons livres e formam os íons oxônio (oxigênio positivo).

As reações de transferência de prótons também são o primeiro passo em reações de importância bioquímica. A atividade da quimotripsina, uma peptidase (quebra ligações peptídicas) depende das propriedades ácido-base do grupo hidroxila. A primeira etapa é o ataque nucleofílico de um grupo OH do aminoácido serina sobre o carbono da ligação peptídica. Nesta etapa o grupo imidazol atua como base e abstrai o hidrogênio da hidroxila da serina. O grupo OH funciona como um oxiânion (–O-) e isto somente é possível pela posição do imidazol próximo. O ácido conjugado do imidazol é estabilizado pela interação com a carga negativa de um carboxilato de um resíduo de aspartato, próximo no espaço. Os três aminoácidos estão distantes na sequência de aminoácidos dentro da enzima (estrutura primária), mas próximos no espaço, porque a enzima se dobra e aproxima-os. Esta ordem de aminoácidos é conhecida como "tríade catalítica" da quimotripsina.

A enolização da acetil-CoA requer a dupla transferência de próton em compostos carbonilados para formar o enol. Um grupo imidazol protonado cede um próton para a ligação C=O, enquanto que um grupo carboxilato retira o próton do carbono.

forma enolizada da acetil CoA -
carbono com características nucleofílicas

8. Solubilização por ácidos ou bases

A maior parte das reações químicas é realizada em fase líquida, onde as moléculas têm liberdade para se mover e se chocar levando a reações químicas. Moléculas orgânicas como o ácido benzoico, a anilina e o 2-naftol são todas insolúveis ou pouco solúveis em água em suas formas neutras, mas solúveis nas suas formas com carga.

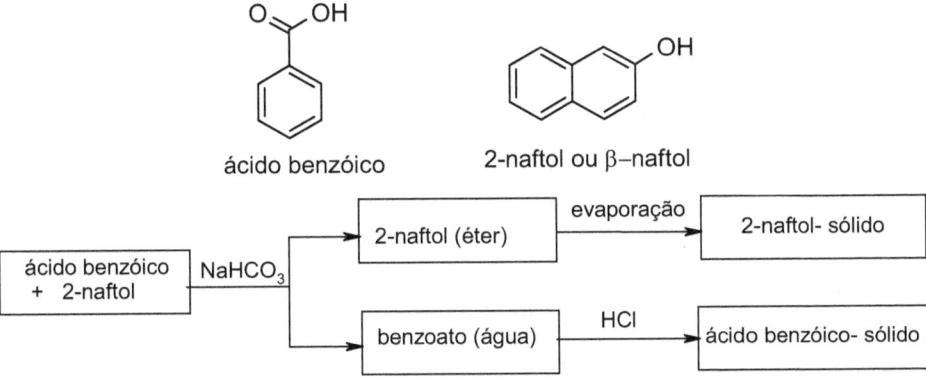

anilina   ácido benzóico   2-naftol ou β–naftol

Quando um ácido forte (ex: HCl aquoso) é adicionado a uma mistura contendo estes componentes, ocorre a protonação do grupo NH_2 da anilina, passando a NH_3^+, que se torna solúvel em meio aquoso, enquanto que o ácido benzoico e 2-naftol permanecem insolúveis. A mistura pode ser filtrada e separada da mistura sólida.

reage com ácido forte   anilínio solúvel em água   reage com base fraca   benzoato solúvel em água

reage com base forte   naftóxido solúvel em água

Se for adicionada uma base forte (ex: NaOH aq.), o ácido benzoico e ao 2-naftol transferem o próton e solubilizam no meio, logo esta não é a melhor forma para separar uma mistura destes componentes. Para separar o ácido benzoico e o naftol é necessário o controle do pH do meio. O ácido solubiliza em pH acima de 6 (pH levemente ácido), enquanto que o fenol requer um pH acima de 12 (básico) para que a maior parte das moléculas de fenol esteja na forma da base conjugada e solubilize.

ácido benzóico   2-naftol ou β–naftol

Reações ácido-base e solubilidade na separação de moléculas orgânicas

Para separar o ácido carboxílico do fenol, adiciona-se NaHCO$_3$, (pK$_a$ HCO$_3^-$ =6,4), uma base fraca, capaz de reagir com o ácido carboxílico (um ácido mais forte do que o naftol) e não reagir com o naftol, que permanece insolúvel em água, enquanto que o benzoato solubiliza.

A solução é filtrada, retendo o naftol, e a fase aquosa contendo o benzoato é recolhida em outro recipiente. A adição de ácido (ex: HCl) regenera o ácido benzoico, que precipita e pode ser recolhido por filtração e teremos separadas ambas as moléculas em recipientes distintos.

9. Indicadores: pH e cor

Quando um ácido ou uma base apresentam grupos que absorvem luz no visível, a transferência de próton altera o comprimento de onda da absorção, e a consequência é a alteração da cor. Moléculas que mudam de cor com o pH são chamadas de indicadores, e são utilizados para mostrar visualmente uma variação do pH de uma solução. O indicador mais utilizado é a fenolftaleína, que muda de incolor para rosa quando o pH passa de 8,2. A mudança de cor se deve a um aumento na conjugação do sistema aromático.

2 HO$^-$

fenolftaleína
(forma incolor)

fenolftaleína
(forma rosa)

Diversas flores e frutos também apresentam moléculas que mudam de cor conforme o pH, e um grupo importante que comunica cor a são as antocianinas e antocianidinas, que apresentam grupos fenólicos que são ionizados em pH básico, conforme o esquema a seguir.

Fórmula geral de uma antocianidina

cátion flavílico, vermelho
pH 1-2

anidrobase, violeta
pH 6,5 - 8

carbinol, incolor
pH<6

anidrobases, azul
pH 9-12

pseudobase chalcona
pH 13- 14

O suco de uva é rico nestes componentes e passa de roxo em pH ácido para verde em pH básico. Nos vegetais, as antocianinas estão ligadas a açúcares, formando as antocianidinas. A função destes compostos é a proteção de flores e frutos contra raios ultravioleta e a atração de insetos para polinização.

10. Ácidos e bases de Lewis: interações com metais

Os compostos organometálicos (veja o capítulo de funções orgânicas) apresentam ligação covalente entre um metal e um radical orgânico, formando compostos que possuem uma estrutura conhecida e podem ser caracterizados.

A ligação covalente ocorre pela interação entre os pares eletrônicos de alguns átomos, como oxigênio, nitrogênio, carbono, enxofre, fósforo e os orbitais não-ocupados do metal. A interação entre o metal e o átomo que possui o par isolado pode ser entendida em termos de conceitos ácido-base, em que o metal (ex: Zn^{2+}, Cu^{2+}, Fe^{3+}) é o ácido que recebe o par de elétrons e o grupo orgânico com o par isolado é a base, que doa o par de elétrons, de acordo com o conceito de ácido-base de Lewis.

O ácido cítrico é um ácido tricarboxílico importante no ciclo de Krebs, utilizado como tampão na indústria alimentícia, mantendo um pH ácido (entre 4 e 5), em que o desenvolvimento de bactérias é muito lento. O citrato é a base conjugada do ácido cítrico, que atua como eficientes quelante de metais, especialmente o alumínio, tóxico para a maioria dos vegetais. Em solos neutros e básicos o alumínio está na forma de $Al(OH)_3$, insolúvel, mas conforme o solo se torna ácido aumenta a solubilidade do alumínio e começa a se tornar disponível, na forma de Al^{3+}, cuja toxicidade às plantas é o principal fator limitante à produtividade em solos ácidos. Para evitar a auto-contaminação, algumas plantas liberam citrato para complexar o alumínio no solo e não ser absorvido pela planta. Porém isso tem um custo, porque interfere no metabolismo da planta, que tem que deslocar o citrato dos ciclos energéticos para a complexação do alumínio.

citrato　　　　　　　　　　　　　sal citrato - alumínio

O ácido etileno diamino tetracético, também conhecido pela sigla EDTA (do inglês ethylene diamin tetraacetic acid) é utilizado em alimentos na complexação de metais, porque previne a oxidação de matéria orgânica promovida por pequenas quantidades de metais, como ferro e zinco. Estes metais se ligam ao oxigênio do ar, levando a oxidação da matéria orgânica, alterando as propriedades dos alimentos. O EDTA também é utilizado no tratamento por contaminação com metais, como mercúrio e chumbo ou remoção de excesso de ferro, que pode ocorrer após uma sequência de transfusões de sangue.

O EDTA na forma de tetracetato possui quatro grupos carboxilatos e dois grupos aminos para se ligar fortemente como base de Lewis a estes metais, e pela flexibilidade da molécula são capazes de envolver completamente o íon metálico. Este efeito é comparado às pinças de um caranguejo ou lagosta, que em latim são chamados de "chelos" (lê-se quelos), e os compostos formados pelo EDTA e similares com metais são chamados de quelatos.

EDTA- sal   metal   metal complexado ao EDTA

A próxima vez que fizer compras procure no rótulo de alimentos (refrigerantes, sucos, leite em pó, etc) para encontrar o EDTA.

11. Medicamentos e pK_a

A maior parte dos fármacos é administrada via oral, onde passa por amilases da saliva, e depois chega ao estômago, com pH próximo a 2,0, mas é no intestino que a maior parte é absorvida, pela maior área de contato. O pH do intestino situa-se em torno de 8,0 e a absorção do fármaco ocorre principalmente via passiva, logo a molécula não deve ter carga para passar pela membrana lipídica da superfície intestinal.

Bases fracas são bem absorvidas, porque no intestino estão neutras, enquanto que ácidos fracos podem estar parcial ou totalmente ionizados. Assim a compreensão do equilíbrio ácido-base é importante na absorção de uma droga, e deve ser levado em conta no planejamento de novas drogas. Abaixo estão algumas estruturas moleculares de drogas comuns e o seu pK_a.

fármaco	pK_a	fármaco	pK_a	fármaco	pK_a
acetaminofen	9,5	alprenolol	9,6	efedrina	9,6
ampicilina	2,5	anfetamina	9,8	epinefrina	8,7
aspirina	3,5	atropina	9,7	morfina	7,9
furosemida	3,9	bupivacaina	8,1	procaína	9,0
levodopa	2,3	codeína	8,2	prometazina	9,1
pentobarbital	7,4	diazepam	3,0	propanolol	9,4
sulfadiazina	6,5				

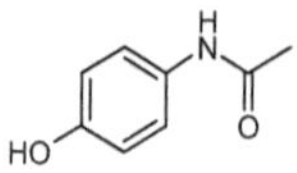

acetaminofen
(paracetamol)

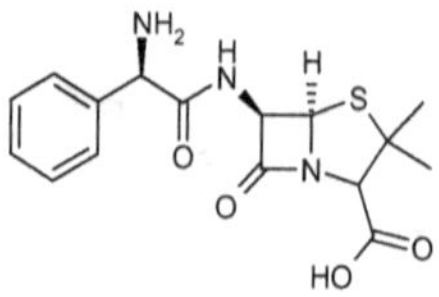

ampicilina

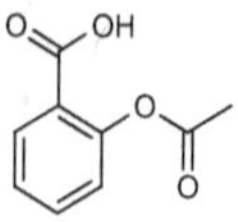

aspirina

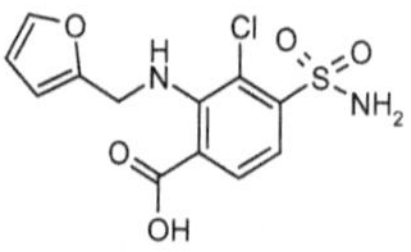

furosemida

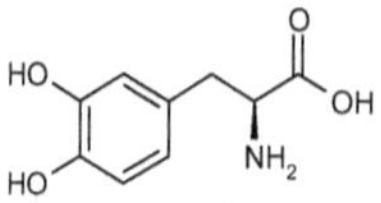

levodopa

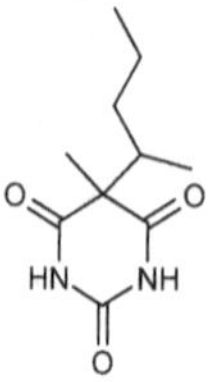

pentobarbital

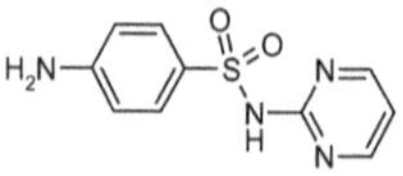

sulfadiazina

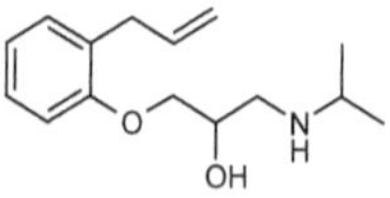

alprenolol

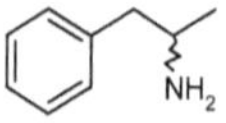

anfetamina

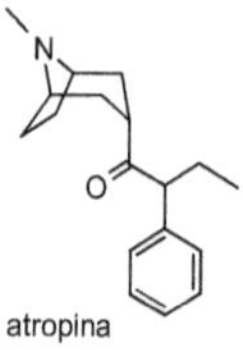

atropina

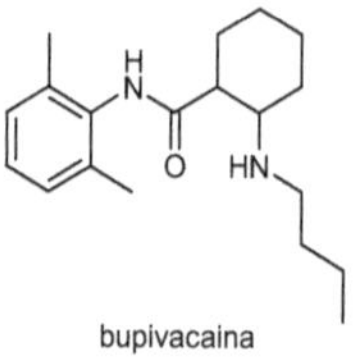

bupivacaina

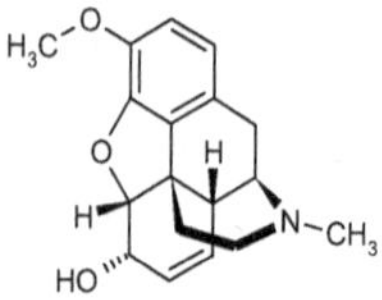

codeina

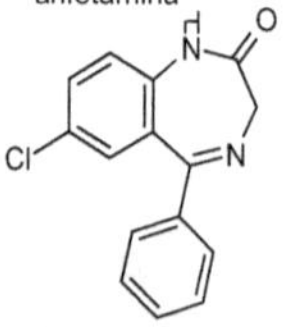

diazepam

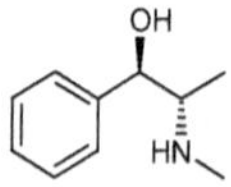

efedrina

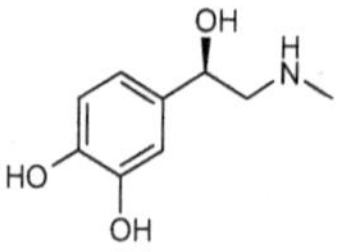

epinefrina

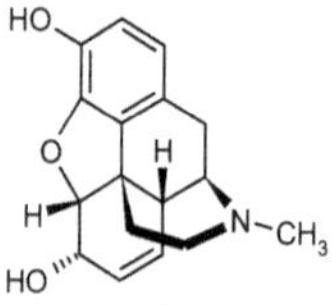

morfina

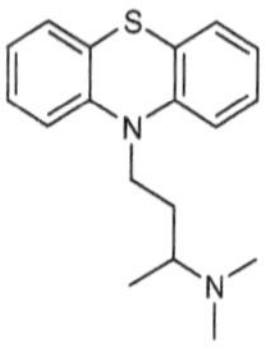

prometazina

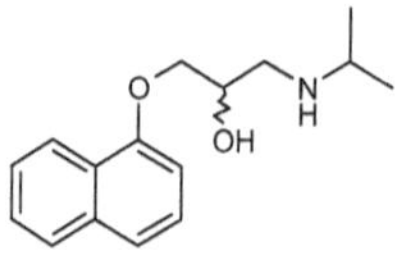

propanolol

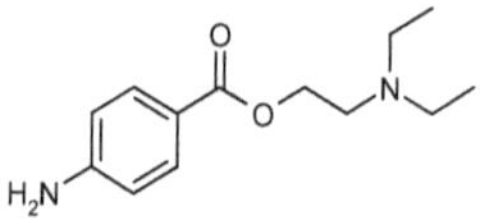

procaina

Exercícios

1- Escreva as estruturas das seguintes moléculas orgânicas com caráter ácido e suas reações com NaOH, mostrando os produtos:

a) ácido acético

b) ácido butírico

c) ácido pentanoico

d) fenol

e) ácido 1,6-hexanodioico (ácido adípico)

f) metilamônio

g) ácido benzoico

h) ácido lático

i) ácido láurico (ácido dodecanoico)

j) ácido esteárico (ácido octadecanoico)

2- Escreva as estruturas das seguintes moléculas orgânicas com caráter básico e suas reações com HCl, mostrando os produtos:

a) metilamina

b) dietilamina

c) N-metil-N-propilamina

d) piridina

e) acetato de sódio

f) monihidrogenofosfato de potássio

g) fenolato de sódio

h) benzilamina

3- Dê o nome e calcule os valores de pK_a para os seguintes ácidos

$K_a = 1,26.10^{-5}$ $K_a = 2.10^{-11}$ $K_a = 6,3.10^{-5}$ $K_a = 1,0.10^{-9}$ $K_a = 3,16.10^{-13}$

4- Indique qual das espécies prevalecem nos seguintes valores de pH? Dados pK_a ácido acético = 4,8; pK_a piridina (forma ácida) = 5,2 ; pK_a *para*-nitrofenol = 7,2.

a) ou   pH 7,2

b) ou   pH 10,0

c) 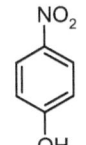 ou   pH 6,0

5- Mostre as reações ácido-base para os seguintes reagentes e indique se favorecem os produtos ou reagentes usando os valores de pK_a no texto:

a) ácido acético $pK_a = 4,8$ + trietilamina pK_a trimetilamônio = 10,8

b) ácido lático $pK_a = 3,8$+ hidróxido de sódio pK_a água = 15,7

c) amônio $pK_a = 9,25$ + hidróxido de potássio pK_a água = 15,7

d) cianeto de sódio pK_a HCN = 9,4 + ácido bromídrico $pK_a = -7,0$

6- Escreva as formas de equilíbrio ácido-base para o ácido ftálico (estrutura abaixo) e indique qual forma predomina em pH=10, pH=4 e pH= 2. ($pK_{a1} = 2,9$; $pK_{a2} = 5,4$)

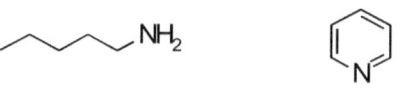

7- Por que os valores de pK_a dos fenóis *para*-substituídos variam mais do que os valores de pK_a de ácidos benzoicos *para*-substituídos?

8- Com os valores de pK_a e pK_b nas tabelas do texto, indique se prevalecem os reatantes ou produtos nas reações ácido-base propostas abaixo:

a) ácido fórmico e efedrina

b) fenol e metilamina

c) ácido acético e anilina

d) bicarbonato e ácido acético

e) bicarbonato e aspirina

f) hidróxido e etanol

g) hidróxido e trifluoroetanol

9- Como seria possível separar a pentilamina (pK_a pentilamônio = 10,6) da *para*-nitroanilina(pK_a piridínio = 1,0) em uma solução aquosa, usando ácido acético (pK_a = 4,8), ácido clorídrico, éter etílico (solvente) e hidróxido de sódio?

pentilamina   piridina

10- Os aminoácidos estão na forma zwitteriônica a pH 7,2, enquanto que o antranilato (intermediário na síntese do triptofano) está na forma aniônica. Explique a diferença de comportamento. (Dica: procure o comportamento ácido-base de aminas e anilinas)

aminoácido   antranilato

11- Calcule a razão H_2CO_3 / HCO_3^- quando o pH passa de 7,4 para 7,0 no equilíbrio abaixo (dado: pKa H_2CO_3)= 6,37.

$$HCO_3^- + H_2O \rightleftharpoons H_2CO_3 + OH^-$$

H_2CO_3 se decompõe formando H_2O e CO_2. Em qual das soluções o CO_2 será liberado em maior quantidade?

12- Os alcinos são deprotonados usando bases fortes, como o amideto de sódio Na^+ NH_2^-, e as condições de reação devem ser anidras (sem água). Explique o que ocorre se entrar água na reação de um alcino (ex: 1-butino) com amideto de sódio.

13- Com base na estrutura, justifique por que a água e o etanol apresentam valores de pK_a próximos. Os ácidos e bases apresentariam comportamento semelhante ou distinto em etanol em relação à água?

14- Os ácidos abaixo ocorrem nos ciclos biológicos. Indique qual a sequência de força de ácidos que você espera e explique sua resposta:

ácido lático   ácido pirúvico   ácido acetoacético

15- O equilíbrio abaixo estará deslocado para a direita ou esquerda? Explique

$$Cl_3CCH_2OH + H_3CCH_2O^- \rightleftharpoons Cl_3CCH_2O^- + H_3CCH_2OH$$

16- Em uma 1 L de solução aquosa contendo 1 mol de ácido acético e 1 mol de ácido fórmico foi adicionado 1 mol de NaOH. Calcule a razão entre [acetato]/[formiato] e [ácido acético]/[ácido fórmico]. Dados pK_a ácido acético = 4,76 e pK_a ácido fórmico = 3,73.

17- A diferença entre as concentrações de H^+ entre o espaço intermembranas e a matriz mitocondrial é responsável pela síntese do ATP. Sabendo que o pH do espaço intermembrana é 6,8 e da matriz é 7,7, calcule a razão entre $[H^+]$ nos dois ambientes.

Seção 3- Reações Orgânicas

Vivemos em um planeta com um ambiente em constante mudança, e a observação permite compreender que algumas mudanças ocorrem como ciclos: estações, dias, ciclo do El Niño e La Niña, e os seres vivos se adaptam de acordo com estes ciclos, retirando energia e matéria do ambiente e transformado em suas próprias moléculas.

Usamos as reações orgânicas na transformação das moléculas dos alimentos em nossas próprias moléculas, mas também nas tarefas da sociedade moderna, por exemplo, para nos locomover de ônibus ou automóvel, para sintetizar os corantes para pintar paredes, polímeros para embalar alimentos e tecidos para nos vestir.

Estas transformações seguem as leis da termodinâmica e padrões de reatividade das moléculas orgânicas. Grande parte das reações não são espontâneas, enquanto que outras levam um tempo excessivamente grande para algum fim prático. A compreensão destas transformações é o objetivo dos capítulos que seguem.

Capítulo 8- Reações: energia, equilíbrio químico e cinética

As transformações químicas envolvem a ruptura e formação de novas ligações químicas, com o reposicionamento dos átomos e redistribuição de elétrons das moléculas. Este processo segue uma lógica química, ditada pelo comportamento químico e estabilidade das espécies, movida pelo fluxo de energia entre o meio e as moléculas que reagem, que pode ser absorvida do ambiente ou liberada para o ambiente.

Existe um grande número de reações orgânicas que ocorrem sobre as diferentes classes de compostos orgânicos, mas podem ser agrupadas em apenas quatro classes: substituição, adição, eliminação e rearranjo.

1. Reações de substituição

Nas reações de substituição ocorre a troca de um átomo ou grupo de átomos na passagem de reagentes para produtos. As reações de substituição ocorrem em compostos alifáticos, como na substituição do cloro do 1-clorobutano por bromo formando 1-bromobutano e também em compostos aromáticos, por exemplo, na síntese do nitrobenzeno a partir do benzeno.

substituição do cloro por Br no 1-clorobutano, formando 1-bromobutano

substituição do H do benzeno por NO$_2$, formando o nitrobenzeno

2. Reações de adição

Nas reações de adição um grupo de átomos se adiciona à estrutura carbônica. Estas reações de adição ocorrem sobre ligações duplas, triplas ou ciclos reativos na molécula. No produto final estas ligações deixam de existir, dando lugar às ligações simples. As adições de importância biológica mais comuns ocorrem em compostos com ligações duplas C=C e C=O. Duas reações de adição que ocorrem no metabolismo da glicose estão mostradas abaixo.

adição de água ao aconitato, formando isocitrato

adição de hidrogênio ao piruvato, formando lactato

3. Reações de eliminação

Na eliminação ocorre o inverso da adição, com a saída de grupos ligados à estrutura orgânica. Os produtos da eliminação apresentam ligações duplas, triplas ou ciclos que não estavam no reagente de partida. Um exemplo é a eliminação de água do citrato, formando aconitato.

eliminação de água do citrato, formando aconitato

4. Rearranjos

Nas reações de rearranjo, átomos ou grupos trocam de posição entre si, levando a um produto de mesma fórmula molecular, porém com estrutura diferente, ou seja, com diferentes posições relativas das ligações químicas.

rearranjo do 1-propanol, formando 2-propanol

isomerização do isopentenilpirofosfato em dimetilalilpirofosfato
intermediários biológicos da síntese de terpenos e da borracha natural

isopentenil pirofosfato　　　　　　dimetilalilpirofosfato

As transformações químicas podem ocorrer com uma sequência destas reações. Observe os exemplos abaixo:

Substituição do bromo por cloro no 1-bromo-2-metilpropano,
que após rearranjo forma o 2-cloro-2-metilpropano.

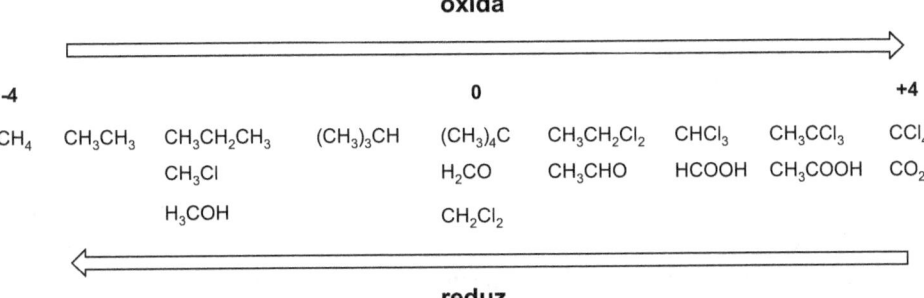

Adição de amina a um aldeído, seguida de eliminação de água -
o resultado assemelha-se a uma substituição

aldeído   amina   aminal   imina   água

5. Oxidação e redução em compostos orgânicos

A oxidação do carbono se deve ao aumento das ligações com elementos mais eletronegativos do que o carbono (oxigênio, cloro, flúor, etc), enquanto que a redução resulta de uma diminuição de ligações com elementos mais eletronegativos ou aumento do grau de ligações com elementos menos eletronegativos do que o carbono. As reações de oxi-redução envolvem reações de substituição, adição e eliminação.

O número de oxidação do carbono em compostos orgânicos varia com o número de ligações com átomos mais eletronegativos. Quando o carbono está ligado com um átomo mais eletronegativo (O, N, Cl, F) por uma ligação simples aumenta-se o número de oxidação de uma unidade (+1). Quando o carbono se liga a um átomo menos eletronegativo (H, B, Al, Mg), diminui-se o número de oxidação de uma unidade (-1). Se o carbono está ligado a outro carbono, não se soma nem diminui para o cálculo do número de oxidação.

oxida

-4				0				+4
CH_4	CH_3CH_3	$CH_3CH_2CH_3$	$(CH_3)_3CH$	$(CH_3)_4C$	$CH_3CH_2Cl_2$	$CHCl_3$	CH_3CCl_3	CCl_4
		CH_3Cl		H_2CO	CH_3CHO	$HCOOH$	CH_3COOH	CO_2
		H_3COH		CH_2Cl_2				

reduz

Quando um hidrogênio é substituído por um cloro, ocorre uma oxidação sobre o carbono. O mesmo ocorre quando um aldeído (H-C=O) é transformado em um ácido carboxílico (ligação HO-C=O). Quando o aldeído é transformado em um álcool (C-OH) ocorre uma redução.

Porém o número de oxidação do carbono não é uma carga real, mas um valor formal para comparação entre os compostos.

Nox carbono = -1   Nox carbono = +1   Nox carbono = +3

redução   oxidação

6. Reações orgânicas e energia

As reações químicas podem absorver calor (endotérmicas) ou liberar calor (exotérmicas). A grandeza que mede a quantidade de calor absorvida ou liberada é a entalpia ou calor a pressão constante, simbolizada por ΔH. A entalpia de uma reação é a diferença entre as entalpias dos reatantes e dos produtos:

$$\Delta H_{reação} = \Delta H_{produtos} - \Delta H_{reagentes}$$

a) $\Delta H < 0$ (reação exotérmica) b) para $\Delta H > 0$ (reação endotérmica)

A entalpia de reação (ΔH_r) é a diferença entre a entalpia dos produtos e a entalpia dos reagentes. Se a entalpia dos produtos for menor que a entalpia dos reagentes, (gráfico a) ΔH_r será negativo e a reação libera calor. Se a entalpia dos produtos for maior, ΔH_r será positivo (gráfico b) e a reação absorve calor. Por exemplo, as reações de combustão do metano, principal componente do gás natural, e do C_8H_{18}, componente da gasolina liberam grande quantidade de energia:

$$CH_{4(g)} + 2\ O_{2(g)} \longrightarrow CO_{2(g)} + 2\ H_2O_{(g)} \qquad \Delta H_r^o = -890\ kJ/mol$$

$$2\ C_8H_{18\ (g)} + 17\ O_{2\ (g)} \longrightarrow 8\ CO_{2(g)} + 18H_2O_{(g)} \qquad \Delta H_r^o = -5471\ kJ/mol$$

O valor significa que a reação de queima de um mol de metano (16 g) libera 890kJ/mol. Esta energia é utilizada para produzir calor para obtenção de energia elétrica em usinas termoelétricas, para esquentar água em caldeiras, etc. O gás utilizado em botijões de gás é uma mistura constituída de butano e propano, que se tornam líquidos sob pressão, dando origem ao GLP (gás liquefeito de petróleo).

A entalpia de um composto orgânico pode ser estimada pela soma das entalpias de dissociação das ligações químicas e a diferença de entalpia dos produtos e reagentes permite estimar a entalpia de uma reação química. Para a reação de combustão do metano são liberados 890 kJ/mol (213 kcal/mol), consequência da maior estabilidade das ligações C=O e O-H dos produtos, quando comparadas com as ligações C-H e O-O dos reagentes.

$$\Delta H = -890 \text{ kJ/mol } (-213 \text{ kcal/mol})$$

A outra grandeza termodinâmica importante para a compreensão das transformações químicas é a entropia, que é uma medida da desordem do sistema.

Podemos falar de entropia ao ver um quarto de criança bagunçado. Mas a entropia termodinâmica refere-se à distribuição da energia em um sistema fechado. Quanto mais distribuída a energia do sistema estiver, maior será a sua entropia.

Se a energia estiver igualmente distribuída por todo o sistema, teremos o grau máximo de entropia nesta condição, a partir da qual não será possível obter trabalho útil a partir do sistema. As modificações que aumentam a entropia e não alteram a entalpia são espontâneas. A entropia é definida como o quociente entre o calor reversível ($Q_{rev.}$) que ocorre na transformação e a temperatura.

$$S = \frac{Q_{rev}}{T}$$

unidade (SI) = J. K^{-1} ou kcal.mol^{-1}

Assim, se o valor da soma das entropias dos produtos for maior que o valor das entropias dos reatantes, o valor de ΔS será positivo, e se o valor da soma das entropias dos produtos for menor que o valor das entropias dos reatantes, o valor de ΔS será negativo.

7. Entalpia e entropia na constante de equilíbrio de reações químicas

As reações químicas ocorrem envolvem a mudança de entalpia e entropia de reagentes para produtos, que são determinantes para avaliar a espontaneidade da reação. Para avaliar o efeito da contribuição da entalpia e entropia sobre os equilíbrios, é necessária a introdução de outra grandeza termodinâmica: a Energia Livre de Gibbs (ΔG^0), definida à pressão constante como:

$$\Delta G^0 = \Delta H^0 - T \text{ } \Delta S^0$$

Analisando a equação, valores negativos de ΔH^0 (reações exotérmicas) e valores positivos de ΔS^0 contribuem para que o valor de ΔG^0 seja negativo, o que caracteriza processos espontâneos. Valores positivos de ΔH^0 (reações endotérmicas) e valores negativos de ΔS^0 contribuem para um valor positivo de ΔG^0, o que caracteriza processos não-espontâneos, de acordo com a relação de ΔG^0 com a constante de equilíbrio está relacionado com a constante de equilíbrio de acordo com a seguinte equação:

$$K_e = e^{\frac{-\Delta G^o}{RT}} \; ; K_e = 10^{\frac{-\Delta G^o}{2,3\, RT}}$$

Na equação acima, K_e é a constante de equilíbrio da reação; e (número de Euler) = 2,718; R é a constante universal dos gases (R = 8,314 J/mol.K ou 1,987 cal/mol.K) e T é a temperatura absoluta (T = t (°C) + 273,15). A análise da equação acima mostra que valores negativos de ΔG^0 levam a valores de Ke maiores do que 1; valores positivos de K_e fornecem valores de K_e menores do que 1 e se $\Delta G^0 = 0$, o valor de K_e é igual a 1. A constante K_e para um equilíbrio para uma reação geral é descrito como:

$$A + B \rightleftharpoons C + D$$

$$K_e = \frac{[C]\,[D]}{[A]\,[B]}$$

Se ΔG^0 for negativo, o valor de K_e será maior do que 1, e o numerador da equação acima, onde se encontram as concentrações dos produtos será maior do que o denominador, ou seja, vão prevalecer os produtos no equilíbrio. Logo, se ΔG^0 for positivo, o valor de K_e será menor do que 1, e o denominador da equação acima, onde se encontram as concentrações dos reatantes será maior do que o numerador, ou seja, vão prevalecer os reatantes no equilíbrio. De modo geral, nas reações químicas a contribuição da entalpia é maior do que a entropia, porque as reações químicas absorvem ou liberam muito calor, assim na maior parte das vezes o valor numérico de ΔH^0 será maior do que $T.\Delta S^0$.

Em transformações que não envolvem reações químicas, tais como trocas de solventes, mudanças de fase, ou reorganização molecular, o valor do termo entrópico é importante em relação ao termo entálpico. Abaixo está um quadro resumo para as transformações.

Contribuições de ΔH, ΔS, ΔG para a espontaneidade da reação

ΔH	ΔS	ΔG	transformação
diminui	aumenta	negativo	espontânea
diminui	diminui	usualmente negativo	usualmente espontânea
aumenta	diminui	positivo	não espontânea
aumenta	aumenta	usualmente positivo	usualmente não espontânea

8. Reações acopladas

Muitas reações necessárias para a manutenção do metabolismo nos seres vivos são em uma primeira análise, energeticamente desfavoráveis pelo valor de ΔH^0 positivo, que torna ΔG^0 também positivo. Para que estas reações ocorram, elas estão acopladas com outras reações energeticamente favoráveis, e a soma energética destas reações resulta em um valor de ΔG^0 negativo ou próximo a zero, permitindo que o equilíbrio químico forme uma quantidade suficiente de produto.

A reação acoplada mais comum é a hidrólise de um fosfato do ATP (adenosina trifosfato), cujas duas ligações do tipo anidrido fosfórico podem ser clivadas gerando energia. Existem três formas em que o ATP pode ser clivado:

a) entre o segundo e terceiro fosfato, formando ADP (adenosina-difosfato) e Pi (fosfato inorgânico),

b) a outra é pela clivagem entre o primeiro e o segundo fosfato, formando AMP (adenosina monofosfato) e PPi (difosfato inorgânico) e o PPi também pode ser hidrolisado liberando energia adicional.

c) a terceira reação é o ataque nucleofílico do OH ligado em C-2' da ribose, formando o AMPc (adenosina monofosfato cíclico), um mensageiro intracelular cuja produção é ativada por hormônios. Os valores de ΔG para a clivagem do ATP nas diferentes posições está mostrada abaixo, assim como para outras reações:

Valores de ΔG^o para algumas reações em pH 7,0 e 25°C

substrato	ΔG (kJ/mol)	ΔG (kcal/mol)
Hidrólise do fosfoenolpiruvato (PEP)	-61,9	-14,8
Hidrólise do 1,3 bisfosfoglicerato	-49,3	-11,8
Hidrólise do ATP ($\rightarrow$AMP + PPi)	-45,6	-10,9
Hidrólise do ADP ($\rightarrow$AMP + Pi)	-32,8	-7,8
Hidrólise da Acetil-CoA	-31,4	-7,5
Hidrólise do ATP ($\rightarrow$ADP + Pi)	-30,5	-7,3
Hidrólise do Glicose 1-fosfato	-20,9	-5,0
Hidrólise do PPi ($\rightarrow$2Pi)	-19,0	-4,0
Hidrólise do Frutose 6-fosfato	-15,9	-3,8
Hidrólise do AMP ($\rightarrow$adenosina + Pi)	-14,2	-3,4
Hidrólise do Glicose 6-fosfato	-13,8	-3,3
Hidrólise do Glicerol 1-fosfato	-9,2	-2,2

A síntese de glicose-6-fosfato a partir de glicose e fosfato é a primeira etapa do metabolismo da glicose, desfavorecida do ponto de vista energético, porque o ΔG^0 da reação é positivo, o que significa que os reagentes são mais estáveis do que os produtos. Por isto, a fosforilação da glicose não se dá a partir do fosfato, mas utiliza ATP, que libera energia quando é transformado em ADP. Esta reação é favorecida do ponto de vista energético, conforme o esquema abaixo, que mostra as reações da glicose com o fosfato, a hidrólise do ATP e a reação acoplada entre glicose e ATP.

glicose - 1 - fosfato ΔG = 13,8 kJ/mol

ATP $\longrightarrow$ ADP + Pi ΔG = -30,5 kJ/mol

glicose - 1 - fosfato ΔG = (13,8 - 30,5) kJ/mol = - 16,7 kJ/mol

9. Energia de ativação e estado de transição

A finalidade das transformações em um organismo vivo são a liberação e armazenamento de energia, replicação, síntese de estruturas para sustentação, acúmulo e transmissão de informação. O controle das transformações químicas é uma condição necessária para a vida, e o entendimento sobre o modo como se processam as reações químicas é imprescindível para que saibamos como os seres vivos crescem, se reproduzem e morrem. A transformação dos reatantes em produtos envolve a quebra e formação de novas ligações químicas, em que o primeiro é um processo endotérmico e o segundo exotérmico. Além da energia, existe outra variável importante a ser levada em conta: a velocidade com que a reação ocorre. A reação de combustão da glicose é altamente exoergônica (transfere energia para o ambiente, $\Delta G^0 > 0$, espontânea) e por isso o equilíbrio deveria estar completamente deslocado no sentido dos produtos. Logo, assim que a glicose entrasse em contato com o oxigênio deveria queimar e transformar- se em água e dióxido de carbono liberando 686 kcal/mol de energia.

Se fosse assim, qualquer açúcar deixado no ar deveria queimar rapidamente. Não é o que se observa. A reação é extremamente lenta à temperatura ambiente pela alta energia de ativação da combustão. Para uma reação exoergônica, o gráfico de energia pelo decurso de reação mostraria um perfil semelhante ao gráfico da esquerda, enquanto que uma reação endoergônica (absorve energia do ambiente, $\Delta G^0 > 0$) exibe um perfil semelhante ao gráfico da direita. Observe que em ambos os casos, para que ocorra a transformação (reagentes se transformem em produtos), é necessário vencer uma barreira, representada por $\Delta G_{at.}$, chamada de energia de ativação, e definida como a diferença de energia entre o estado de transição e os reagentes ($\Delta G_{at.} = G^{\#} - G_{reag.}$). A reação pode ser espontânea, mas se a energia de ativação for alta, a reação será muito lenta.

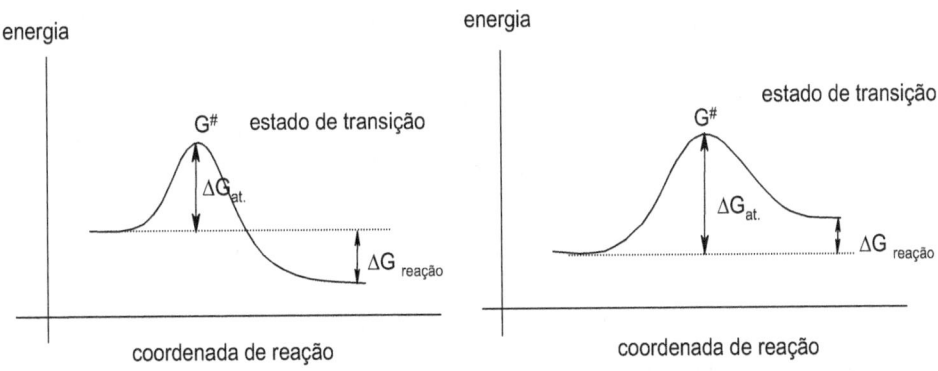

Perfil energético para uma reação exotérmica (esq.) e endotérmica(dir.).

As moléculas das espécies reatantes recebem energia do meio, através de choques com o solvente, e passam a níveis energéticos vibracionais e rotacionais mais altos, enfraquecendo as ligações entre os átomos, conforme o diagrama de energia acima pela subida do lado esquerdo da curva. Estas ligações parcialmente enfraquecidas eventualmente vão se arranjar de forma diversa ou permitir a entrada ou saída de novos átomos.

O aumento da velocidade da reação pode ser obtido pelo aumento da concentração ou temperatura ou por catálise. O aumento da concentração aumenta o número de espécies que reagem, logo aumenta a frequência de choques, enquanto que o aumento de temperatura aumenta a energia cinética das moléculas, resultando em choques mais violentos, capazes de superar a energia de ativação da reação. A adição de catalisadores modifica o mecanismo da reação resultando em uma diminuição da energia de ativação da reação.

O ponto energético mais alto reflete um estado energético em que a quebra das ligações dos reatantes se encontra avançada e as ligações dos produtos estão em um estágio inicial de formação. Quando as ligações dos produtos iniciam sua formação o sistema começa a ser estabilizado. Uma vez que a formação ligações químicas significam estabilização energética, o estado de transição é um máximo na curva energia x decurso da reação, porque as interações ligantes (que contribuem para a ligação química) entre os átomos são mais fracas neste estado.

reagentes   estado de transição   produtos

Representação de reação de troca atômica, passando por um estado de transição

A estrutura do estado de transição é intermediária entre os reagentes e produtos e com um tempo de existência menor do que os limites de detecção dos aparelhos atuais. Por isso, não é possível conhecer com precisão a estrutura do estado de transição, mas o estudo dos fatores que aumentam a velocidade de uma reação permite determinar os fatores que estabilizam o estado de transição.

Além disso, o avanço dos estudos computacionais permite que sejam estimadas com um bom grau de confiabilidade as distâncias e ângulos dos átomos no estado de transição.

10. Efeito de temperatura sobre a velocidade da reação

Para que os reagentes atinjam a energia do estado de transição, é necessário que obtenham esta energia do meio. Em reações de laboratório, esta energia existe na forma da temperatura a qual o sistema está submetido. Para a maioria das reações, o aumento de temperatura permite que a transformação química ocorra mais rapidamente. Para uma reação do tipo

$$X \longrightarrow Y$$

em que a velocidade da reação depende de [X] = concentração de X:

$$v = k \cdot [X]$$

A constante de velocidade "k" da reação depende da energia de ativação, da temperatura (em kelvin) e de uma constante A (termo de Arrhenius), relacionada com a probabilidade que os choques resultem em reação.

$$k = A \cdot e^{\frac{-\Delta G_a}{R \cdot T}}$$

Os seres vivos operam abaixo de 40° C (com exceção de bactérias termófilas que vivem em fontes termais), e sua temperatura não pode aumentar, sob risco de desnaturação de enzimas e tecidos. A energia para estas reações é obtida a partir do acoplamento com reações que liberam energia química a partir do ATP.

11. Mecanismos de reações orgânicas

Moléculas não reagem por telepatia, uma em cada lado da sala. As moléculas, átomos e íons reagem entre si através dos choques que ocorrem , o que provoca uma redistribuição das ligações. A reação química pode se dar em uma sequência de etapas, formando espécies químicas intermediárias, e ao final desta sequência teremos a formação dos produtos. A partir de observações experimentais é proposta uma série de eventos moleculares, e o conjunto destes eventos que explicam a transformação química é o mecanismo da reação.

O mecanismo de reação é a sequência de eventos que ocorrem durante a reação. A compreensão dos mecanismos de reações é importante, porque permite a melhoria das condições de reação e a previsão de produtos para reações que devem ocorrer de modo semelhante. Muitas reações orgânicas produzem uma série de produtos de reações laterais e entender o mecanismo da reação permite minimizar ou até impedir a formação destes produtos, controlando as condições de reação, como concentração, temperatura e catalisador.

12. Quebras de ligações químicas-formação de intermediários

O primeiro passo em muitas reações é a quebra das ligações existentes nos reatantes para que novas ligações químicas sejam formadas. Nesta etapa se formam espécies químicas com tempo de existência curto, chamadas de intermediários.

Estas espécies podem apresentar cargas positivas ou negativas ou elétrons desemparelhados (radicais). No caso que as cargas estão sobre átomos de carbono, são chamadas de carbocátions (carbono positivo) ou carbânions (carbono negativo).

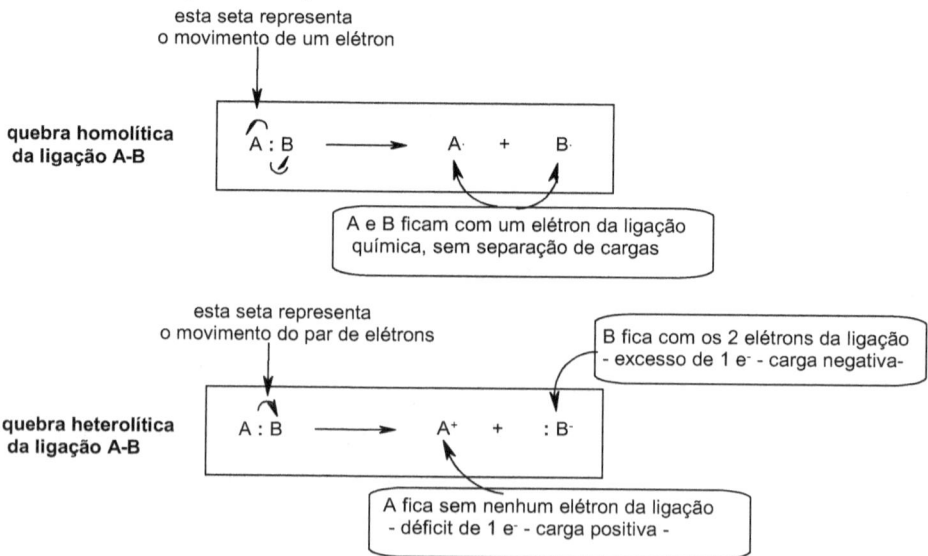

radical *terc*-butila   carbocátion *terc*-butila   carbânion malonato de metila

13. Radicais Livres

Os radicais são formados em quebras homolíticas de ligações químicas, isto é, cada uma dos intermediários formados fica com um elétron desemparelhado originário da ligação química rompida. As espécies com carga vêm de quebras heterolíticas das ligações químicas que existem nos reatantes, em que os elétrons da ligação não se dividem igualmente entre os intermediários formados. Indica-se o movimento de um elétron com a seta curva de uma farpa e o movimento de dois elétrons com a seta curva de duas farpas. No esquema abaixo:

esta seta representa
o movimento de um elétron

**quebra homolítica
da ligação A-B**

A : B   ⟶   A·   +   B·

A e B ficam com um elétron da ligação
química, sem separação de cargas

esta seta representa
o movimento do par de elétrons

B fica com os 2 elétrons da ligação
- excesso de 1 e⁻ - carga negativa-

**quebra heterolítica
da ligação A-B**

A : B   ⟶   A⁺   +   : B⁻

A fica sem nenhum elétron da ligação
- déficit de 1 e⁻ - carga positiva -

As quebras homolíticas surgem quando ocorre uma formação prévia de radicais a partir de aquecimento a altas temperaturas, radiação ultravioleta ou reações de oxi-redução. As espécies mais comuns são radicais Br·, Cl·, ·OH e ·OOH. Por exemplo:

$$Br : Br \xrightarrow{\text{luz u.v.}} 2\ Br\ \cdot$$

Os radicais livres são espécies altamente reativas. Reações comuns de radicais livres são a abstração de prótons e a adição a ligações duplas, conforme o esquema abaixo.

abstração de próton

CH₃ fragment — structural formula:

$$H_3C-\overset{\underset{\displaystyle CH_3}{|}}{\underset{\displaystyle |}{C}}-H \quad + \quad R\cdot \quad \longrightarrow \quad H_3C-\overset{\underset{\displaystyle CH_3}{|}}{\underset{\displaystyle |}{C}}\cdot$$

adição à ligação dupla

$$\overset{H}{\underset{H}{}}C=C\overset{H}{\underset{H}{}} \quad + \quad R\cdot \quad \longrightarrow \quad R-\overset{H}{\underset{H}{C}}-\overset{H}{\underset{H}{C}}\cdot$$

Radicais livres também estão envolvidos em reações importantes, como a isomerização da *L*-metilmalonil-CoA em succinil-CoA pela enzima metilmalonil-CoA mutase, que usa vitamina B-12 como cofator, em que um átomo de cobalto estabiliza o intermediário radicalar formado.

coenzima B₁₂

L-metil-malonil-CoA mutase

Radicais livres originários da redução do oxigênio como o •OH são responsáveis por causarem defeitos ao DNA.

14. Carbocátions

A quebra heterolítica ocorre na maior parte das vezes quando estão ligados dois átomos (ou grupos de átomos) com diferentes eletronegatividades, assim o átomo mais eletronegativo fica com o par de elétrons e a carga negativa, enquanto que o menos eletronegativo fica sem o par de elétrons e com carga positiva. Com a quebra heterolítica são formadas duas cargas, logo solventes polares como a água, estabilizam as espécies com carga. Observe a sequência de eventos na formação do cloreto de *terc*-butila (2-cloro-2-metilpropano) a partir do brometo de *terc*-butila (2-bromo-2-metilpropano).

passo 1

brometo de *terc*-butila   íon *terc*-butila   íon brometo

O primeiro passo é a ruptura da ligação C-Br de forma heterolítica. O par de elétrons fica com o átomo mais eletronegativo, formando o íon brometo, enquanto que o carbono fica positivo, formando um carbocátion, neste caso chamado de íon terc-butila ou *terc*-butil. Na sequência o íon *terc*-butila reage com o íon cloreto, formando o cloreto de terc-butila, conforme o esquema:

passo 2

entrada de Cl⁻

íon cloreto

cloreto de *terc*-butila

saída de H⁺

metilpropeno

Quando há uma carga positiva em um dos os átomos ligados, a carga vai ficar sobre o elemento menos eletronegativo, como no caso de alquil-amônios, em que a quebra da ligação C-N leva à formação do carbocátion.

15. Nucleófilos e Eletrófilos

As reações orgânicas ocorrem pelo fluxo de elétrons entre as espécies químicas. Aquelas que reagem através de seu par de elétrons, "doando-o" em uma reação química são os nucleófilos, em referência à atração por sítios positivos (núcleos) e aquelas que recebem o par de elétrons são os eletrófilos, em referência a atração por sítios negativos (elétrons). A identificação destes sítios em uma molécula permite prever as reações passíveis de ocorrer.

Por exemplo, a reação de um álcool com um cloreto de ácido forma o éster, através do ataque do par de elétrons do oxigênio do álcool sobre o carbono do C=O do cloreto de ácido. Nesta reação, o grupo OH do álcool é o nucleófilo e o carbono da ligação C=O é o eletrófilo.

Reação geral

Mecanismo

O movimento do par de elétrons é representado por uma flecha com duas farpas, dirigindo-se dos pares de elétrons do oxigênio do álcool para o carbono deficiente de elétrons da carbonila. Como o carbono não pode ficar pentavalente, o par de elétrons da ligação C=O migra para o oxigênio, formando um intermediário oxiânion (oxigênio negativo) tetraédrico. Este movimento de elétrons é indicado por uma seta de duas farpas, saindo da ligação C=O para o oxigênio.

O oxiânion é instável; o par de elétrons retorna para reformar a ligação C=O, e para que o carbono não fique pentavalente, deve sair algum grupo. No caso sai o cloreto Cl^-, resultando no éster. A última etapa é indicada por um movimento sequencial de elétrons do oxigênio negativo para o carbono e da ligação C-Cl para o Cl, resultando na saída de cloreto.

Nucleófilos comuns são moléculas com átomos de nitrogênio, oxigênio e enxofre na sua forma neutra ou negativa. Nucleófilos com carga negativa são mais reativos, porque os pares de elétrons têm maior energia, assim moléculas com N^-, O^- e S^- são nucleófilos mais poderosos e reagem rapidamente. Os nucleófilos de carbono utilizados são: a) carbânions; b) compostos organometálicos, onde o carbono está ligado a um átomo de menor eletronegatividade (ex: C-Mg, C-Li); c) carbonos em ligações duplas, em que o par de elétrons da ligação dupla dá a característica nucleofílica.

Os sítios eletrofílicos comuns são os carbonos ligados a bons grupos de saída (Cl, Br, I, ésteres sulfônicos, ésteres fosfóricos, CO_2), carbonos carbonílicos (C=O), carbonos imínicos (C=N) e carbonos β conjugados a carbonila (C_β=C_α -C=O).

16. Cinética de reações químicas

A velocidade de um guepardo é centenas de vezes maior do que a velocidade do caracol, assim como a velocidade da reação de um ácido com uma base é milhões de vezes maior do que a combustão da celulose à temperatura ambiente.

As velocidades das reações são medidas de acordo com o consumo dos reagentes ou com a formação dos produtos. O estudo da dependência da velocidade das reações com as concentrações das espécies presentes e dos efeitos (pressão, temperatura, solventes) que atuam sobre ela compõem a cinética química.

A lei da velocidade (cinética da reação) é a dependência da velocidade da reação com a concentração das espécies. Esta lei é determinada experimentalmente e permite obter informações sobre o mecanismo da reação. Na reação a seguir, observou-se que a velocidade depende das concentrações do clorometano e do hidróxido.

$$H_3C\text{—}Br + HO^- \longrightarrow H_3C\text{—}OH + Br^-$$

Um aumento na concentração de qualquer um deles leva a um aumento linear da velocidade, conforme a tabela.

variação de velocidade com a concentração

Experimento	Concentração inicial $[CH_3Cl]$	Concentração inicial $[HO^-]$	Velocidade inicial $[mol/(L.s)]$
1	0,001	1,0	$4,9.\ 10^{-7}$
2	0,002	1,0	$9,8.\ 10^{-7}$
3	0,001	2,0	$9,8.\ 10^{-7}$
4	0,002	2,0	$19,9.10^{-7}$

Esta é uma evidência de que tanto o clorometano quanto o hidróxido estão presentes no estado de transição. Um aumento na concentração aumenta o número de choques entre as espécies que resultam em produto, assim aumenta a velocidade da reação. Experimentalmente, a lei da velocidade para esta reação é:

$$v = k.[CH_3Cl].[OH^-]$$

em que: k é a constante de velocidade desta reação; $[CH_3Cl]$ é a concentração de clorometano e $[OH^-]$ é a concentração de hidróxido. Em outras reações a lei cinética pode ser diferente por variações no mecanismo.

Um exemplo é a substituição de brometo no brometo de *terc*-butila -$(H_3C)_3C$-Br por Cl-, cuja velocidade de reação depende da concentração do brometo de *terc*-butila, mas independe da concentração do cloreto. A lei da velocidade determinada experimentalmente para esta reação é:

$$v = k.[(CH_3)_3Cl]$$

Onde k é a constante de velocidade desta reação (o valor de k é diferente para cada reação e é determinado experimentalmente); e $[(CH_3C)_3CBr]$ é a concentração de brometo de *terc*-butila.

A partir disto concluiu-se que o cloreto não participa da etapa que determina a velocidade da reação e foi proposto um mecanismo de reação em que a primeira etapa é a quebra da ligação C-Br, com formação do ânion brometo e um intermediário com carga positiva sobre o carbono, chamado de carbocátion.

A segunda etapa é rápida, e consiste na reação do carbocátion com o ânion cloreto, formando o produto.

etapa 1

$$\underset{H_3C}{\overset{H_3C}{\left.\right.}}\!\!\!\underset{}{\overset{}{C}}\!\!-\!Br \quad \xrightarrow{\text{lenta}} \quad H_3C\!\!-\!\!\overset{+}{C}\!\!-\!CH_3 \;+\; Br^-$$

etapa 2

$$H_3C\!\!-\!\!\overset{+}{C}\!\!-\!CH_3 \;+\; Cl^- \quad \xrightarrow{\text{rápida}} \quad H_3C\!\!-\!\!C\!\!-\!Cl$$

A relação entre a velocidade da reação e as concentrações dos reagentes obtida experimentalmente permitiu compreender o mecanismo destas reações.

17. Catálise

Quando uma espécie química em pequena quantidade aumenta a velocidade de uma reação química, esta espécie é um catalisador e diz-se que ocorreu catálise da reação. O catalisador não muda o ΔG^0 da reação, mas diminui a energia de ativação porque propicia um mecanismo diferente daquele em que não ocorre catálise. A reação de formação de éteres a partir de álcoois é catalisada pela adição de pequenas quantidades de um ácido forte (ex: H_2SO_4):

$$2 \; R\text{—}OH \quad \xrightarrow{H_2SO_4} \quad R\text{—}O\text{—}R \;+\; H_2O$$

Sem catalisador (ácido sulfúrico), esta reação é extremamente lenta porque passa por um estado de transição em que uma molécula de álcool libera hidroxila, HO^-, um mau grupo de saída (este termo será discutido no capítulo de substituição).

A catálise é explicada pela protonação do oxigênio e formação do grupo $^+OH_2$. Agora o estado de transição libera H_2O, uma molécula neutra e estável e por isso é um bom grupo de saída. A seguir, o carbono sofre o ataque do álcool nucleófilo, formando o produto com a eliminação de água.

reação sem catálise

reação com catálise por H⁺

etapa 1

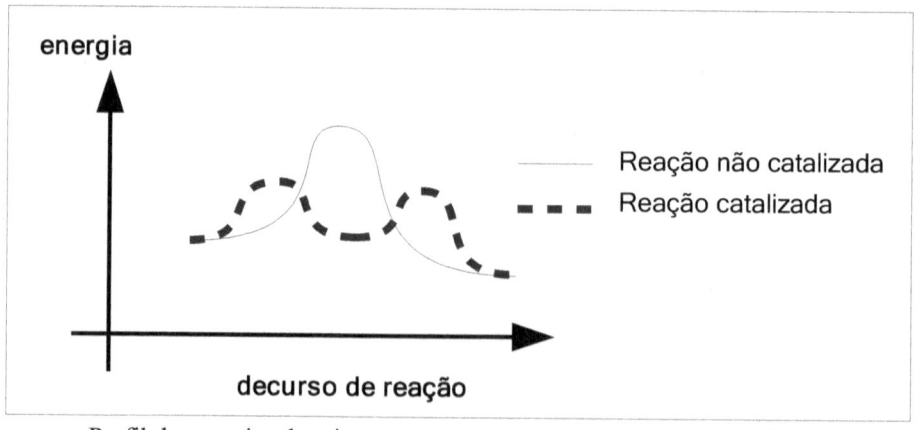

etapa 2

A reação catalisada tem uma energia de ativação bem mais baixa do que a reação não catalisada, pelos seguintes fatores:

1. na reação sem catalisador, o estado de transição apresenta a formação de duas cargas, o que desestabiliza os intermediários e aumenta a energia da etapa;

2. na reação catalisada, a etapa de protonação do álcool (etapa 1) torna também o carbono parcialmente positivo e aumenta a atração com o oxigênio do nucleófilo;

3. a reação catalisada ocorre em uma sequência de equilíbrios, com pequenos saltos energéticos entre cada um, o que diminui a entrada de energia para cada passo da reação.

Esta diminuição de energia pode ser observada de forma simplificada no gráfico abaixo.

Perfil de energias de ativação para reação não catalisada e catalisada

Em reações biológicas catalisadas por enzimas, os efeitos de divisão da reação em diversas etapas e estabilização dos intermediários são maiores ainda. As reações são divididas em diversas etapas, com pequenas reorganizações de átomos e de cargas em cada etapa.

As cargas positivas formadas nos intermediários são estabilizadas pela presença de grupos COO⁻ dos aminoácidos aspartato ou glutamato ou por íons como fosfato (PO_4^{3-}), enquanto que cargas negativas são estabilizadas pela presença de grupos como o -NH_3^+ da lisina, ou $-HN^+=C(NH_2)$ da guanidina, por íons Na^+, K^+, Mg^{2+}, Ca^{2+} ou por ligações de hidrogênio.

Vejamos o exemplo da reação de hidrólise de amidas, necessária para a absorção de aminoácidos de proteínas. A hidrólise não enzimática de amidas em meio básico inicia através da adição de um íon hidróxido ao carbono carbonílico, seguido por uma nova abstração de próton por outro hidróxido, e reorganização eletrônica, com saída do nitrogênio, conforme esquema abaixo:

A reação sem catálise é lenta, e para completar-se requer concentrações de NaOH de 4 mol/L ou HCl 6 mol/L, temperaturas em torno de 80º C, e dois dias. Estas condições são incompatíveis com os seres vivos, que operam com pH próximo de 7 no citosol e 3 no estômago.

O metabolismo de proteínas ingeridas por um ser vivo requer reações de quebra das ligações peptídicas. Uma das enzimas que catalisa estas reações é a quimotripsina, cujo mecanismo procede através de uma sequência de etapas:

• etapa 1 – ocorre o ataque de um grupo OH de um aminoácido serina (Ser), cujo próton é removido por um aminoácido histidina (His). A carga positiva da histidina é estabilizada por um carboxilato (COO-) de um aspartato (Asp) vizinho.

• etapa 2 – o intermediário oxiânion formado é estabilizado por ligações de hidrogênio com dois grupos N-H vizinhos. Após o ataque nucleofílico da hidroxila da serina, forma-se a ligação éster da enzima;

• etapa 3 – o ataque nucleofílico da hidroxila da serina forma a ligação éster com a enzima, liberando a amina;

• etapa 4 – o grupo imidazol atua como catalisador abstraindo um próton de uma molécula de água, que ataca a ligação éster e forma mais uma vez um intermediário oxiânion;

• etapa 5 – seguido pela saída do carboxilato;

• etapa 6 – e restabelecimento da enzima na sua forma ativa.

Este é um exemplo da complexidade dos mecanismos de reações orgânicas catalisadas por enzimas. Cada etapa contribui para diminuir a energia de ativação pela geração de nucleófilos e eletrófilos e estabilização de intermediários.

A catálise é uma das condições necessárias para a existência da vida, porque em um ser vivo as reações têm de ocorrer mais rapidamente do que no meio inanimado, que está em equilíbrio químico ($\Delta G^0 = 0$). Para que haja trabalho, é necessário o fluxo de energia de um estado de maior energia para outro estado de menor energia (segundo princípio da termodinâmica), o que ocorre pela diferença na energia química entre o ser vivo e ambiente. Ou seja, para que ocorra o movimento mais simples, é necessário que a produção de energia no ser vivo seja mais rápida do que no meio, e para isso, o ser vivo deve ter um sistema catalítico e uma barreira que o separe do meio, a membrana celular.

Exercícios

1- Defina os seguintes termos:

a) reação química

b) ΔG^o reação

c) mecanismo de reação

d) estado de transição

e) energia de ativação

f) intermediário de reação

g) catalisador

h) radical livre

i) clivagem heterolítica

j) clivagem homolítica

k) reação de oxidação

l) reação de redução

2- Classifique as reações abaixo como substituição, adição, eliminação ou rearranjo ou como sequência destas reações e indique se ocorreu uma oxidação ou redução sobre os carbonos.

a)

b)
$$CH_4 \ + \ Br_2 \xrightarrow{\text{luz ultravioleta}} CH_3Br \ + \ HBr$$

c)

d)

e)

f)

3- Desenhe os esboços dos gráficos de reações com que ocorrem de acordo com as sequências de etapa abaixo:

a) Uma etapa com $\Delta G^0 > 0$;

b) Duas etapas, com $\Delta G^0 < 0$, e a segunda é determinante da velocidade da reação.

4- Um aluno de mestrado está em dúvida sobre dois mecanismos para a reação de eliminação do bromociclo-hexano:

Os resultados experimentais mostraram que a velocidade da reação aumenta linearmente com a concentração de etóxido (EtO⁻). Entre estas duas propostas, qual está de acordo com esta observação? Explique.

5- Indique os tipos de reação (substituição, adição, eliminação ou rearranjo) que ocorrem nas seguintes etapas da biossíntese de ácidos graxos, catalisada pelo grupo de enzimas ligado à ACP (acyl carrier protein).

a)

b)

c)

6- A síntese de ésteres pode ser feita utilizando o álcool com o ácido, porém o uso de tio-ésteres e anidridos aumenta a quantidade de produto. Calcule: a) ΔG^0 para as reações II e III; b) o valor de K para as três reações; c) o incremento de Ke nas reações II e III em relação à reação I a 298K. Dados R = 1,987 cal/mol.K, 1 kcal = 1000 cal.

Use a equação: $$K_e = e^{\frac{-\Delta G^0}{RT}}$$

I) ΔG= 4,7 kcal/mol

II) ΔG_{AcCoA}= ?? kcal/mol

Iii) ΔG_{anid}= ?? kcal/mol

Dados

IV) $\Delta G_{hidr\ AcCoA}$= -7,5 kcal/mol

V) $\Delta G_{hidr\ anid}$= -21,8 kcal/mol

7- Represente os produtos das seguintes reações.

1)

$\overset{O}{\underset{}{\Vert}}$ $\xrightarrow{\text{adição de H}_2}$ A $\xrightarrow{\text{eliminação de H}_2O}$ B $\xrightarrow{\text{adição de H}_2}$ C

2)

$\xrightarrow{\text{adição de HBr}}$ D $\xrightarrow{\text{substituição Br por OH}^-}$ E $\xrightarrow{\text{oxidação OH para C=O}}$ F

8-Nas reações abaixo, indique o grupo nucleófilo e o sítio eletrófilo para cada uma. Não se preocupe com o balanceamento, estão apenas representados os reagentes e os produtos orgânicos.

a) H_3C-NH_2 + H_3C-Br $\longrightarrow$ $H_3C-\underset{H}{\overset{}{N}}-CH_3$

b)

c)

d)

e)

9- Uma regra empírica é que o aumento de 10°C dobra a velocidade da reação, em que:

$$v=k\,[\text{reagentes}]$$

Confira se esta regra é verdadeira, usando a equação de Arrhenius para as constantes de velocidade:

$$k=A \, / \, e^{\frac{-\Delta G_{at.}}{R\,/\,T}}$$

,em que A é a constante de Arrhenius, (para uma determinada reação, pode ser considerada constante em um pequeno intervalo de temperatura), $\Delta G_{at.}$ é a energia de ativação (considere constante no intervalo de temperatura), R = 8,314 J/mol.K é a constante universal dos gases e T é temperatura absoluta. Use $\Delta G_{at.}$ = 50 kJ/mol, T_1 = 298 K e T_2 = 308 K.

10-Existe alguma relação entre os termos nucleófilo e eletrófilo com os conceitos de ácidos e bases de Lewis?

11- A L-alanina racemiza lentamente e a proporção D/L deste aminoácido é utilizada para determinar a idade de amostras. Faça um gráfico de razão D/L de acordo com o tempo e obtenha uma equação linear que relacione a razão D/L com o tempo.

t (anos)	11200	22600	32500	44600
Razão D/L	0,112	0,228	0,343	0,465

Determine o coeficiente angular e calcule o tempo necessário para que a razão D/L seja 0,9999.

Capítulo 9- Reações de Substituição

A reação de substituição consiste na saída de um átomo ou grupo e entrada de outro átomo ou grupo em seu lugar, sem mudança no grau de saturação (número de ligações duplas e triplas) da molécula após a reação. De uma forma geral, a reação ocorre conforme o esquema abaixo:

$$R-X \quad + \quad Y \quad \longrightarrow \quad R-Y \quad + \quad X$$

Nesta reação R é um radical orgânico (ex: CH_3, CH_3CH_2) e X é o grupo de saída, substituído por Y, que é o grupo de entrada. As substituições podem ser nucleofílicas (SN) ou eletrofílicas (SE), conforme a natureza de Y.

As reações de SN ocorrem quando existe a espécie que substitui (Y) reage através do seu par de elétrons; e neste caso Y é chamado de nucleófilo. As reações de SE quando Y é deficiente de elétrons, e Y é chamado de eletrófilo. No contexto das reações bio-orgânicas, as substituições nucleofílicas são mais importantes e nos dedicaremos mais a este assunto.

1. Substituições Nucleofílicas

Neste tipo de reações, a reação sobre o átomo de carbono se dá através do par de elétrons da espécie que forma a nova ligação. Se fosse possível marcar os elétrons na reação abaixo, veríamos que ambos elétrons da nova ligação C-Cl formada vêm da espécie que entrou, o ânion cloreto (:Cl-).

$$H_3C-Br \quad + \quad Cl^- \quad \longrightarrow \quad H_3C-Cl \quad + \quad Br^-$$

Em um carbono tetraédrico, é necessário que haja a saída de um dos ligantes com o seu par de elétrons para a entrada do nucleófilo. Este tipo de reação é importante em química orgânica, pois possibilita que ligações C-Halogênio, C-O, C-N, C-C, C-S e C-P sejam formadas.

A espécie que entra (no caso acima, o Cl-) é o nucleófilo, e o átomo ou grupo que vai se desligar do carbono é chamado de "grupo de saída" (no caso, o Br) e vamos chamar a molécula que reage de "substrato orgânico" (H_3C-Br).

Os nucleófilos mais comuns são as aminas (ex: H_2NR, amidetos (H_2N-), álcoois (ROH), alcóxidos (RO-), fenóis (ArOH), fenóxidos (Ar-O-), cianeto (CN-), haletos (X-), enolatos, ligações duplas e organometálicos C:M. Os grupos de saída mais comuns são haletos, sulfonatos (-OSO_2R), carboxilatos (RCOO-), água (OH_2), entre outros.

Conforme o número de unidades presentes no estado de transição, podemos ter uma substituição nucleofílica bimolecular (SN2) ou uma substituição nucleofílica unimolecular – (SN1).

2. Reações de Substituição Nucleofílica Bimolecular (SN2)

A reação de substituição de bromo por cloro no bromometano formando o clorometano, conforme o esquema abaixo:

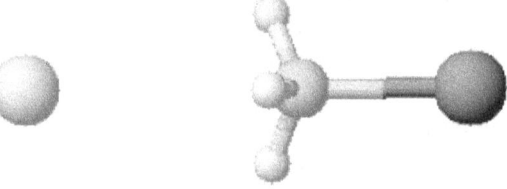

O mecanismo desta reação envolve a aproximação do íon cloreto (Cl-), a $180\pm5°$ da ligação C-Br. Este requerimento angular é fundamental para que a reação ocorra, por isso apenas uma pequena fração de choques entre o cloreto e o bromometano forma produtos. Os choques que ocorrem em outros ângulos não formam produtos.

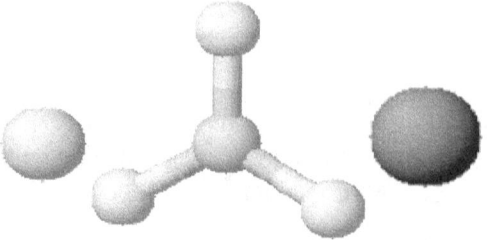

A reação ocorre em uma única etapa, através de um estado de transição onde o cloro que entra e o bromo que sai, interagem fracamente com o carbono, que adota uma geometria trigonal planar.

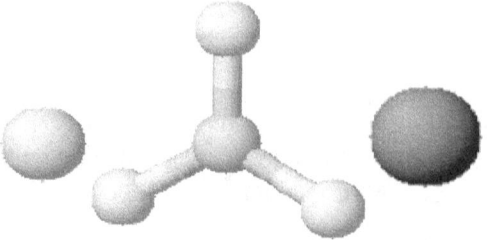

Neste momento a ligação C-Br foi quebrada, sem que haja uma compensação suficiente com a formação da ligação C-Cl. A transformação passa por uma estrutura de máxima energia em que os grupos que entram e que saem se situam a uma distância aproximadamente igual ao carbono que sofre a reação, o estado de transição. Com o avanço da reação, a formação da ligação cloro- -carbono força a saída do átomo de bromo das imediações, formando por fim o clorometano, com saída do átomo de bromo na forma de brometo, que leva consigo o par de elétrons da ligação C-Br.

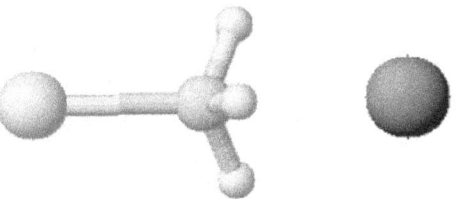

Assim, podemos mostrar a sequência:

reagentes → estado de transição → produtos.

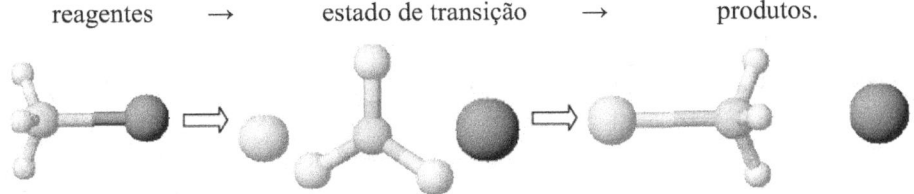

Mecanismo SN2 para a transformação de reagentes em produtos

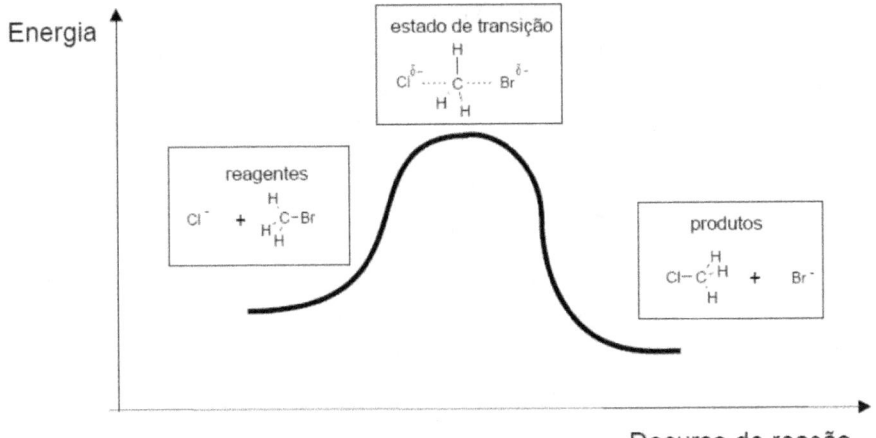

A variação energética que ocorre nesta reação está mostrado abaixo:

 Este mecanismo deve estar de acordo com todas as observações experimentais para que esteja correto e seja aceito. Vamos mostrar algumas destas evidências e compará-las com as previsões do mecanismo proposto:

I) a lei cinética da reação é o produto da concentração do brometo de metila e do íon cloreto multiplicados por uma constante.

$$v = k.[CH_3Br].[Cl^-]$$

Quando a concentração de brometo de metila é dobrada, a velocidade com que ocorre a reação dobra. O mesmo ocorre quando se dobra a concentração de cloreto. Este é um forte indício para um mecanismo em que os dois reagentes (brometo de metila e o íon cloreto) estejam presentes na etapa determinante da velocidade;

II) ocorre inversão de configuração quando a reação se dá sobre carbonos assimétricos, ou seja, um carbono assimétrico que tem configuração R no reagente, adquire configuração S no produto, e vice-versa.

No caso do bromometano, não tem importância alguma se os átomos de hidrogênio estão à esquerda ou à direita. Neste caso o produto final é o mesmo, porque o bromometano não é assimétrico, mas em moléculas que a reação de substituição ocorre sobre carbonos assimétricos existe a possibilidade de formar os dois enantiômeros. Em reações que ocorrem através de mecanismo SN2 o produto formado apresenta a configuração do carbono assimétrico invertida em relação ao reagente de partida.

| fenóxido | (S)-2-bromopropanal | (R)-2-fenoxi-propanal | brometo |

A inversão na configuração, está de acordo com um estado de transição em que o fenóxido entra pelo lado oposto ao qual o brometo está saindo.

III) reações de SN2 são mais rápidas em carbonos do tipo CH_3-X (ex: H_3C-Br), do que em carbonos primários (RCH_2-X, ex: H_3CCH_2-Br) e nestes é mais rápida do que em carbonos secundários (R_1R_2CH-X, ex: $(H_3C)_2$CH-Br).

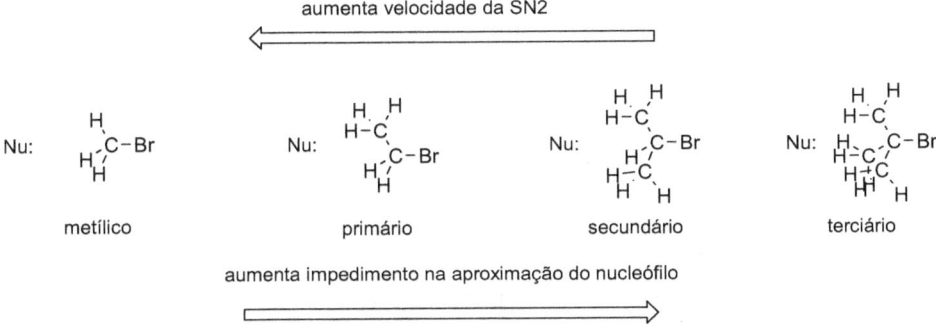

aumenta velocidade da SN2

metílico   primário   secundário   terciário

aumenta impedimento na aproximação do nucleófilo

As reações por mecanismo SN2 em carbonos terciários (ex: $(H_3C)_3C$-Br) são extremamente lentas. Esta observação está relacionada com a aproximação do nucleófilo para que a reação ocorra. No estado de transição, tanto o nucleófilo quanto o grupo de saída estão próximos do carbono que sofre a reação de SN2. Assim, grupos laterais volumosos dificultam a aproximação do nucleófilo e desestabilizam o estado de transição. A figura abaixo mostra a perspectiva do nucleófilo para a SN2 no CH_3Br e $(H_3C)_3CBr$. É possível ver que o acesso ao carbono ligado ao bromo é muito mais difícil no brometo de *terc*-butila.

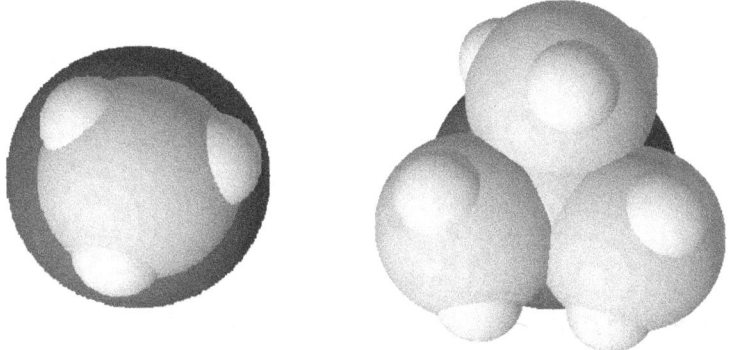

"Visão" do nucleófilo ao aproximar-se do CH_3Br (direita) e do $(H_3C)_3CBr$ (esquerda) para uma reação de SN2

IV) a velocidade da reação depende da natureza do nucleófilo. Existem nucleófilos que reagem mais rapidamente, chamados de "bons nucleófilos". Nucleófilos que reagem lentamente são chamados de "maus nucleófilos". A "bondade" do nucleófilo depende da energia do par de elétrons que vai causar a reação e da solvatação das espécies. Experimentalmente, esta ordem foi estabelecida pela reação.

$$H_3C-Br \quad + \quad :Nu^- \quad \longrightarrow \quad H_3C-Nu \quad + \quad :Br^-$$

HO⁻   mais reativo que H_2O

—O⁻   mais reativo que   —OH

H_3CO^- mais reativo que H_3COH

$(H_3C)_2N^-$ mais reativo que $(H_3C)_2NH$

$H_3C\overset{\underset{|}{NH}}{\underset{}{}}CH_3$ mais reativo que H_3C-OH

H_3C-SH mais reativo que H_3C-OH

Algumas tendências são observadas:

a) para um dado elemento, as espécies com carga são mais nucleofílicas que as espécies neutras ex: HO- mais nucleofílico que H_2O;

b) para um período da tabela periódica (ex: F, O, N), a nucleofilicidade diminui da direita para a direita. Na série anterior o H_2N- é mais nucleófilo que HO- e este do que o F-;

c) para um dado grupo da tabela periódica (ex: F, Cl, Br, I), a nucleofilicidade aumenta de cima para baixo.

d) as reações que seguem o mecanismo de SN2 são mais lentas em solventes polares próticos (H_2O, etanol, ácido acético), porque o solvente interage por ligações de hidrogênio com o nucleófilo e diminui sua reatividade, formando uma camada à volta, o que dificulta a aproximação com o substrato.

O par de elétrons reativo interage com o solvente, o que também diminui a velocidade da reação. Os melhores solventes para este tipo de reações são os solventes polares apróticos, como a acetona e a acetonitrila, que solubilizam as espécies que reagem, e não interagem com o nucleófilo de forma significativa.

     $H_3C-C\equiv N$

acetona   acetonitrila   N,N-dimetilformamida (DMF)

3. O grupo de saída

A quebra da ligação C-X ocorre no estado de transição de reações de SN, por isso ligações fortes C-X e a instabilidade do grupo X- instabilizam o estado de transição e diminuem a velocidade das reações de SN.

Os bons grupos de saída são:

- I^- , Br^- , Cl^- ;
- sulfatos ($^-OSO_2OR$) e sulfonatos ($^-OSO_2R$);
- fosfatos ($^-OPO_3R$);
- grupos HOR e H_2O, derivados de íons oxônio e hidrônio (ROH^+, OH_2^+);
- aminas derivadas de sais de amônio (ex: $-NHR_3^+$);
- CO_2

Os grupos -OH e NR_3 não são bons grupos de saída, assim as reações que requerem a saída destes grupos é muito lenta ou nem chega a ocorrer. Existe uma relação de bons grupos de saída com a força dos ácidos conjugados.

O I^- é um bom grupo de saída e o HI é um ácido forte, enquanto que o HO^- é um mau grupo de saída e H_2O é um ácido fraco. A diferença de acidez vem da maior estabilidade do ânion I^- em relação ao HO^- e este mesmo fator opera nas reações de SN. Grupos estáveis se desligam melhor do substrato e saem levando o par de elétrons. Veja na tabela abaixo a relação dos grupos de saída com o pK_a do ácido correspondente.

Grupos de saída e pK_a dos ácidos conjugados

Ácido / base conjugada	pK_a do ácido conjugado
HI / I^-	- 11
HBr / Br^-	- 9
HCl / Cl^-	- 7
H_3PO_4 / $H_3PO_4^-$	2,12
HF / F^-	4
H_2O / OH^-	15,6
H_3O^+ / H_2O	-1,6
H_3CPhSO_4H (tosil) / $H_3CPhSO_4^-$	-2,8

Uma das estratégias para que ocorra a reação de substituição nucleofílica em um álcool é a adição de ácido forte como o HCl, para que ocorra a protonação do oxigênio do álcool, e assim o OH, um grupo de saída ruim, se transforma no $-OH_2^+$, um bom grupo de saída.

OH: grupo de saída fraco
pK$_a$ H$_2$O= 15,6

H$_2$O : bom grupo de saída
pK$_a$ H$_3$O$^+$ = -1,6

H$^+$

protonação
do grupo OH

Cl$^-$

ataque
nucleofílico
do cloreto

+ H$_2$O

4. Substituição Nucleofílica Unimolecular- SN1

As reações de substituição em carbonos terciários (e alguns secundários) ocorrem através do mecanismo de substituição nucleofílica unimolecular ou SN1. De forma geral, o mecanismo da reação se dá em duas etapas: a primeira etapa é a saída do grupo de saída, e a segunda etapa é a entrada do nucleófilo. A reação do brometo de *terc*-butila com cloreto forma o cloreto de *terc*-butila. Na primeira etapa da reação ocorre a saída do íon brometo, que leva consigo o par de elétrons da ligação C-Br, formando uma espécie intermediária com carbono com carga positiva chamada de carbocátion.

reagente

intermediário
carbocátion

+ Br$^-$

grupo de
saída

Esta etapa é lenta, porque ocorre a quebra de uma ligação química sem a formação de outra ligação que venha a estabilizar o produto desta etapa. Na segunda etapa, rápida, o carbocátion reage com o íon cloreto, formando o produto, o cloreto de *terc*-butila.

+ Cl$^-$ ⟶

A transformação de reagentes em produtos passa por uma espécie química intermediária positiva, que apresenta três ligações (trivalente), o carbocátion. Um gráfico de energia mostra inicialmente um aumento de energia correspondente à quebra da ligação C-Br, com a formação do carbocátion, que corresponde a um vale alto. A combinação do carbocátion com o íon cloreto forma o produto na segunda etapa da reação.

Energia

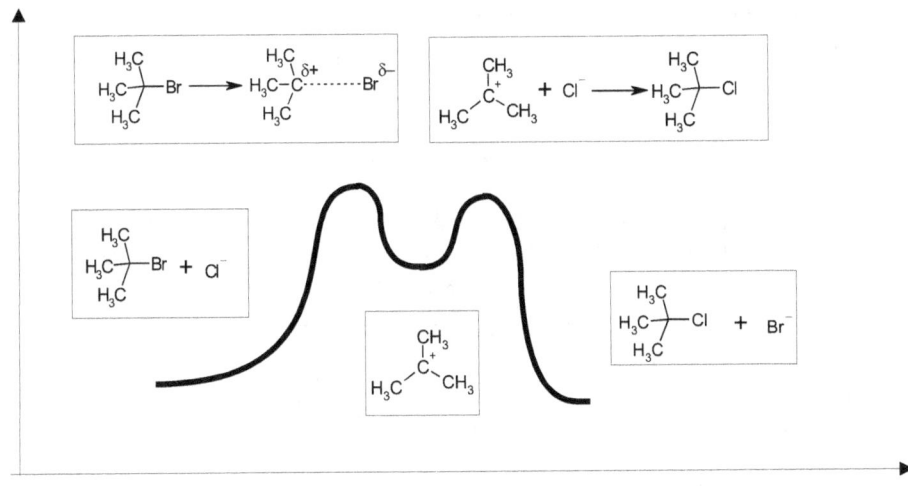

Decurso de reação

Da mesma forma que no mecanismo SN2, este mecanismo está de acordo com os fatos experimentais:

I) a lei cinética da reação não depende da concentração do cloreto. Esta observação experimental está de acordo com a velocidade relativa da primeira e segunda etapa. A primeira etapa é lenta, envolve a dissociação da ligação C-Br, e o íon cloreto não participa desta etapa;

II) o íon t-butilo $(CH_3\text{-}C(CH_3)_2)^+$ foi isolado e estudado pelo Prêmio Nobel de Química de 1994, George Olah a baixas temperaturas e ausência de nucleófilos. Comprovou-se que o carbono central é planar, com ângulos entre as ligações carbono-carbono de 120° ;

III) em reações pelo mecanismo SN1 sobre enantiômeros puros, observa-se a racemização do produto, porque o carbono positivo é trigonal planar e pode ocorrer o ataque do nucleófilo pelo lado de cima ou de baixo do plano, formando dois produtos com estereoquímica diferente (um R e outro S).

IV) as reações que seguem o mecanismo SN1 são muito mais rápidas em substratos terciários do que em substratos secundários, primários e CH_3-X. Este aumento de velocidade deve-se à estabilização do carbocátion pelos grupos vizinhos que doam elétrons;

carbocátion primário
altamente instável

carbocátion terciário
relativamente estável

aumenta estabilidade do carbocátion

V) as reações por este mecanismo são mais rápidas em solventes de alta constante dielétrica, por exemplo: água, metanol e ácido acético, que separam as cargas do carbocátion e do grupo de saída e estabilizam-nas por ligações de hidrogênio e íon-dipolo, o que evidencia o caráter iônico dos intermediários;

íons solvatados

ácido acético

metanol

água

VI) rearranjos são frequentemente observados nos carbocátions, no sentido de formar o carbocátion mais estável, de acordo com a ordem de estabilidade: terciários > secundários > primários.

O rearranjo mais comum ocorre através da migração de hidreto (átomo de hidrogênio levando o par de elétrons), que passa de um carbono terciário para um carbono secundário ou primário com carga positiva, e assim a carga positiva passa para o carbono terciário. Observe a reação abaixo:

produto principal   produto minoritário

produto minoritário

migração de hidreto

produto principal

Nesta reação ocorre a protonação do OH, que passa a OH_2^+, e se torna um bom grupo de saída. Uma molécula de água (H_2O) sai, levando consigo o par de elétrons da ligação C-O e o carbono fica positivo. O carbocátion formado é secundário e tem na sua vizinhança um hidreto que pode migrar, formando um carbocátion terciário, o que acontece na maior parte dos casos. O carbocátion terciário combina com o íon brometo formando o 2-bromo-2-metilbutano.

Migração de hidreto em rearranjo

5. SN1 x SN2

O mecanismo da reação tem implicações sobre a cinética, solvente e estereoquímica da reação. O mecanismo SN1 ocorre através de carbocátion, logo, detalhes estruturais e outros efeitos que aumentem a estabilidade do carbocátion tendem a deslocar para este mecanismo, enquanto que o mecanismo SN2 ocorre pela aproximação do nucleófilo sobre o carbono e parâmetros que permitam a aproximação e que desestabilizam o carbocátion deslocam o mecanismo para uma SN2. Abaixo está uma tabela com um resumo destes efeitos.

Resumo de efeitos de SN_1 x SN_2

	SN_1	SN_2
Substituição	FAVORECE	DESFAVORECE
Conjugação	FAVORECE	INDIFERENTE
Ligação C-O, C-N	FAVORECE	DESFAVORECE
Solvente Prótico	FAVORECE	DESFAVORECE
Proximidade de C=O, C≡N	DESFAVORECE	FAVORECE
Força do Nucleófilo	INDIFERENTE	FAVORECE

6. Reações Importantes de Substituição Nucleofílica

A reação de substituição nucleofílica é bastante utilizada na síntese de compostos orgânicos, e na sequência vamos mostrar algumas reações e princípios químicos aplicados nestas reações. A lista de reações é muito maior, mas os exemplos vão permitir compreender a grande maioria das reações importantes.

6.1. Alquilação de álcoois, aminas e carbonilados

Os haletos de alquila (ou haloalcanos) são muito utilizados em reações de substituição. A velocidade da reação aumenta na sequência flúor, cloro, bromo e iodo. Enquanto que os cloretos de alquila são mais baratos e disponíveis, a reação com iodetos é bastante rápida. Os fluoretos de alquila são raramente utilizados porque são pouco disponíveis e a reação é lenta.

A alquilação de álcoois usando haletos de alquila forma éteres alifáticos e a alquilação de fenóis forma éteres alifáticos. Esta é a síntese de Williamson, utilizada para a síntese de éteres assimétricos e consiste de duas reações parciais:

a primeira é uma reação ácido-base com a formação de um nucleófilo forte (alcóxido ou fenóxido), e a segunda é a reação de SN com o haleto de alquila correspondente.

A forma mais comum para obter o alcóxido é a adição de sódio ao álcool.

Esta reação é potencialmente perigosa, porque ocorre a liberação de H2 gasoso (CUIDADO - EXPLOSIVO!). Fenóis são mais ácidos e neste caso é possível usar hidróxido ou até mesmo carbonato de potássio para formar o fenóxido. Em seguida adiciona-se o haleto de alquila, e observa-se a precipitação do sal do haleto (ex: NaBr) como produto secundário.

Os éteres também podem ser sintetizados a partir de álcoois na presença de ácido forte, o que pode resultar em reações paralelas. Neste caso o grupo -OH do álcool é transformado em $-OH_2^+$ pela protonação, e passa de um grupo de saída fraco para um bom grupo de saída. Uma vez que no meio existem moléculas de álcool não protonadas, estas atuam com o nucleófilos e expulsam o grupo OH_2^+, resultando em um éter simétrico. Veja abaixo a formação do éter etílico a partir do etanol.

Esta forma de tornar o grupo OH um bom grupo de saída apresenta algumas limitações: apenas funciona para a síntese de éteres simétricos (grupos iguais ligados ao oxigênio) e a reação ocorre na presença de ácido forte.

Outra forma de tornar o -OH em um bom grupo de saída é pela formação de ésteres sulfônicos e fosfóricos. Os primeiros são mais utilizados em laboratório, enquanto que os ésteres fosfóricos são importantes em reações biológicas. A reação do 1-butanol com cloreto de para-toluenossulfonila (também chamado de cloreto de tosila), forma um éster sulfônico. O produto desta reação reage com o fenol e forma o éter correspondente por SN2.

A vantagem desta rota sobre a síntese de Williamson é a maior disponibilidade dos álcoois em relação aos haletos de alquila. Os ésteres de tosila são sólidos e cristalizam facilmente.

A natureza apresenta uma saída semelhante para transformar o OH em um bom grupo de saída: os ésteres fosfóricos. A fonte de fosfato são o ATP (adenosina trifosfato) e o GTP (guanosina trifosfato).

A alquilação da amônia com haletos de alquila forma aminas primárias; a alquilação destas forma aminas secundárias, a alquilação destas forma aminas terciárias e por fim a alquilação destas forma cátions amônio quaternários. Para diminuir a mistura de produtos e obter preferencialmente a amina primária, é necessário utilizar um excesso de amônia. A síntese do amônio quaternário requer um excesso de haleto de alquila e tempo prolongado de reação.

Os ésteres do ácido malônico (ex: malonato de dietila) têm pK_a em torno de 10, e formam carbânions com bases fortes e moderadas, que reagem com haletos de metila por SN2, e formam malonatos substituídos.

Em condições de hidrólise ácida ou básica do éster, ocorre a descarboxilação e são formados os ácidos carboxílicos substituídos. Este é um método conhecido para a síntese de ácidos orgânicos em laboratório, e apresenta semelhanças com a síntese de ácidos graxos por via enzimática.

Um dos sintomas de diabetes mellitus é a oxidação incompleta de ácidos graxos, e formação de ácido acetoacético, que descarboxila para acetona, cujo aroma pode ser confundido com etanol. O odor da acetona em conjunto com a confusão mental característica de crises de diabetes aparenta sintomas de embriaguez e pode levar a erros de diagnóstico fatais, principalmente se for ministrada glicose ao paciente.

ácido acetoacético   acetona

6.2. Reações de ciclização por SN2

A formação de ciclos pode ocorrer através de reações de SN2, quando o nucleófilo e o grupo de saída fazem parte da mesma cadeia carbônica, conforme o esquema geral mostrado abaixo:

Se o nucleófilo é um átomo de oxigênio, será formado um éter cíclico e no caso de um nitrogênio será formada uma amina cíclica. Esta reação é normalmente mais rápida que uma reação que envolve duas moléculas, porque o nucleófilo está mais próximo do grupo de saída.

formação de éteres cíclicos

a ciclização   **é mais rápida que o ataque nucleofílico do hidróxido**

formação de aminas cíclicas

Experimentalmente, as reações que formam ciclos de três membros são mais rápidas do que a formação de ciclos mais estáveis, como ciclos de cinco e seis membros. Esta observação é produto do estado de transição da reação, que envolve o ataque do nucleófilo pelo lado contrário à saída do grupo X, da mesma forma que em reações de SN2 abertas.

No caso de ciclos de três membros, o nucleófilo está bem posicionado para o ataque, embora o anel formado seja pouco estável. No caso de ciclos maiores, é necessário que os outros participantes do futuro ciclo estejam na posição correta para o fechamento, o que nem sempre ocorre pela liberdade rotacional em torno das ligações carbono-carbono.

O estado de transição para um ciclo de cinco carbonos requer o correto posicionamento das quatro ligações, enquanto que para fechar um ciclo de seis carbonos é necessário o posicionamento das cinco ligações. Neste caso existe um efeito entrópico, porque as moléculas possuem muitas conformações possíveis, mas poucas levam ao produto de ciclização e quanto maior o número de carbonos maior o número de conformações que não levam à reação.

Estados de transição para ciclizações formando anéis de 5 e 6 membros

Este efeito é ainda mais importante quando levamos em conta que as conformações estendidas são as mais estáveis e nestas conformações o nucleófilo e o grupo de saída estão muito afastados para que possam reagir formando o ciclo. Experimentalmente, a velocidade de ciclização para formação de éteres cíclicos varia da seguinte forma:

3 membros > 5 membros > 6 membros > 4 membros > 7 membros > 8 membros

6.3. Abertura de epóxidos

Os epóxidos são éteres cíclicos de três membros, sendo que um deles é um átomo de oxigênio. Os epóxidos reagem com nucleófilos, com abertura do anel por SN, com a ruptura de uma das ligações C-O.

Esta é uma reação importante porque permite a obtenção de álcoois funcionalizados no carbono vizinho. Os epóxidos podem ser obtidos com relativa facilidade a partir de alcenos, usando um ácido carboxílico e peróxido de hidrogênio.

ciclo-hexeno

óxido de ciclo-hexeno

H_2O_2, CH_3COOH

O grupo de entrada (Cl, Br, HO e NH2) e o grupo OH adotam estereoquímica trans no produto, porque a entrada deve ocorrer pelo lado contrário ao epóxido, de acordo com um mecanismo SN2.

6.4. SAM e metilação

A metilação (transferência de CH_3) é uma SN2, que usa como cofator a S- -adenosilmetionina (SAM), sintetizada a partir do aminoácido metionina e da adenosina trifosfato (ATP). A metilação ocorre em mais de 40 processos metabólicos.

A cafeína e a teobromina são análogos da purina (assim como a citosina, uracilo e timina) metilados a partir da reação com o SAM. Por exemplo, a reação de conversão da teobromina (que já sofreu duas metilações) em cafeína envolve o ataque do nitrogênio nucleofílico sobre o metil, formando a cafeína.

teobromina — tautomerização — SAM — SN₂ — cafeína

A rota de biossíntese da acetilcolina a partir do aminoácido serina está mostrada abaixo. Inicialmente a serina sofre descarboxilação, resultando na etanolamina, que após três alquilações por SAM forma a colina (2-hidroxi-N,N,N-trimetiletanamônio), que em seguida acetilada a acetilcolina pela reação com acetil-CoA.

serina — serina descarboxilase — etanolamina — SAM (3 vezes)

colina — AcSCoa — HSCoA — colina acetiltransferase — acetilcolina

7. Substituição Eletrofílica Aromática

O benzeno, naftaleno e derivados, pirróis, tiofenos, furanos, piridinas reagem com espécies químicas deficientes de elétrons (eletrófilos) pela substituição de um hidrogênio, mantendo a estrutura aromática presente no início da reação.

Este tipo de reação se inicia pelo ataque do eletrófilo (Y^+) sobre o anel aromático, a fonte de elétrons. Na sequência é formada uma espécie intermediária, chamada de complexo σ, em que Y e H estão ligados ao mesmo carbono, com perda da aromaticidade no anel benzênico, restabelecida com a saída do próton.

8. Eletrófilos em reações de Substituição Eletrofílica Aromática

O mecanismo da reação de SEAr é semelhante para a obtenção de diversos produtos e a diferença entre elas é a forma de geração de eletrófilos. Diferentes eletrófilos podem ser obtidos a partir da reação com ácidos de Brönsted ou ácidos de Lewis. Algumas destas reações e eletrófilos estão mostrados a seguir:

sulfonação:

$$H_2SO_4 + H_2SO_4 \rightleftharpoons H_2O + HSO_4^- + SO_3$$

trióxido de enxofre

nitração :

$$HNO_3 + H_2SO_4 \rightleftharpoons HSO_4^- + H_2O + NO_2^+$$

nitrônio

alquilação de Friedel-Crafts :

$$R\text{-}Cl + AlCl_3 \longrightarrow AlCl_4^- + R^+$$

cátion alquil

acilação de Friedel-Crafts :

cátion acil

A formação do eletrófilo nas reações de sulfonação e de nitração ocorre através de reações ácido-base por transferência de próton (Bronsted), enquanto que as alquilações e acilações de Friedel-Crafts ocorrem pela transferência de haleto de um cloreto de alquila (alquilação) ou do cloreto de ácido (acilação) para um ácido de Lewis (ex: $AlCl_3$) e formam cátions alquil (R_3C^+) ou acil ($R\text{-}C^+=O$), respectivamente.

Na reação de nitração do benzeno ocorre o ataque do íon NO_2^+, ou nitroílo, formado por uma reação entre o ácido nítrico (HNO_3)com um ácido mais forte, por exemplo, ácido sulfúrico.

formação do eletrófilo
$$HNO_3 + H_2SO_4 \rightleftharpoons HSO_4^- + H_2O + NO_2^+$$

NO_2^+ (nitroílo)

ataque do nitroílo

benzeno   íon nitroílo   nitrobenzeno
                 (eletrófilo)

O íon nitroílo é atraído pelos elétrons da nuvem π do benzeno, liga-se ao anel e forma o complexo σ. Nesta etapa, o anel perde a aromaticidade, recomposta pela saída do próton. O resultado total é a substituição do hidrogênio ligado ao anel do benzeno pelo grupo nitro (NO_2), formando o nitrobenzeno. Para um caso geral em que X é o grupo de saída do anel (usualmente H$^+$) e Y+ é o eletrófilo, o perfil de energia passa por um intermediário que perde o caráter aromático:

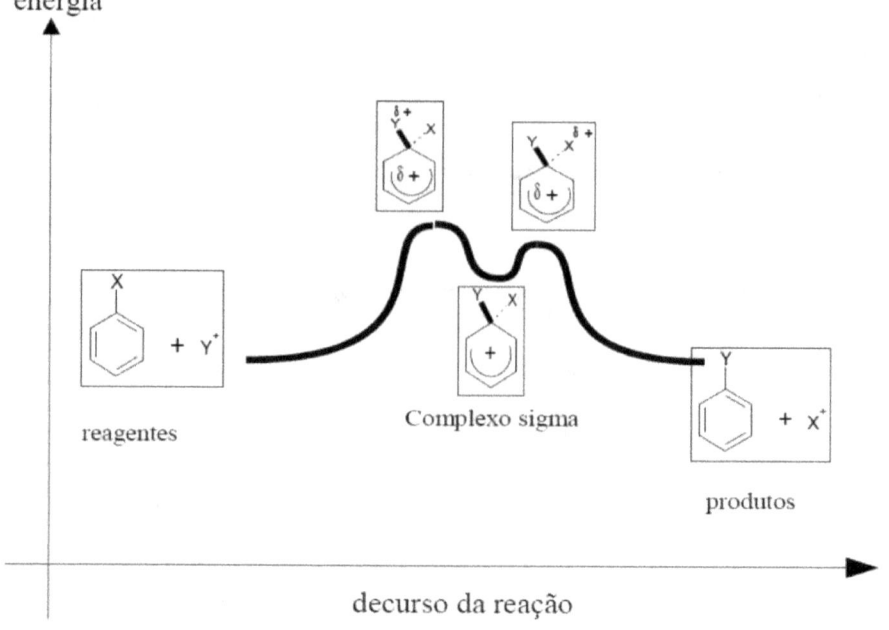

Variação de energia com o decurso de reação para uma substituição eletrofílica.

A reação do benzeno e de seus derivados com ácido sulfúrico forma ácidos benzenofulfônicos, que são a base de detergentes; a reação com cloretos de alquila e cloreto de alumínio (AlCl$_3$) forma alquilbenzenos e a reação com cloretos de ácido e AlCl$_3$ forma acilbenzenos.

Produtos de substituição eletrofílica sobre o benzeno

As reações de SEAr sobre o benzeno substituído formam derivados com dois ou mais substituintes. Alguns grupos tornam a reação mais rápida do que no benzeno, e neste caso o grupo é chamado de ativante, enquanto outros grupos tornam a reação mais lenta do que no benzeno, e o grupo é um desativante. Grupos ativantes típicos são o CH_3 e outros radicais alquila, o NH_2, NHR, OH, OR e O^-. A característica química comum destes grupos é que estes grupos estabilizam o estado de transição, doando elétrons por efeito indutivo (no caso do CH_3 e grupos alquil, que se dá através das ligações σ) ou por efeito de ressonância (no caso dos grupos com oxigênio e nitrogênio, que se dá através das ligações π). Os grupos desativantes são o NO_2, - C(=O)R, ciano, halogênios (F, Cl, Br) e NH_3^+. Estes grupos retiram elétrons do anel aromático e desestabilizam o estado de transição.

O outro fator é a posição em que o eletrófilo entra. Os grupos ativantes dirigem para as posições *orto* e *para* em relação ao grupo já presente no anel e os grupos desativantes dirigem para a posição *meta*. Existe uma exceção: os haletos são desativantes, mas dirigem *orto-para*.

Exercícios

1- Defina os seguintes termos:

a) nucleófilo

b) eletrófilo

c) grupo de saída

d) etapa lenta

e) substituição nucleofílica

f) SN1

g) SN2

h) nucleofilicidade

i) carbocátion

j) efeito de solvente

2- Por que se afirma que o carbono no estado de transição de uma SN2 tem geometria trigonal e não pentagonal? Uma reação do tipo SN2 sobre o silício poderia ter geometria pentagonal?

3- A molécula de SAM (S-adenosil metionina) é o agente metilante do organismo, e atua na formação da adrenalina. A reação de SN2 pode ocorrer em três pontos, sendo que o ataque sobre a metila é preferencial. Com base na estrutura molecular e o que você sabe sobre SN2, explique a razão do ataque preferencial sobre o CH_3 (em negrito).

4- Indique os produtos formados nas seguintes reações:

a)

b)

c)

d)

e)

5- Dentre as reações abaixo, qual a mais rápida, segundo os parâmetros de estabilidade de carbocátion? Explique brevemente sua resposta.

1)

2)

3)

6- Reações de substituição nucleofílica que seguem o mecanismo SN2 sobre carbonos assimétricos ligados a iodo levam à racemização do produto final. Explique esta observação, considerando que o iodeto é um ótimo nucleófilo e um ótimo grupo de saída.

7- Quais os erros do seguinte mecanismo? Escreva o mecanismo corretamente.

etapa 1: formação do carbocátion (rápida)

etapa 2: reação com o nucleófilo (lenta)

8- Indique o que vai ocorrer com a velocidade (aumenta, diminui, permanece a mesma) da reação comparando as reações de cada item e explique brevemente sua resposta.

a)

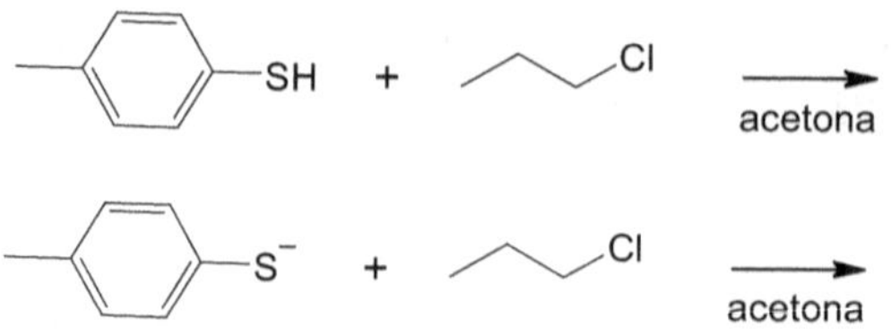
SH
Cl
acetona
S⁻
Cl
acetona

b)

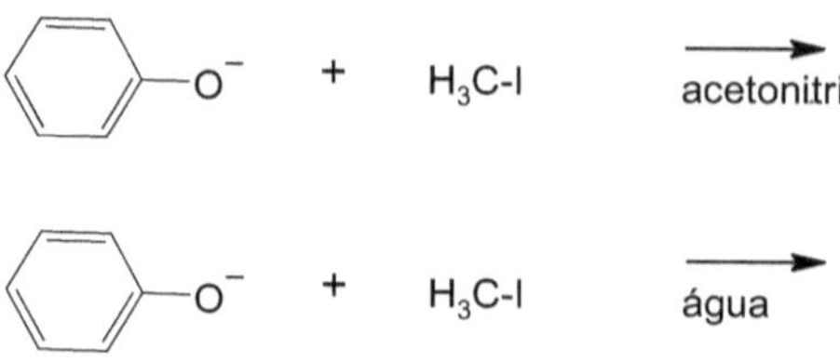
O⁻
H3C-I
acetonitrila
O⁻
H3C-I
água

c)

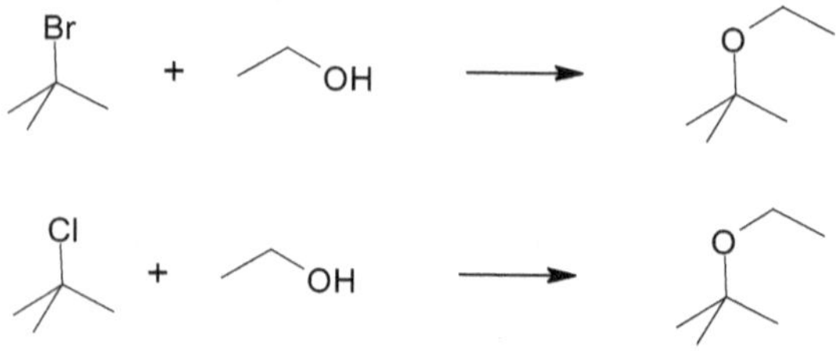
Br
OH
O
Cl
OH
O

9- Indique os reagentes que faltam na síntese do propanolol, que atua como bloqueador de atuação da adrenalina:

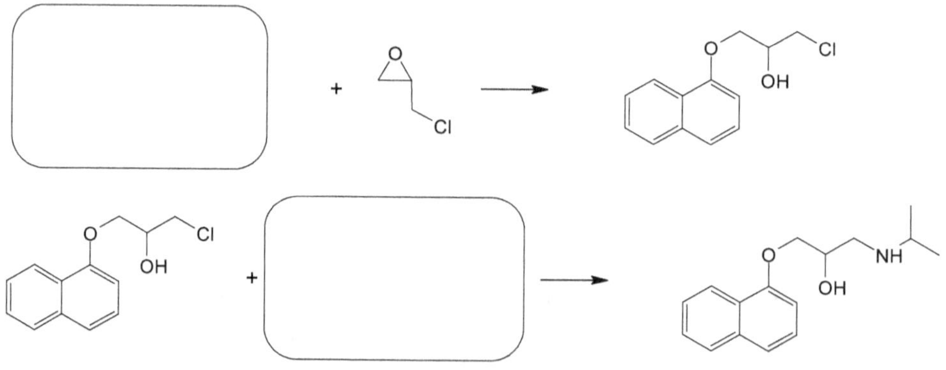
O
Cl
O
Cl
OH
O
Cl
OH
O
NH
OH

propanolol

10- O brometo de benzila (Ph-CH_2-Br) reage tanto por SN1 quanto por SN2. Explique esta observação e indique quais fatores poderiam deslocar o mecanismo para um ou outro lado. (Ph = fenil)

11- Indique os produtos das seguintes reações de substituição eletrofílica:

a) + $\xrightarrow{\text{AlCl}_3}$

b) + $\xrightarrow{\text{AlCl}_3}$

c) + HNO$_3$ $\xrightarrow{}$

d) + $\xrightarrow{\text{AlCl}_3}$

Capítulo 10- Reações de adição e eliminação sobre (C = C e C ≡ C)

As reações de adição ocorrem em compostos que apresentam ligações insaturadas C=C, C≡C, C=O, C=N e C≡N. Nestas reações ocorre o aumento do número de ligantes do carbono, enquanto que nas reações de eliminação ocorre o inverso da adição, com a formação de ligações duplas ou triplas a partir da saída de grupos ligados à cadeia carbônica. Abaixo estão alguns exemplos destas reações:

Adição de H_2O sobre C=C

Dupla adição de Br_2 sobre C ≡ C

Eliminação de HCl formando C=C

Dupla eliminação de HBr formando C ≡ C

As principais funções orgânicas que apresentam reações de adição estão mostradas abaixo:

| alceno | alcino | cetona | aldeído | imina |

Estas funções têm características químicas diferentes pela polaridade das ligações: ligações duplas carbono-carbono são apolares, enquanto que ligações duplas carbono-oxigênio e carbono-nitrogênio são polares, com maior densidade eletrônica (δ-) sobre o oxigênio ou nitrogênio pela maior eletronegatividade destes átomos, e menor densidade eletrônica (δ+) sobre o carbono. Neste capítulo serão estudadas as reações de adição e eliminação relacionadas com as ligações C=C e C≡C. Reações envolvendo C=O e C=N serão exploradas no próximo capítulo.

1. Adição sobre ligações carbono-carbono duplas

As reações de adição sobre a ligação carbono-carbono dupla ou tripla ocorrem por mecanismos com intermediários neutros (ex: hidrogenação por H_2), intermediários eletrofílicos (ex: adição de HCl, hidratação), intermediários nucleofílicos (ex: adição de Michael) ou intermediários radicalares (ex: polimerização radicalar).

1.1. Hidrogenação de ligações duplas

A reação de hidrogenação permite obter cadeias saturadas a partir de insaturações. A ligação C=C é hidrogenada usando gás hidrogênio (H_2) na presença de um metal de transição que atua como catalisador, usualmente platina (Pt), paládio (Pd) ou níquel (Ni), formando um composto saturado.

A função do metal é dissociar o hidrogênio na forma de átomos de H sobre a sua superfície. o hidrogênio se torna mais reativo, e quando o alceno "pousa" sobre a superfície de metal, os hidrogênios são transferidos pelo mesmo lado, com uma estereoquímica sin.

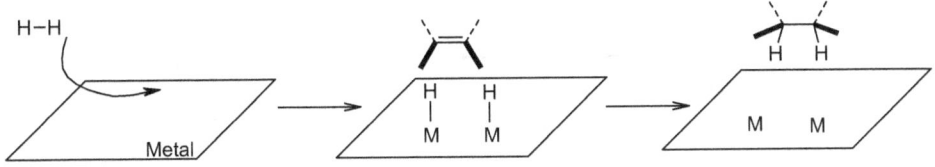

Metal: Pt, Pd ou Ni

A reação de hidrogenação de ligações duplas é importante na indústria de alimentos, na obtenção de gordura vegetal hidrogenada a partir dos óleos vegetais. Os óleos de origem vegetal são líquidos à temperatura ambiente, enquanto que as gorduras saturadas são sólidas, o que permite um melhor uso na indústria de alimentos.

hidrogenação de ligações duplas presentes em óleos

A reação de hidrogenação é exotérmica, e os calores de hidrogenação são um critério para estimar a estabilidade relativa das ligações duplas. A hidrogenação dos butenos forma butano, conforme o esquema abaixo, e a energia liberada na reação depende do isômero utilizado. O alceno que libera mais energia é o 1-buteno, seguido pelo *cis*-2-buteno e pelo trans-2-buteno. Existe uma tendência que alcenos mais substituídos apresentem menor calor de hidrogenação, e que alcenos trans menor calor de hidrogenação do que alcenos *cis*.

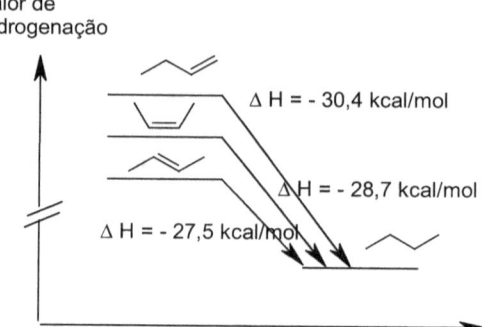

Esta mesma tendência é observada quando aumenta a substituição da ligação dupla, assim se observa a seguinte ordem relativa de estabilidade para alcenos:

ordem relativa da estabilidade da dupla ligação frente a reações de adição

$$
\begin{array}{ccccc}
\underset{\text{R}\quad\text{R}}{\overset{\text{R}\quad\text{R}}{\diagdown=\diagup}} & >
& \underset{\text{R}\quad\text{H}}{\overset{\text{R}\quad\text{R}}{\diagdown=\diagup}} & >
& \underset{\text{H}\quad\text{R}}{\overset{\text{R}\quad\text{H}}{\diagdown=\diagup}} & >
& \underset{\text{H}\quad\text{H}}{\overset{\text{R}\quad\text{R}}{\diagdown=\diagup}} & >
& \underset{\text{H}\quad\text{H}}{\overset{\text{R}\quad\text{H}}{\diagdown=\diagup}} & >
& \underset{\text{H}\quad\text{H}}{\overset{\text{H}\quad\text{H}}{\diagdown=\diagup}}
\end{array}
$$

A estabilização pelo aumento na substituição é atribuída a interações ligantes entre os orbitais da ligação dupla e os orbitais das ligações simples C-C e C-H dos carbonos adjacentes, enquanto que a maior estabilidade do isômero *trans* em relação ao *cis* se deve à repulsão entre as nuvens eletrônicas dos grupos ligados do mesmo lado.

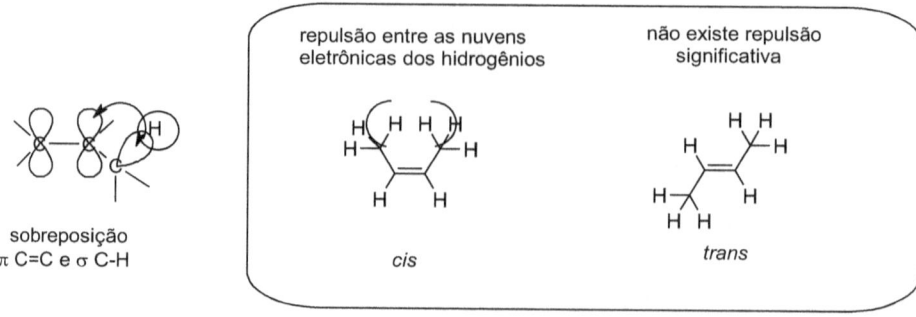

A hidrogenação biológica se dá através da transferência de hidreto (H:⁻), seguida pela transferência de um próton (H⁺). Porém os hidretos não estão livres, mas ligados a uma coenzima, a nicotinamida adenina dinucleotídio (NADH), que pode também estar fosforilada (NADPH).

A hidrogenação biológica de ligações duplas ocorre geralmente quando a ligação dupla está conjugada com uma ligação C=O, o que retira elétrons da ligação C=C e aumenta a reatividade frente ao hidreto.

redução de cetonas α, β-insaturadas por NADH

dupla conjugada a C=O   enolato   + NAD⁺

enol   composto carbonílico

Na primeira etapa ocorre a adição conjugada de hidreto do NADH, formando o enolato, que em seguida recebe um próton do meio e forma o enol, que rearranja para a forma ceto, mais estável.

O hidreto está ligado à unidade de nicotinamida (amida da niacina, ou ácido nicotínico, vitamina B3) do NADH que após a transferência forma um sal de piridínio aromático, o que estabiliza a forma oxidada NAD⁺.

**este hidrogênio é transferido como hidreto
(leva o par de elétrons da ligação C-H)**

OH OH ou (OPO₃²⁻) NADPH   OH OH ou (OPO₃²⁻) NADP⁺

NADH   NAD⁺

1.2. Adição eletrofílica de H-X

Compostos com ligações duplas C=C reagem com HCl e HBr para formar cloretos e brometos de alquila. Também reagem com água em meio ácido para formar álcoois através de um mesmo mecanismo: adição eletrofílica.

A ligação π é uma região rica em elétrons, que atrai espécies positivas como o próton de um ácido. O próton do HCl combina com o par de elétrons da ligação π para formar a ligação C-H e como consequência, o outro carbono da ligação dupla fica com deficiência de um elétron e carga, formando um carbocátion.

alceno

carbocátion

O carbocátion é uma espécie intermediária, pouco estável e reage com nucleófilos presentes no meio, no caso o Cl$^-$. O produto final é um cloroalcano (ou cloreto de alquila). Observe a seguinte reação:

2,3-dimetilbuteno

intermediário carbocátion

2-cloro-2,3-dimetilbutano

A etapa lenta (que requer mais energia) é a adição do H$^+$. Nesta etapa ocorre a perda da ligação dupla e a formação do intermediário carbocátion. Um gráfico de energia por decurso da reação segue um perfil semelhante ao gráfico abaixo, em que a etapa que requer maior energia é a entrada do próton, com a formação do carbocátion e a etapa de menor energia é a reação do carbocátion com um nucleófilo, no caso o íon cloreto.

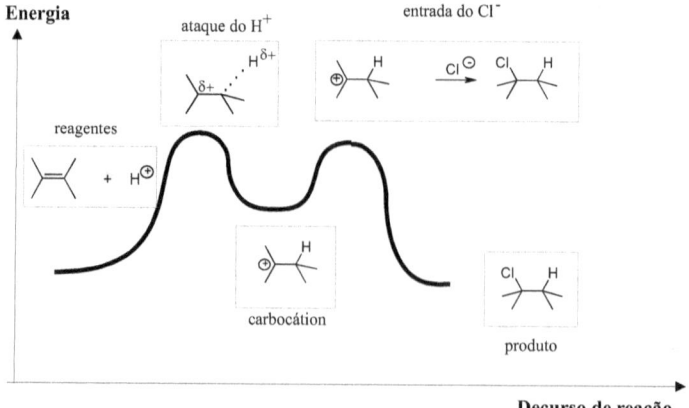

Como a formação do carbocátion é a etapa lenta, fatores que estabilizam o carbocátion diminuem a energia de ativação da reação e aumentam a velocidade da reação. Os dois fatores mais importantes são:

1. Estabilização do carbocátion por fatores moleculares, tais como grupos doadores de elétrons (alquil, OR, etc) e conjugação (C=C-C+);

2. Estabilização do carbocátion pelo solvente, em que solventes polares (água, ácido acético) Interagem com os íons por íon-dipolo e ligação de hidrogênio.

A reação do 2,3-dimetilbuteno com HCl é mais rápida do que a reação do propeno, que por sua vez é mais rápida do que a reação para o eteno, porque o carbocátion do 2,3-dimetilbuteno é mais estável que o do propeno, seu estado de transição tem menor energia e será formado mais rapidamente. Da mesma forma, a reação é mais rápida quando é realizada em água do que em hexano, um solvente apolar.

O aumento de velocidade em alcenos mais substituídos também ajuda a compreender por que o propeno reage com HCl e fornece uma mistura, formada preferencialmente por 2-cloropropano (95 %, enquanto que o 1-cloropropano é o produto minoritário.

2-cloropropano   1-cloropropano
     95 %   5%

Nesta reação existe a possibilidade de formação de dois carbocátions, sendo que um deles é primário e o outro secundário. De acordo com que já sabemos, o carbocátion primário é menos estável, e a energia de ativação para sua formação será maior do que o carbocátion secundário, logo sua formação será muito mais lenta.

carbocátion primário   carbocátion secundário

        5 %   95%

A adição de HCl ao propeno forma dois carbocátions Estes resultados levaram o químico russo Vladimir Markovnikov a formular uma regra, em 1869, em que o carbono que mais tinha hidrogênios (menos substituído por grupos alquil) receberia o novo hidrogênio, e que o halogênio iria para o carbono com menos hidrogênios (mais substituído por grupos alquil).

Este efeito é ainda maior quando se compara a adição a um carbono terciário com um carbono primário. A reação do 2-metilpropeno com HCl leva à quase exclusividade na formação do 2-cloro-2-metilpropano, pela diferença de estabilidade entre o carbocátion terciário com o carbocátion primário.

1.3. Hidratação de alcenos - formação de álcoois

A reação de hidratação de alcenos é uma rota importante na síntese de álcoois, e o seu mecanismo é semelhante à reação com HCl. As condições típicas para a realização desta reação em laboratório são meios fortemente ácidos (ex: 50 % H_2SO_4 em água).
Na primeira etapa o alceno é protonado e na sequência ocorre o ataque do nucleófilo, no caso a molécula de H_2O, formando o ácido conjugado do álcool.
A última etapa é a formação do álcool, onde ocorre a liberação do próton ligado ao oxigênio para o meio, que pode catalisar um novo ciclo reacional.

Nas reações de hidratação ocorre o mesmo efeito estabilizante dos radicais alquila sobre o carbocátion, formando o produto mais substituído. Na hidratação do propeno, o produto principal é o 2-propanol.

1.4. Hidratação de alcinos – formação de cetonas

A hidratação de alcinos inicia da mesma forma do que em alcenos, mas os produtos obtidos são cetonas e não álcoois. Em um primeiro momento, são obtidos enóis, que estão em equilíbrio com os aldeídos e cetonas correspondentes, que favorecem o composto o composto carbonilado em relação ao enol.

forma enol   **forma ceto**
                                  butanona

A hidratação de alcinos não-simétricos forma uma mistura de produtos carbonilados em proporções semelhantes, a não ser que um carbocátion seja mais estável do o que outro, como no caso de alcinos terminais, em que um dos carbocátions é primário e o outro é secundário. A hidratação do propino forma o propanal e a acetona, sendo que esta é o produto majoritário, porque passa por um carbocátion secundário, mais estável do que o carbocátion primário.

1.5. Adição de bromo a alcenos

O íon H^+ não é o único eletrófilo a ligar-se à dupla ligação. A molécula de bromo (Br_2) sofre polarização quando se aproxima dos elétrons π de ligações duplas. A repulsão entre os elétrons do bromo (cada bromo tem 35 elétrons) e da ligação dupla induz a formação de dipolos na molécula de bromo, em que o bromo mais próximo adquire uma deficiência eletrônica ($\delta+$), tornando-o um eletrófilo potencial.

O bromo polarizado liga-se aos elétrons π da dupla, e pelo seu tamanho interage com os dois carbonos ao mesmo tempo. Esta ligação estabiliza o intermediário, e o produto formado não é um carbocátion, mas um bromônio.

íon bromônio — dibromoalcano vicinal

O intermediário bromônio é atacado pelo brometo formado na primeira parte da reação, o que abre o anel de bromônio e forma o produto, um dibromoalcano vicinal, com os dois átomos de bromo ligados nos carbonos que antes participavam da ligação dupla. O brometo liga-se do lado inverso do bromo do íon bromônio, seguindo um mecanismo SN2. Este detalhe tem consequência sobre a estereoquímica dos produtos da bromação de alcenos assimétricos com isomeria *cis-trans*, que formam pares de enantiômeros diferentes como no caso do *cis* e *trans*-2-penteno abaixo.

bromônio formado a partir do *cis*-pent-2-eno — bromônio formado a partir do *trans*-pent-2-eno

Alcenos cíclicos formam *trans* dibromocicloalcanos, como o ciclopenteno.

ciclopenteno — *trans*-1,2-dibromiciclopentano

A bromação é utilizada para determinar e identificar alcenos, porque o bromo tem uma cor avermelhada e o produto é incolor, logo, se ocorre descoloração do bromo após a adição da amostra é um indicativo da presença de alcenos.

Se a solução permanece avermelhada, a amostra não contém alceno.

Alceno + Br$_2$ (vermelho) = solução incolor – indica C=C

Alcano (ou outra função) + Br$_2$ (vermelho)= solução vermelha – ausência de C=C

1.6. Reações de adição por mecanismo radicalar

O radical é uma espécie química com um elétron desemparelhado. Os radicais são pouco estáveis e muito reativos, formados pela clivagem homogênea de uma ligação química, em que cada uma das novas espécies químicas fica com um elétron desemparelhado e vai provocar uma nova reação química.

A principal reação que ocorre via radicalar é a polimerização de alcenos. Esta reação é ativada por um "iniciador" peróxido com ligações O-O relativamente fracas. Após a formação do radical, ocorre a sua adição à ligação dupla, quando o elétron desemparelhado do oxigênio combina com um dos elétrons da ligação π para formar uma nova ligação C-O.

No diagrama abaixo está o mecanismo para a polimerização do eteno iniciada pelo peróxido de benzoíla. A seta com apenas uma farpa indica o movimento de um elétron.

Primeira etapa: formação do radical

peróxido de benzoíla   radical iniciador

Segunda etapa: reação com o alceno

adição do primeiro eteno

adição do segundo eteno

iniciador ~~~~~ ( )$_n$

polímero

A consequência da adição do radical a um dos carbonos da ligação dupla é que o outro carbono do alceno fica com o elétron desemparelhado, que se adicionará a uma outra ligação dupla, passando o radical para o carbono da extremidade da cadeia, que se adicionará a outra ligação dupla, e assim por diante. O produto formado é um polímero do alceno utilizado.

A polimerização radicalar é utilizada para a obtenção de polímeros plásticos como o polietileno, poliestireno e policloreto de vinila (PVC).

2. Reações de Eliminação

Nas reações de eliminação ocorre a formação de uma insaturação a partir de substratos orgânicos saturados. Para que a reação ocorra é necessária a saída de uma espécie com um par de elétrons (grupo de saída - X) e de um próton do carbono adjacente ao grupo de saída. O esquema abaixo representa de forma geral uma reação de eliminação.

Na sequência vamos examinar as reações de eliminação que ocorrem pelo mecanismo conhecido como E1 e as reações de eliminação bimolecular, ou E2.

2.1. Eliminação Unimolecular - E1

As eliminações do tipo E1 ocorrem em duas etapas, sendo que a primeira etapa é a etapa lenta e envolve a quebra heterolítica da ligação C-X. O grupo X sai com o par de elétrons (X⁻) e forma-se um carbocátion, que pode seguir por pelo menos três caminhos:

– retornar ao reagente de partida, através do ataque nucleofílico do X⁻,
– rearranjar para um carbocátion mais estável;
– eliminar um H⁺ do carbono adjacente e usar o par de elétrons da ligação C-H para formar uma ligação dupla.

Esta última reação é uma eliminação, uma vez que H e X foram "eliminados" do esqueleto carbônico e consiste no inverso da reação de adição eletrofílica a alcenos.

etapa lenta   etapa rápida

2-bromo-2-metilpropano   cátion-*terc*-butil   *iso*-buteno ou
                                                              2-metilpropeno

A etapa da formação do carbocátion é idêntica à reação de SN1. De fato, estas duas reações competem entre si e são formados os produtos de ambas reações. Se a reação acima for realizada em água, será formado o 2-metil-2-propanol (*terc*-butanol) como reação concorrente.

eliminação e substituição são reações concorrentes

A temperatura e a concentração do nucleófilo podem ser modulados para favorecer a eliminação ou substituição, sumarizados na tabela abaixo.

Fatores que afetam a distribuição dos produtos de substituição e eliminação

Reação	Aumento de temperatura	Concentração do nucleófilo
Substituição	diminui	aumenta
Eliminação	aumenta	diminui

A eliminação via E1 é muitas vezes acompanhada de rearranjo para formar o carbocátion mais estável. Um exemplo é a eliminação de HBr do 3,3-dimetil-2-bromobutano, que forma 2,3-dimetilbuteno segundo o mecanismo abaixo.

2.2. Eliminação Bimolecular - E2

O mecanismo E2 envolve a participação de uma base forte e uma molécula de substrato orgânico no estado de transição.

Neste mecanismo não existe a formação de intermediários; a formação do alceno ocorre em apenas uma etapa, com um rearranjo eletrônico sincronizado.

A base se aproxima do hidrogênio α ao grupo de saída, e sua transferência provoca um rearranjo eletrônico, em que ocorre a formação concomitante da ligação dupla C=C e quebra da ligação C-X.

Esta aproximação ocorre de forma que o hidrogênio a ser abstraído esteja em posição antiperiplanar ao grupo de saída. O termo antiperiplanar quer dizer que o hidrogênio e o grupo de saída estão no mesmo plano, porém em posições inversas em relação ao eixo C-C. O posicionamento da ligação C-H e C-X no estado de transição se assemelham à posição relativa anti mais estável dos grupos metila no butano, conforme o esquema a seguir.

H abstraído e X (grupo de saída) estão em posição antiperiplanar

X: ⟸ grupo de saída

B ⟸ ácido conjugado

⟸ alceno

projeção de Newman mostrando a posição antiperiplanar.

A eliminação via mecanismo E2 é muito restrita no correto posicionamento dos grupos para que haja a reação. Substratos cíclicos que não apresentem mobilidade conformacional formam apenas um produto de eliminação, enquanto que substratos abertos podem levar à formação de misturas de produtos, inclusive com misturas de produtos de eliminação e substituição, como no caso do 2-bromopentano.

A estereoquímica é definida pela necessidade do posicionamento do grupo de saída em relação à base. A consequência é que diastereoisômeros diferentes formam alcenos diferentes.

As reações de adição e eliminação ocorrem na sequência da biossíntese de ácidos graxos, mediada por um grupo de enzimas centradas na ACP (acyl carrier protein).

Além do hidrogênio, o CO_2 também pode sair deixando o par de elétrons, como no caso da biossíntese do isopenteinilpirofosfato e do dimetilalilpirofosfato a partir do mevalonato, em que o grupo fosfato atua como grupo de saída.

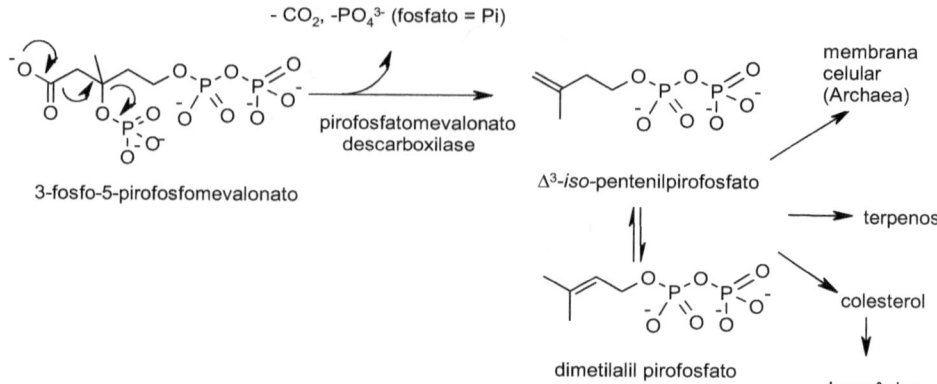

A reação é catalisada pela enzima pirifosfatomevalonato descarboxilase, e esta rota é importante para a biossíntese de lipídios como o colesterol e terpenos como o geraniol, o citral e o limoneno.

Exercícios

1- Na adição eletrofílica a ligações duplas em água o produto formado é um álcool. Se esta reação for realizada em álcool em vez de água, qual classe de compostos orgânicos será formada? Mostre os produtos desta reação usando como exemplo a reação do 1-buteno e etanol em meio ácido.

2- Coloque os seguintes alcenos abaixo na a) ordem de estabilidade; b) calor de combustão c) velocidade de reação com HCl (dê o nome dos produtos formados nesta reação).

a)   b)   c)   d)

3- Desenhe três alcenos que podem originar o 2-metilbutano em uma reação de hidrogenação catalítica.

4- Explique por que na reação do 2-metil-propeno com HCl o 2-cloro-2-metil- -propano é formado quase exclusivamente, com maior porcentagem no produto mais substituído do que na reação com o propeno.

5- A adição de Br_2 seguida por uma dupla eliminação leva à formação de alcinos a partir de alcenos. Mostre esta reação operando sobre o propeno para formar o propino.

6- Indique os produtos principais formados pela reação do propeno com osseguintes reagentes:

a) H^+/H_2O d) HBr
b) H^+/H_3COH e) $H_2/Pd-C$
c) HCl   f) Br_2/hexano

7- Indique os produtos das seguintes reações e mostre o produto majoritário.

a) + H_2O $\xrightarrow{H_2SO_4}$

b) + H_2O $\xrightarrow{H_2SO_4}$

c) $\xrightarrow{CH_3COOH}$

(considere apenas E1)

d) + HCl $\longrightarrow$

e) $\xrightarrow{t\text{-BuOK}}$

f) + H_2 $\xrightarrow{Pt/C}$

g) + Br_2 $\xrightarrow{CH_2Cl_2}$

h) + Br_2 $\xrightarrow{CH_2Cl_2}$

8- Indique o que está errado no seguinte mecanismo?

9- Os carbocátions formados a partir da adição de um ácido podem adicionar a outras ligações duplas. Esta é a base da polimerização catiônica. Indique a sequência de reações para a polimerização do propeno.

+ H^+ $\longrightarrow$ $\underline{\hspace{3cm}}$ + $\longrightarrow$ $\underline{\hspace{3cm}}$ + $\longrightarrow$

10- O que as reações de SN1, adição eletrofílica à dupla C=C e E1 têm em comum?

Capítulo 11- Reações de compostos com ligação C=O

As reações que envolvem as propriedades químicas da ligação C=O são as mais numerosas em biomoléculas. Esta função é o centro de reações de oxidação, redução, quebra e construção de ligações carbono-carbono e carbono-heteroátomo.

As similaridades entre as propriedades químicas dos compostos que apresentam funções orgânicas com a ligação C=O permitem uma divisão em dois importantes grupos:

a)aldeídos e cetonas, em que a ligação C=O está diretamente ligada apenas a H e C;

b)compostos derivados de ácidos carboxílicos, que abrange ácidos carboxílicos, ésteres, amidas, anidridos, tioésteres, cloretos de ácido, em que a ligação C=O está ligado a pelo menos um outro átomo (O, N, S, Cl...). As nitrilas apresentam a ligação C≡N e também estão inseridas neste grupo.

O radical RC=O é conhecido como acila, e são nomeados conforme o prefixo indicando o número de carbonos e o sufixo -ILA. Assim, o radical HC=O é metanoila (ou formila, nome usual mais utilizado) e o radical H$_3$CC=O é etanoila (ou acetila) e assim por diante.

1. Reações de compostos com ligação C=O: visão geral

A ligação C=O é polarizada pela maior eletronegatividade do átomo de oxigênio em relação ao carbono, cujo resultado é a deficiência eletrônica (δ+) sobre o carbono e o excedente eletrônico sobre o oxigênio, que adquire uma carga parcial negativa (δ-). A reatividade dos compostos carbonilados vem desta polarização da ligação C=O, que exerce influência sobre as ligações químicas próximas.

A principal reação é a adição nucleofílica, em que a primeira etapa é a ligação do nucleófilo, que origina um intermediário tetraédrico. A partir daí, a reação pode seguir três caminhos:

I. o primeiro é a combinação com um eletrófilo (usualmente H^+) e formação de um derivado com a função álcool;

II. o segundo caminho é a eliminação de água, e formação da ligação dupla com outro elemento (ex: C=N ou C=C), estes dois caminhos ocorrem usualmente com aldeídos e cetonas;

II. derivados de ácidos carboxílicos reagem por substituição acílica, em que a adição do nucleófilo é seguida pela eliminação de um grupo de saída, formando um novo derivado de ácido.

Estas reações estão mostradas de forma geral no esquema abaixo e são estudadas a seguir em maior detalhe.

2. Adição nucleofílica à Carbonila

O carbono da ligação C=O tem carga parcial positiva e reage com nucleófilos, enquanto o oxigênio tem característica de base de Brönsted fraca ou base de Lewis e reage com ácidos de Brönsted (transferência de H^+) ou Lewis (combinação com par isolado do oxigênio, ex: Zn^{2+}).

A adição segue por duas rotas possíveis a partir do composto carbonilado no centro, mostradas no esquema abaixo:

A+ ← b

b

a

reação com eletrófilo
(ácido de Lewis)

reação com nucleófilo
(base de Lewis)

A adição nucleofílica sobre a carbonila na rota a) forma uma nova ligação covalente do nucleófilo com o carbono e o par de elétrons da ligação C=O migra para o oxigênio, que adquire uma carga negativa. Neste mecanismo é formado um intermediário tetraédrico (T) e na sequência da reação, a protonação do oxigênio forma o álcool derivado.

A rota b) mostra outro mecanismo de adição nucleofílica, em que a ligação do oxigênio carbonílico a um ácido aumenta a característica eletrofílica do carbono. Forma-se um intermediário com carga positiva, distribuída entre o carbono e oxigênio, conforme as estruturas de ressonância 1 e 2; na sequência o par de elétrons do nucleófilo forma a nova ligação com o carbono, originando o álcool. Neste mecanismo, podem ser utilizados ácidos de Brönsted (H^+) ou de Lewis (A^+) para a ativação da carbonila.

ácido de Brönsted

H^+ Nu :

ácido de Lewis

M^+ Nu : H^+ + M^+

Os nucleófilos mais comuns são:

1. carbânions e organometálicos: a reação ocorre pelo ataque de um carbono negativo (ex: cianeto) ou carbono-metal (ex: reagentes de Grignard). Ocorre a formação de álcoois de massa molecular maior. Pode ocorrer a desidratação do produto, com formação de alcenos;

2. hidreto: usualmente na forma de hidretos de elementos do grupo 3 (boro – BH_4^- e alumínio AlH_4^-) ou NADH. Formam álcoois a partir de cetonas e aldeídos;

3. água e álcoois: a reação ocorre pelo ataque nucleofílico do par isolado do oxigênio, que formam acetais e cetais;

4. aminas: formam aminais como intermediários, que desidratam para iminas (C=N), que apresentam similaridades químicas com aldeídos e cetonas. As iminas podem retornar facilmente a aldeídos ou cetonas através da hidrólise (reação com água).

1) adição de cianeto

1) adição de reagentes de Grignard (organometálico)

2) redução por hidretos metálicos

3) adição de água

3) adição de álcoois (intermolecular ou intramolecular)

D - (+) - glicose
(forma aberta)

α-D - (+) - glicose
(forma fechada)

4) adição de aminas - usualmente ocorre eliminação de água, formando iminas

Todas estas reações apresentam correspondentes biológicos, e estudaremos em ordem de complexidade do mecanismo envolvido.

2.1. Adição de cianeto

A adição de cianeto permite introduzir a ligação C≡N (ciano) na cadeia carbônica, que pode ser reduzida a CH_2NH_2 (aminas) ou hidrolisada a COOH (ácido carboxílico), duas funções importantes na química orgânica.

As etapas do mecanismo da reação de adição de HCN (CUIDADO! GÁS VENENOSO) são relativamente simples e esta reação será utilizada para compreender os princípios deste tipo de reações. Os produtos das reações de aldeídos e cetonas com HCN são as cianidrinas, que possuem um grupo OH e ciano ligados ao mesmo carbono.

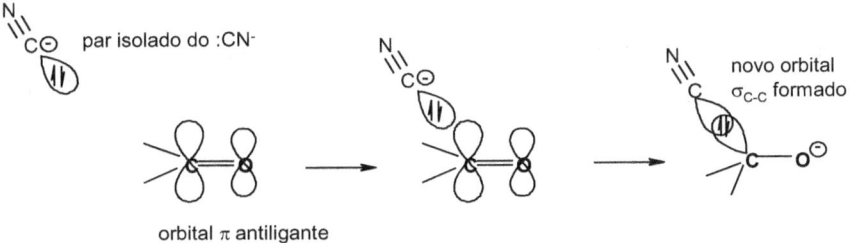

A reação ocorre em duas etapas:
etapa 1- adição nucleofílica do íon cianeto;
etapa 2- protonação do ânion.

Na primeira etapa ocorre a formação da nova ligação σ C-C pelo ataque do íon cianeto ao carbono eletrofílico da ligação π C=O. O cianeto se aproxima do carbono, transferindo os elétrons do par isolado do carbono para o orbital π* (pi antiligante) da ligação C=O, para formar a nova ligação σ C-C. Os elétrons da ligação π se deslocam para o átomo de oxigênio, que adquire carga negativa, conforme o seguinte esquema:

orbitais envolvidos

Esta é a etapa lenta, porque requer o encontro dos reagentes com uma geometria específica para que ocorra a adição. Nesta etapa, aumenta o número de ligantes sobre o carbono central, que passa de trigonal a tetraédrico, o que leva a um aumento do efeito estéreo (no espaço) observado nestas reações.

Se os substituintes ligados ao carbono forem volumosos, a velocidade da reação diminui pela dificuldade da aproximação do nucleófilo sobre o carbono.

Para substituintes pequenos (ex: R = H), os problemas na aproximação dos reagentes são menores, e esta é a razão principal da maior reatividade dos aldeídos em relação às cetonas.

A reação de adição de cianeto é reversível, com consequências inclusive sobre a alimentação humana. O amido da mandioca brava apresenta um glicosídio com a cianidrina da acetona na extremidade. A ação de glicosidases (enzimas que quebram ligações da glicose) libera a cianidrina, que se decompõe em acetona e HCN (altamente venenoso!), que são solúveis na água. O HCN se liga ao citocromo C e bloqueia a cadeia respiratória. O antídoto é a ministração urgente de nitrito e tiossulfato de sódio.

Para liberar o HCN é necessário deixar a mandioca "murchando" por 24 horas (alimentação animal). No Brasil é utilizada na alimentação humana como o polvilho azedo, após a fermentação e secagem da mandioca brava.

A reversibilidade desta reação é a base do mecanismo de defesa do milípede Apheloria corrugata, que armazena mandelonitrila (atóxica – estrutura abaixo) em um reservatório interno. Quando o animal é atacado por predadores, o conteúdo do reservatório é lançado em uma câmara externa, onde é enzimaticamente clivado e formado o ácido cianídrico, extremamente venenoso para ser borrifado no predador.

mandelonitrila   benzaldeido   ácido cianídrico

O grupo -CN pode ser transformado em ácido carboxílico, através da hidrólise em meio ácido ou básico. Um exemplo é a síntese de α-hidroxiácidos a partir de aldeídos.

acetaldeído

ácido 2-hidroxipropanóico
ou ácido lático

2.2. Adição de organometálicos à carbonila

A reação de adição nucleofílica de compostos organometálicos sobre a ligação C=O permite a síntese de álcoois de cadeia maior. Os compostos organometálicos apresentam uma ligação entre carbono e metal em que o carbono é o polo negativo da ligação, pela sua maior eletronegatividade. Nestas reações o carbono atua como nucleófilo sobre o carbono carbonílico.

Alguns compostos típicos que apresentam esta característica são os organomagnésios(R-MgX), organolítio (R-Li) e organozincos (R-ZnX). Os alquilmagnésios (RMgX ; X= Cl, Br, I) são conhecidos como reagentes de Grignard, preparados no momento da reação pela adição de magnésio sobre o haleto de alquila correspondente.

organomagnésio   organolítio   organozinco

(X= Cl, Br, I)

reação de Grignard

Os produtos são álcoois de cadeia mais complexa, conforme o exemplo da adição do brometo de hexilmagnésio ao benzaldeído (reação a), formando o 1-fenil-1-heptanol, e na síntese do fármaco para tratamento de câncer de mama Tamoxifen (reação b), cuja etapa crítica é a adição do brometo de fenilmagnésio.

Os solventes utilizados em reações de Grignard são o éter etílico ou o éter cíclico tetraidrofurano (THF).

reação a)

reação b)

tamoxifeno
60% E + 40 % Z

THF =   éter =

2.3. Ataque nucleofílico de Hidreto - redução da ligação C=O

A hidrogenação de cetonas e aldeídos forma os respectivos álcoois, e muitas vezes é chamada de redução a álcoois. A reação envolve a transferência de dois átomos de hidrogênio, porém a hidrogenação de carbonilas com H_2 é muito lenta, porque a ligação C=O é polar e não interage com o H_2, apolar.

Para que a reação ocorra é necessário o ataque de um nucleófilo sobre o carbono. O nucleófilo mais lógico seria o hidrogênio negativo, ou hidreto (H:⁻), comercializado na forma de hidreto de sódio. Contudo, os hidretos são bases fortes e reagem usualmente retirando um próton do composto carbonilado, ao invés da adição desejada.

Para a redução da ligação C=O são utilizados reagentes de transferência de hidreto. Em laboratório os reagentes mais utilizados são o $NaBH_4$ (borohidreto de sódio) e o $LiAlH_4$ (lítio-alumínio hidreto), em que o hidrogênio está ligado com átomos menos eletronegativos que o hidrogênio (H = 2,1; B = 2,0; Al =1,5) e por isso possuem ligações B-H ou Al-H com maior densidade eletrônica sobre o átomo de hidrogênio.

O boro e o alumínio têm característica positiva e interagem com o oxigênio dos compostos carbonilados. Desta forma, o hidrogênio se posiciona próximo ao carbono da ligação C=O.

A redução de cetonas forma álcoois secundários, enquanto que a redução de aldeídos forma álcoois primários. Álcoois terciários não podem ser obtidos por redução e o uso de reagentes de Grignard é uma das possibilidades.

redução de aldeído

redução de cetona

álcool primário

álcool secundário

O LiAlH$_4$ é um redutor mais forte, capaz de reduzir aldeídos, cetonas e ésteres para álcoois, amidas e nitrocompostos para aminas, enquanto que o NaBH$_4$ reduz apenas aldeídos e cetonas aos álcoois correspondentes. A vantagem do NaBH$_4$ é que pode ser utilizado na presença de água por ser menos reativo, enquanto que o LiAlH$_4$ se decompõe na presença de água. O NaBH$_4$ também é mais seletivo, reduz aldeídos e cetonas, mas a reação com cetonas é bem mais lenta. O benzaldeído é reduzido cerca de 400 vezes mais rápido do que a acetofenona.

$$\frac{k_{benzaldeído}}{k_{acetofenona}} = 400$$

Este efeito é resultado do impedimento estéreo para a formação do estado de transição em que o carbono passa de trigonal para tetraédrico.

É possível hidrogenar seletivamente uma ligação C=C ou C=O pela escolha do reagente, de acordo com a polaridade da ligação e do reagente. A hidrogenação de ligação C=C é realizada com hidrogênio (H$_2$), um reagente apolar, assim como a C=C, o LiAlH$_4$ e NaBH$_4$ são reagentes polares, assim como a ligação C=O.

Pd-C : paládio adsorvido sobre carbono - usado para dispersar o paládio sobre o carvão para aumentar a atividade do Pd.

A hidrogenação de cetonas com diferentes substituintes forma um carbono assimétrico. Por exemplo, a redução da 2-butanona com LiAlH$_4$ forma a mistura racêmica do 2-butanol (50% R + 50 % S). Os dois enantiômeros são produzidos em igual quantidade, porque a região da ligação C=O é planar, e o ataque do LiAlH$_4$ pode ocorrer por qualquer uma das faces. A reação em uma das faces forma um dos enantiômeros e pela outra face forma o outro. As faces são denominadas de face Re e face Si, seguindo o mesmo procedimento da nomenclatura para R e S. No caso, o ataque pela face Re leva ao S-2-butanol e pela face Si leva ao R-2-butanol.

Para obter um dos enantiômeros como principal produto (enantioseletividade) ou como único produto (enantioespecificidade) em maior proporção, é necessário que o reagente redutor e/ou o catalisador de transferência de hidreto sejam assimétricos. O desenvolvimento de reagentes e catalisadores quirais são uma linha de pesquisa importante na atualidade.

Nos organismos vivos, as reações de oxidação e redução por transferência de hidreto ocorrem principalmente através de dois pares de cofatores enzimáticos: NAD$^+$/NADH e FAD^{2+}/FADH$_2$. A estrutura do NADH é composta de uma adenina, seguida de uma ribose, um pirofosfato, outra ribose e uma nicotinamida.

O NAD$^+$ tem uma versão fosforilada na hidroxila 2' da ribose, chamada de NADP$^+$. O NAD é assimétrico, em sinergia com a assimetria das enzimas resulta na enantiosseletividade da reação, que forma apenas um dos enantiômeros.

Em meio biológico é possível hidrogenar C=C ou C=O usando o mesmo cofator, de acordo com a enzima.

hidrogenação de C=C

hidrogenação de C=O

A redução do piruvato para lactato tem como cofator o NADH, e forma apenas um dos enantiômeros do lactato, o S-(+)-lactato. A especificidade da produção do isômero S é fruto da transferência de hidreto por apenas uma das faces da carbonila. Para isto, é necessária uma diferenciação das faces, o que ocorre pela forma com que o piruvato é ancorado na enzima.

A enzima lactato desidrogenase apresenta um íon magnésio no sítio ativo como cofator, que interage com o oxigênio-2 do piruvato e com o oxigênio do grupo amida da nicotinamida do NADH, e posiciona os dois grupos C=O praticamente paralelos entre si. Desta forma, o hidrogênio pode ser transferido apenas pela face Re da carbonila, formando apenas o enantiômero S. Os elementos desta arquitetura molecular estão mostrados abaixo.

O átomo de Mg^{2+} posiciona os dois grupos C=O.
A transferência do hidrogênio ocorre "por trás" (no desenho) da ligação C=O, formando apenas ao S-lactato

Além da redução da ligação C=O, a ligação C=N também é reduzida através de reagentes de transferência de hidreto biológicos. A hidrogenação da ligação C=N da D1-pirrolidina-5-carboxilato é o último passo na biossíntese da prolina, um aminoácido proteinogênico.

2.4. Hidratação de carbonilas e aldeídos

Em água, os compostos carbonilados estão em equilíbrio com compostos com duas hidroxilas no mesmo carbono, chamados de gem-dióis ou acetais. Quando a reação ocorre com um aldeído, o produto é um hemiacetal e quando a reação ocorre com uma cetona, o produto é um hemicetal.

Os aldeídos apresentam constantes de hidratação maiores do que as cetonas. A diferença é atribuída à maior repulsão entre os grupos no produto final das cetonas. Nos aldeídos um dos grupos é o H, que ocupa menos espaço.

A presença de grupos eletronegativos aumenta a constante de hidratação, porque o carbono se torna mais deficiente de elétrons e o caráter doador de elétrons das duas ligações -OH ao carbono estabiliza a molécula. Abaixo estão alguns compostos carbonilados, seus respectivos produtos e as constantes de equilíbrio entre as duas formas.

Reação

$$R\text{-}CO\text{-}R' + H_2O \underset{}{\overset{K_{eq}}{\rightleftharpoons}} R\text{-}C(OH)(OH)\text{-}R'$$

	K_{eq}		K_{eq}
HCHO (H–CO–H)	2280	H–CO–CCl$_2$Cl	2000
CH$_3$CHO (H–CO–CH$_3$)	1,06	H–CO–CF$_2$F	$2{,}9 \cdot 10^4$
(H$_3$C)$_2$CO (H$_3$C–CO–CH$_3$)	0,0014	CF$_3$–CO–CF$_3$	$1{,}2 \cdot 10^6$
H$_3$C–CO–C$_6$H$_5$	$9{,}3 \cdot 10^{-6}$		

A reação ocorre com catálise básica ou ácida por diferentes mecanismos. Em meio básico, o nucleófilo é o íon hidróxido. Na sequência o oxiânion tetraédrico captura um próton do meio e forma o diol.

$$R_2C\!\!=\!\!O^{\delta+} + OH^- \rightleftharpoons R_2C(O^-)(OH) \;\xrightarrow{H_2O}\; R_2C(HO)(OH) + OH^-$$

Em meio ácido ocorre a protonação do oxigênio da carbonila, e o carbono se torna mais eletrofílico, e mais suscetível a ataques nucleofílicos. Assim, nucleófilos fracos como a água também reagem.

$$R_2C\!\!=\!\!O \;\xrightarrow{H_3O^+}\; R_2C\!\!=\!\!\overset{+}{O}H \leftrightarrow R_2\overset{+}{C}\!-\!OH \;\xrightarrow{H_2O}\; R_2C(HO)(\overset{+}{O}H_2) \rightleftharpoons R_2C(HO)(OH) + H_3O^+$$

Uma reação química relacionada é síntese de acetais, pela adição de álcoois a compostos carbonilados, catalisada por base ou ácido. Com catálise básica, a reação passa pelo ataque do alcóxido à carbonila, e por catálise ácida, a reação passa pela carbonila positiva.

$$ROH + {}^-OH \rightleftharpoons RO^- + OH_2$$

catálise ácida

A adição de água a iminas (ligações C=N) é semelhante à reação de hidratação de aldeídos e cetonas e o produto é um composto carbonilado. A adição de hidróxido a uma imina forma um intermediário em que o carbono está ligado simultaneamente ao nitrogênio e oxigênio, chamado de aminal, relativamente instável, que perde pela eliminação de NH_3 e forma a ligação C=O. A citidina (nucleotídio da citosina) é um constituinte do DNA e RNA, que reage lentamente em meio levemente básico e forma a uridina (nucleotídio do uracilo).

A reação de adição de compostos hidroxilados sobre C=O ocorre de forma intramolecular, na ciclização de carboidratos. Abaixo está a reação que ocorre na glicose, em que o grupo OH de C-5 ataca a carbonila de C-1 e forma um ciclo de 6 membros.

2.5. Síntese de iminas

A reação de adição de aminas a aldeídos e cetonas é usualmente desfavorecida porque a ligação C=N é menos estável do que a ligação C=O. O mecanismo geral para esta reação consiste no ataque da amina, formando um intermediário tetraédrico aminal.

Na sequência, ocorre a protonação do oxigênio e eliminação de água, formando a ligação C=N, que caracteriza a função imina, também chamada de "base de Schiff".

H_2N-R

cetona $\rightleftharpoons$ $H_2\overset{+}{N}-R$ ... $\overset{-}{O}$ $\rightleftharpoons$ $HN-R$ ... OH (aminal) $\overset{H^+}{\rightleftharpoons}$ $HN-R$ ... $\overset{+}{O}H_2$

$\rightleftharpoons$ H_2O + $\overset{H}{\underset{N-R}{R'-\overset{+}{\underset{R''}{|}}}}$ $\longleftrightarrow$ $R'-\overset{+}{\underset{R''}{NHR}}$ + H_2O $\overset{H^+}{\rightleftharpoons}$ $R'-\overset{NR}{\underset{R''}{|}}$ imina

A formação de iminas requer catálise ácida, pela necessidade de protonação do grupo OH para que se torne um bom grupo de saída. Porém se o meio for ácido demais, toda a amina estará protonada como amônio e não haveria nucleófilo para que ocorresse a etapa de adição. O pH ótimo desta reação se situa entre 4-5 unidades de pH, em que existe H+ suficiente para catalisar a saída de H_2O e resta amina suficiente para a etapa de adição.

Esta reação é utilizada para diagnosticar a cetoacidose diabética em pacientes com diabetes mellitus dependentes de insulina, caracterizada pelo aumento da concentração de açúcar e corpos cetônicos no sangue. Um destes corpos cetônicos é a acetona (propanona), cuja concentração é determinada pela leitura no colorímetro do derivado com a 2,4-dinitrofenilidrazina, que absorve fortemente no visível.

acetona + 2,4-dinitrofenilhidrazina (amarela) $\longrightarrow$ 2,4 dinitrofenilhidrazida da acetona (laranja)

Quando os grupos ceto e amino estão na mesma molécula, pode ocorrer a formação de um ciclo. Este é o caso da síntese da D1-pirrolina-5-carboxilato, um intermediário na síntese da prolina. O grupo NH_2 do glutamato γ-semialdeído, ataca a carbonila, fechando um ciclo de cinco membros. Esta reação ocorre sem catálise enzimática.

O piridoxal fosfato ou vitamina B6 é uma coenzima que participa de reações de transaminação (transferência de NH_2). A vitamina B6 liga-se à enzima através de uma ligação C=N, formada pela adição de um resíduo de NH_2 de uma lisina a uma ligação C=O, seguida pela eliminação de água.

piridoxal fosfato

A ligação do retinal à enzima responsável pelo início do processo de geração do estímulo elétrico na visão (rodopsina), também se dá pela ligação C=N. O retinal é um aldeído originário da quebra do caroteno, e reage com um resíduo de lisina da rodopsina.

11- cis-retinal

resíduo de lisina

11- cis-retinal-rodopsina

3. Enóis e enolatos

Compostos carbonilados com hidrogênio na posição alfa apresentam equilíbrio ceto (ou aldo) -enólico, usualmente favorecendo a forma ceto. A forma ceto possui a ligação C=O e a ligação C-H, enquanto que a forma enol possui a ligação C=C e ligação O-H. Abaixo estão mostrados estes equilíbrios para um aldeído típico e uma cetona típica.

acetaldeído ou etanal — álcool vinílico ou etenol

$K_e = 6 \cdot 10^{-7}$

acetona ou propanona — álcool 2-propenílico ou propenal-2

$K_e = 5 \cdot 10^{-9}$

O mecanismo de enolização ocorre pela transferência do próton por um grupo ácido à carbonila e retirada do próton por uma base do carbono beta.

Cetonas com mais de uma possibilidade de enol formam em maior proporção o enol mais estável, e o fator determinante é a maior substituição da ligação.

enol menos estável
(C=C menos substituída)

ceto

enol mais estável
(C=C mais substituída)

Em compostos carbonilados com outra ligação C=O em posição β, (compostos 1,3-dicarbonílicos), a proporção da forma enólica no equilíbrio é maior pela estabilização por formação de ligação de hidrogênio intramolecular e pela conjugação entre C=C e C=O, que não ocorrem na forma ceto. Para a 2,4-pentadiona as duas formas estão presentes na mesma ordem de magnitude.

ceto
76 %

enol
24 %

-ligação H intramolecular
(5-8 kcal/mol)
-conjugação
(3-5 kcal/mol)

Enolatos são formados a partir da abstração de próton alfa à carbonila, e a carga negativa formada é distribuída entre o carbono e o oxigênio, através de ressonância.

acetaldeído   formas de ressonância

carga no carbono   carga no oxigênio

butanona   carga no carbono   carga no oxigênio

carga no carbono   carga no oxigênio

3.1. Halogenação α de compostos carbonílicos

Compostos carbonilados reagem com halogênios (X_2), formando aldeídos e cetonas α-halogenados. Em meio ácido, é possível controlar a reação de forma a obter o produto mono-halogenado, enquanto que em meio básico a reação continua até chegar ao produto poli-halogenado. No caso de metilcetonas a reação é conhecida como reação do halofórmio e forma o tri-halometano (HCX_3) e o íon carboxilato.

A reação entre ácidos carboxílicos e Cl_2, Br_2 e I_2 na presença de fósforo forma ácidos-α-halo-substituídos é conhecida como reação de Hell-Volhard-Zelinsky. A reação ocorre de forma suave e ocorre apenas sobre a posição alfa.

reação geral

ácido bromoacético

A lei cinética destas reações é independente da concentração de X_2 e a velocidade é a mesma para Cl_2, Br_2 e I_2, o que sugere que a etapa lenta é a enolização, que envolve apenas o composto carbonilado.

$$v = k[\text{ácido}]$$

A formação do enol ocorre em meio ácido através da transferência de H^+ para o oxigênio e saída de H^+ do carbono. A fonte de H^+ é um ácido orgânico, por exemplo ácido acético. O fósforo auxilia na formação do cloreto de acila, a espécie química que realmente sofre a substituição, conforme a sequência de etapas:

Os produtos desta reação podem ser usados na síntese de novas funções orgânicas por reações de SN ou por uma eliminação, gerar um alceno.

O caráter enólico é maior em derivados tioácidos e tioésteres do que em ácidos e ésteres. Esta característica é importante na síntese do ácido cítrico a partir do ácido oxalacético e do enol da acetil-CoA. Outra reação fundamental é a síntese da malonil-CoA a partir da biotina carboxilada e do mesmo enol da acetil-CoA, mostradas no diagrama a seguir. A primeira reação determina a entrada de dois carbonos no Ciclo de Krebs e a segunda é a primeira etapa na biossíntese de ácidos graxos.

A enolização da acetil-CoA ocorre no sítio ativo da enzima, promovida por uma abstração de próton por um carboxilato de um aspartato e pela cedência sincronizada de próton de um grupo imidazol protonado de uma histidina.

3.2. Reações de enolatos e similares

Enolatos atuam como nucleófilos, em reações de substituição nucleofílica e adição nucleofílica, o que permite a síntese de moléculas mais complexas a partir de moléculas simples.

A formação de enolatos requer bases fortes (ex: H-, alcóxidos como $(CH_3)_3CO^-$), porque o pK_a de aldeídos e cetonas comuns fica entre 18 e 20, enquanto que compostos carbonilados em posição 1,3 são bem mais ácidos, oscilando entre 5 e 12 unidades de pK_a, e hidróxido ou carbonato são suficientes para abstrair o próton.

3.3. Alquilação de enolatos

A reação de substituição entre enolatos e substratos orgânicos com bons grupos de saída, como haletos de alquila, ésteres sulfônicos ou ésteres fosfóricos ocorre usualmente por um mecanismo SN2.

A alquilação pode levar à formação do éter (O-alquilação) ou formação da cetona substituída (C-alquilação). A seletividade da reação depende de vários fatores, como o solvente, base utilizada, substrato orgânico e do agente alquilante.

produto de O-alquilação   produto de C-alquilação

A alquilação do malonato de etila pode ser feita usando carbonato de potássio (pK^a HCO_3^-=10,3), uma base bem mais fraca do que o etóxido (pK$_a$ H_3CCH_2OH= 16), devido à maior acidez do malonato de etila (pK$_a$ = 13,0).

malonato de dietila

4. Reações de Condensação

O enolato e a carbonila apresentam uma reatividade complementar, porque o enol/enolato demonstram características nucleofílicas e o carbono carbonílico apresenta características eletrofílicas. Quando estes dois reagentes entram em contato, ocorre a adição nucleofílica do enol/enolato sobre o composto carbonilado. As reações de condensação mais importantes são a condensação aldólica e a condensação de Claisen.

condensação aldólica

enolato

aldol

enal ou
aldeído α,β insaturado

condensação de Claisen

enolato

4.1. Condensação aldólica

A condensação aldólica é a adição de enol/enolato de aldeído ou cetona à carbonila de outro aldeído/cetona, com a formação de um aldol, que apresenta um grupo OH e uma carbonila. O produto β-hidroxicarbonilado, na maioria dos casos, sofre desidratação (perda de água) e forma uma dupla ligação entre os carbonos α e β, resultando em um composto carbonilado- α, β- insaturado. A seguir está mostrada a reação para o acetaldeído:

acetaldeído

enolato

aldol

enal ou
aldeído α,β insaturado

A reação entre dois compostos carbonilados diferentes com hidrogênio na posição α à carbonila forma uma mistura de produtos, pela possibilidade da enolização de qualquer um dos dois compostos e o ataque destes enóis sobre qualquer uma das carbonilas, o que resulta em uma mistura de produtos.

No exemplo acima, o acetaldeído (ou etanal) e o propionaldeído (ou propanal) formam enolatos após a adição de base porque apresentam acidez semelhante e também sofrem ataque dos enolatos sobre as carbonilas, porque são estruturalmente semelhantes. O resultado é a formação de quatro produtos de condensação, sem contar os estereoisômeros *E/Z*. Existem algumas formas para diminuir o problema de obtenção de diferentes produtos nesta reação:

Uso de aldeídos sem hidrogênio α

benzaldeído
não tem hidrogênio α

Enolatos com grande diferença de pK$_a$

ácido mais forte
pKa = 9

ácido mais fraco
pKa = 20

Enolatos ou enóis pré-formados

enolato
pré-formado

LDA (lítio-di-*iso*-propilamideto) = base forte e impedida estereamente e por isso pouco nucleofílica e não compete com o enolato no ataque sobre a carbonila.

a) reação com carbonilados que não apresentem hidrogênios em carbono α;

b) utilização de carbonilados com grandes diferenças de pK_a na presença de bases fracas;

c) formação prévia de enolatos, que podem ser obtidos com o uso bases de lítio, como o lítio-dipropilamideto(LDA). O íon Li^+ é pequeno e permanece ligado ao oxigênio.

A condensação aldólica reversa forma cetonas e aldeídos a partir de compostos β-hidroxi-carbonílicos, que ocorre na quebra da frutose-1,6-difosfato em dihidroxiacetona fosfato e gliceraldeído-3-fosfato, que ocorre na glicólise anaeróbica.

frutose-1,6-difosfato   di-idroxiacetona-fosfato   gliceraldeído-3-fosfato

$P = PO_3{}^{2-}$

4.2. Condensação de Claisen

A condensação de Claisen resulta do ataque nucleofílico de um enol/enolato sobre um éster, resultando em um β-ceto-éster. Esta reação apresenta analogia com a condensação aldólica, porém sem a possibilidade de desidratação, pela eliminação de um grupo de saída na forma de alcóxido. A reação é usualmente realizada em meio básico, por exemplo, etóxido de sódio/etanol.

acetato de etila   3-oxo-butanoato de etila
                                     ou acetoacetato de etila

A etapa inicial é a formação do enolato do éster em meio básico, que ataca o carbono carboxílico de outra molécula de éster, formando um intermediário tetraédrico. O colapso do intermediário tetraédrico leva à saída do melhor grupo de saída, no caso o alcóxido. Vamos usar como exemplo a reação acima para ilustrar o mecanismo:

geração do nucleófilo

pK$_a$ = 25
acetato de etila

pK$_a$ = 16

ataque do nucleófilo   **eliminação**

acetoacetato de etila

intermediário
tetraédrico

O mevalonato é um intermediário chave na síntese do colesterol e terpenos. A primeira etapa é uma condensação de Claisen entre o enol da acetil-CoA e outra unidade de acetil-CoA, formando a acetoacetil-CoA, que reage por condensação aldólica com mais um enol da acetil-CoA e eliminação da CoA-SH, formando HMG-CoA. A hidrólise e redução do tioéster resulta no mevalonato.

acetil-Co

tiolase

acetoacetil-Co   ligação dupla
atua como

HMG-CoA
sintase

β-hidroxi-β-metilglutaril-Co
A

2 NADPH + 2   2 NADP$^+$ CoAS

HMG-CoA
redutase

mevalonato

4. Adições conjugadas

Em compostos com ligações duplas C=C conjugadas a ligações C=O ou C=N ocorre a polarização da C=C, que torna o carbono β suscetível ao ataque de nucleófilos. O efeito de polarização pode ser compreendido pelas estruturas de ressonância abaixo:

estrutura de ressonância
importante: carga negativa
no átomo mais eletronegativo

estrutura de ressonância
não-importante: carga positiva
no átomo mais eletronegativo

O ataque de um nucleófilo à ligação C=C conjugada desloca o par de elétrons da ligação dupla C=C e da ligação C=O, e forma um enolato. A protonação do oxigênio forma o enol, que entra em equilíbrio tautomérico e restabelece a ligação C=O. A adição conjugada de nucleófilos é também chamada de adição de Michael.

A adição de água em ligações C=C conjugadas ao tioéster da acetil-CoA é uma das etapas no metabolismo de ácidos graxos. Na primeira etapa se observa catálise básica, seguida pela transferência de próton por um grupo ácido.

A adição da 2-metilciclo-hexanona a 1-fenil-prop-2-en-1-ona apresenta duas possibilidades de produto de adição de Michael, sendo que o produto majoritário vem da adição pelo carbono-2 sobre a dupla, e o produto minoritário vem da adição pelo carbono-6.

produto de adição majoritário

produto de adição minoritário

A seletividade na reação vem da maior estabilidade do enolato mais substituído, que se forma em maior quantidade no equilíbrio. Este efeito de aumento da estabilidade com a substituição já foi visto na parte de alcenos.

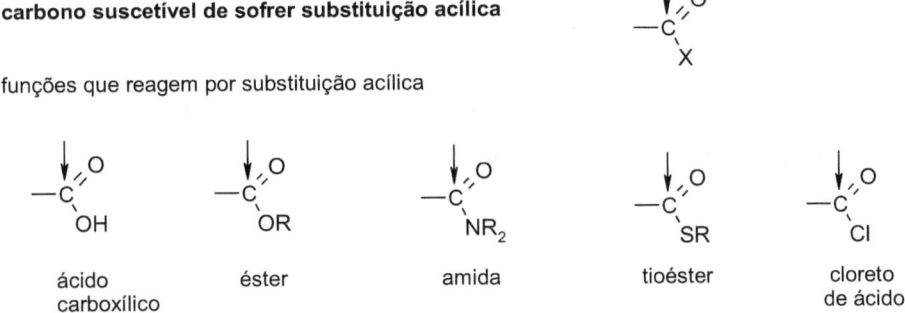

enol mais substituído
mais estável

enol menos substituído
menos estável

5. Substituição acílica

Reações de substituição nucleofílica ocorrem sobre ácidos carboxílicos e funções derivadas, porém de forma distinta das reações de substituição nucleofílica já estudadas. Estas reações são conhecidas por reações de substituição acílica (acil = radical derivado de ácido). O centro destas reações é o carbono ligado ao C=O dos ácidos carboxílicos e seus derivados.

carbono suscetível de sofrer substituição acílica

funções que reagem por substituição acílica

ácido carboxílico	éster	amida	tioéster	cloreto de ácido

A diferença entre as reações de adição nucleofílica (aldeídos e cetonas) e as reações de substituição acílica (derivados de ácidos carboxílicos) se deve à maior capacidade do grupo X ligado ao C=O desligar-se levando o par de elétrons e sair na forma de X⁻. O parâmetro para avaliar se X⁻ é um bom grupo de saída é a força do ácido HX. Se HX é um ácido forte (ex: Br⁻, Cl⁻) então X⁻ é um ótimo grupo de saída e a reação é rápida. Conforme o ácido HX fica mais fraco (ex: RCOO-, ROPO₃⁻², RS⁻, RO⁻ e R2N⁻), diminui a capacidade de X- sair, conforme a seguinte tabela com valores médios de pK_a de alguns ácidos conjugados a grupos de saída.

Valores de pK_a de ácidos conjugados aos grupos de saída

Grupo de saída	Ácido conjugado	pK_a ácido conjugado (valores médios)
Cl⁻	HCl	-5
RCOO⁻	RCOOH	4
$ROPO_3^{-2}$	$ROPO_3H^-$	6
ArO⁻ (fenolato)	ArOH	10
HO⁻ (hidróxido)	H_2O	15,4
RO⁻ (alcóxido)	ROH	16
HNR⁻	H_2NR	25
H_3C^-	CH_4	54

Os valores abaixo mostram um paralelo entre a força do ácido e a velocidade de hidrólise para alguns derivados de acetila, conforme a reação:

Velocidade relativa de substituição acílica para funções orgânicas

Derivado de ácido	Velocidade relativa	pk_a ácido conjugado X⁻
RCOCl	10^{11}	5
RCOOR	1	Aprox. 15
$RCONR_2$	10^{-2}	Aprox. 20

De forma geral, o mecanismo passa por um intermediário tetraédrico após a adição do nucleófilo. Quando o par de elétrons do nucleófilo forma a ligação Nu-C, o par de elétrons da ligação C=O vai para o oxigênio, que fica negativo, conforme o esquema a seguir:

entrada do nucleófilo

intermediário
tetraédrico

Na etapa seguinte, o par eletrônico sobre o oxigênio retorna para reformar a ligação C=O e deve sair um dos dois: Nu: ou X:. No caso da saída de Nu:, a reação retorna para os reagentes, e no caso da saída de X:, são formados os produtos. Logo, para que o produto seja formado rapidamente, é necessário que X: seja um melhor grupo de saída do que Nu:.

reagentes | intermediário tetraédrico | produtos

Por exemplo, a reação do anidrido acético com o íon hidróxido forma ácido acético e o íon acetato:

int. tetraédrico

$pK_a = 15,7$

$pK_a = 54$

$pK_a = 4,8$

ácido acético   acetato

A base conjugada mais estável ligada ao carbono central do intermediário tetraédrico entre H_3C^- (pKa= 54), OH^- (pK$_a$= 15,7) e H_3CCOO^- (acetato) (pK$_a$= 4,7) é o acetato. Logo este é o melhor grupo de saída, enquanto que o CH^3 e o OH permanecem ligados.

A síntese de ésteres, amidas, ácidos carboxílicos e outros derivados de ácidos ocorre desta forma, com pequenas variações.

acetato de etila + água ⇌ (H⁺ ou OH⁻) ácido acético + etanol

cloreto de benzoíla + hexilamina → N-hexil-benzamida + H⁺ + Cl⁻

ácido acético + anidrido acético → ácido acetilsalicílico (aspirina) + ácido acético

Algumas destas reações que ocorrem por substituição acílica, serão estudadas a seguir, focando em reações de importância bioquímica.

5.1. Hidrólise de ésteres

A reação de ésteres com água forma os respectivos ácidos carboxílicos e álcoois, porém a reação é extremamente lenta em água pura e pH aproximadamente neutro (entre 5,5 – 8,5), tanto que o acetato de etila é utilizado como solvente na extração de moléculas orgânicas da água.

Porém a presença de ácidos ou bases fortes concentrados aumenta a velocidade de hidrólise do éster, porque o hidróxido funciona como nucleófilo em meio básico e o hidrônio ativa a carbonila para a entrada da água em meio ácido.

5.1.1. Hidrólise básica

A hidrólise de ésteres é promovida pela adição de NaOH ou KOH como fonte de hidróxido. O mecanismo da reação ocorre em duas etapas, em que a primeira é a adição do íon hidróxido ao carbono da ligação C=O, e a segunda é o colapso do intermediário tetraédrico, que pode retornar aos reagentes ou formar os produtos de hidrólise: ácido carboxílico (ou carboxilato) e álcool.

A hidrólise do acetato de metila em meio básico forma metanol e o íon acetato. O mecanismo da reação passa por um intermediário tetraédrico em que o íon hidróxido e o íon metóxido têm praticamente a mesma capacidade como grupo de saída, pela proximidade do pK_a dos ácidos conjugados. A saída do OH⁻ retorna para reagentes e a saída do H_3CO^- forma ácido acético e metanol.

$pK_a = 15,7$

int. tetraédrico

$pK_a = 54$

$pK_a = 15,5$

ácido acético + metóxido → acetato + metanol

Experimentalmente, a reação é direcionada aos produtos de hidrólise pela reação ácido-base entre o ácido acético e o íon hidróxido do meio, o que remove de forma irreversível o ácido acético do equilíbrio reacional e desloca o equilíbrio químico para produtos. Para obter o ácido carboxílico, deve-se adicionar um ácido forte ao término da reação, por exemplo HCl, para protonar o íon carboxilato.

acetato de sódio + HCl → ácido acético + Na^+Cl^-

A hidrólise básica de gorduras e óleos é utilizada para obter sabões, que são sais de sódio ou potássio de carboxilatos de cadeia longa. Por exemplo, a reação de tripalmitato de glicerila, um componente de gorduras forma o palmitato de sódio.

tripalmitato de glicerila $\xrightarrow{\text{NaOH}}$

palmitato de sódio + glicerol

5.1.2. Hidrólise ácida

A quebra da ligação éster na presença de um ácido forte forma o álcool e ácido carboxílico. Esta reação procede em equilíbrio químico, e o ácido atua como catalisador para acelerar a velocidade que os reagentes atingem as condições de equilíbrio.

éster   água   ácido carboxílico   álcool

exemplo:

acetato de etila   água   ácido acético   álcool etílico

O mecanismo desta reação inicia com a transferência de H+ do ácido forte para o oxigênio da ligação C=O, e a carga positiva formada se distribui entre o carbono e o oxigênio, conforme as estruturas de ressonância abaixo.

A protonação do ácido aumenta a característica eletrofílica do carbono, que se torna mais apto para sofrer o ataque de uma molécula de água sobre o carbono carbonilico, que forma um intermediário tetraédrico positivo. O próximo passo é a transferência do próton de OH para OR, formando -ORH⁺, um bom grupo de saída.

Com a saída do álcool, forma-se novamente um carbono trigonal, que perde o H⁺, reformando a ligação C=O e mantendo o grupo -OH, resultando no ácido carboxílico, conforme o esquema abaixo:

Todos esses processos ocorrem em equilíbrio, assim em meio ácido aquoso é possível hidrolisar o éster para formar o ácido carboxílico e o álcool ou sintetizar o éster a partir do ácido e do álcool, utilizando reagentes em excesso ou removendo um deles do equilíbrio. Para hidrolisar o éster devem ser utilizadas as seguintes condições:

– realizar a reação na ausência do álcool ou do ácido correspondente;

– usar meio aquoso, no qual a concentração de água é alta ($[H_2O] = 55$ mol/L em água pura);

– se possível, remover o álcool ou ácido formados, deslocando o equilíbrio para formar mais produtos.

5.2. Síntese de ésteres de ácidos carboxílicos

Os ésteres carboxílicos podem ser sintetizados a partir de ácidos carboxílicos ou seus derivados e álcoois, de acordo com a disponibilidade de reagentes. As condições e rendimentos das reações variam conforme os reagentes escolhidos.

5.2.1 a partir de ácidos carboxílicos e álcoois

Esta reação ocorre em equilíbrio e o ácido atua como catalisador. Os produtos formados são o éster e água e o mesmo raciocínio aplicado para aumentar a hidrólise pode ser utilizado aqui para aumentar o rendimento da síntese.

ácido carboxílico   **álcool**   **éster**   **água**

O equilíbrio é utilizado para a formação dos produtos pela adição de excesso de ácido ou álcool ou pela retirada do éster ou água do meio reacional. No exemplo abaixo, a água é removida como azeótropo com tolueno, que destila a 84º C. A remoção de água desloca o equilíbrio no sentido da formação de mais acetato de pentila.

ácido acético   1-pentanol   acetato de pentila   removida como
p. e. 118º C   p. e. 138º C   p.e. 149ºC   azeótropo- destila
excesso   com tolueno a 75 ºC

De forma resumida, para que o éster seja formado em maiores quantidades, é possível usar os seguintes recursos:

– adição de excesso de ácido ou de álcool: o excesso de um dos reagentes
leva ao deslocamento do equilíbrio para a formação do éster;

– retirada de água ou do éster por destilação: segundo o princípio de Le Chatelier, deve ocorrer a formação do éster e água para restabelecer as concentrações relativas no equilíbrio químico, permitindo que mais éster seja obtido;

– uso de agente secante: a adição de agentes secantes (ex: $MgSO_4$, peneira molecular) retira a água, deslocando o equilíbrio no sentido de formação do éster.

Alguns ésteres apresentam aroma semelhante ao aroma de frutas, e têm sido utilizados como aromatizantes artificiais na indústria de alimentos. Abaixo estão alguns ésteres e o aroma característico.

acetato de *iso*-amila
aroma de banana

valerato de *iso*-pentila
aroma de maçã

iso-butirato de propila
sabor de rum

Ésteres de álcoois terciários não devem ser sintetizados por este método, porque a presença de ácido forte leva a reações de eliminação sobre o álcool, formando o alceno. Neste caso, apenas o método usando cloretos de ácidos ou anidridos é recomendado;

5.2.2. a partir de cloretos de ácido/ anidridos de ácido e álcoois

A síntese de ésteres a partir da reação entre álcoois e cloretos de ácidos ou anidridos carboxílicos é o método preferido para uso em laboratório. A reação ocorre de forma irreversível, o que diminui as reações laterais.

cloreto de caproíla

iso-propanol

caproato de *iso*-propila

ácido salicílico

anidrido acético

ácido acetil-salicílico (AAS)
aspirina

ácido acético

O álcool é o nucleófilo sobre o cloreto de ácido ou anidrido, e no caso dos cloretos de ácido, o cloro é o grupo de saída, enquanto que nos anidridos o grupo de saída é um carboxilato.

5.3. Hidrólise de amidas

A quebra da ligação amida forma o ácido carboxílico e a amina correspondentes. Esta reação em laboratório é muito lenta e requer altas concentrações de ácido ou base para ocorrer. Condições típicas para a hidrólise de cabelo (queratina) requerem o uso de HCl 6 mol/L durante 1 dia ou NaOH 4 mol/L durante 2 dias), com aquecimento.

quebra aqui

amida → (ácido ou base) → amina + ácido carboxílico

A hidrólise de amidas em meio ácido ocorre em várias etapas, e o mecanismo mais aceito para esta reação envolve a transferência de próton do meio para o oxigênio da ligação C=O. No esquema abaixo, o intermediário positivo 1 sofre o ataque de uma molécula de água na etapa determinante da velocidade, formando o intermediário tetraédrico 2. Em seguida, ocorre a transferência do próton para o átomo de nitrogênio, tornando-o um bom grupo de saída. A ligação C-N do intermediário 3 é quebrada e libera a amina.

quebra da ligação C-N

protonação da amina resultante

A amina liberada é protonada devido à acidez de meio e forma o cátion amônio, o que desloca o equilíbrio para a formação de produtos. As ligações entre aminoácidos são ligações amidas, e na digestão as proteínas são quebradas por enzimas (ex: tripsina, carboxipeptidase) que operam em pH neutro, temperatura de $36°$ C e a reação se processa em frações de segundo e com concentrações menores do que 10^{-6} mol/L. Uma grande diferença de eficiência favorável aos processos enzimáticos.

5.4. Síntese de amidas

Em laboratório, a formação de amidas a partir de aminas e ácidos carboxílicos diretamente é inviável, porque em vez de formar a amida, se forma o sal de amônio e o carboxilato:

ácido   amina   carboxilato   amônio
carboxílico

O aquecimento do sal em temperaturas acima de 200° C pode formar a amida em pequenas quantidades, mas há o inconveniente de que a reação é acompanhada de forte decomposição da matéria orgânica. Dentre os métodos de síntese de amidas, este é o pior. A dificuldade de formação de peptídios (aminoácidos ligados) a partir dos aminoácidos isolados é um problema químico para explicar os processos de surgimento da vida. Na prática de laboratório, a formação de amidas ocorre pela ativação do ácido carboxílico, transformado em cloretos de ácido, anidridos ou ésteres, conforme o caso. Estes grupos são mais reativos do que os ácidos carboxílicos e não possuem características ácidas. Os cloretos de ácido são intermediários sintéticos reativos para a obtenção de diversas classes de compostos com o grupo C=O, conforme os exemplos mostrados abaixo:

reação usando o ácido benzoico

sal

reação usando o cloreto de benzoila

amida

A descoberta das propriedades das poliamidas abriu novas possibilidades para a indústria de tecidos, fornecendo um material com resistência superior, o nylon. Um dos métodos de síntese de poliamidas utiliza a condensação de uma amina com um derivado de ácido ativado. Uma das formas para a síntese do nylon [6,6] é a partir da condensação da 1,6-hexanodiamina com o cloreto de adipoila (derivado do ácido adípico).

1,6-hexanodiamina   cloreto de adipoíla

nylon [6,6]

A síntese dos derivados dos ácidos barbitúricos com atividade antiepiléptica e anticonvulsiva ocorre pela reação de ésteres dicarboxílicos com derivados de ureias, com saída de alcoxila (no caso -o grupo OEt) para a formação do ciclo.

2-etil-2-fenilmalonato de dietila   ureia   fenobarbital   etanol

6. Reações de substituição acílica de importância biológica

As reações de substituição acílica são usualmente realizadas em laboratório utilizando reagentes ativados como cloretos de ácido ou anidridos de ácido carboxílico, porém estes reagentes não estão disponíveis em organismos vivos.

Contudo, estas reações ocorrem de forma ainda mais eficiente nos processos bioquímicos e os bons grupos de saída são formados in situ (no local de reação) e têm um tempo de vida curto. Os grupos de saída mais comuns são os fosfatos ou acetil-coenzima A. Vamos estudar algumas destas reações com mais detalhe.

6.1. Transferência de acila

As rotas metabólicas que envolvem a síntese e degradação de ácidos graxos estão relacionadas com o estoque e liberação de energia química pelo organismo.

A mobilização dos ácidos graxos inicia pela ativação do grupo COOH do ácido palmítico pela reação com ATP, que forma o adenilato do ácido palmítico e libera PPi (difosfato). O éster fosfórico ativado reage com CoASH para entrar no metabolismo na forma de palmitoil-CoA.

Outro exemplo importante é a ativação do bicarbonato (HCO_3^-) para a biossíntese dos ácidos graxos, catalisada por um complexo de três enzimas: a enzima carregadora de biotina (biotin carrier protein – BCP), associada à biotina carboxilase e à transcarboxilase. A biotina carboxilase catalisa a reação do bicarbonato (HCO_3^-) com ATP, seguido pela substituição acílica pelo nitrogênio do grupo prostético biotina (vitamina H ou B7 ou B8) ligada a BCP.

A longa cadeia alquílica da biotina transporta o carboxil para o outro lado do complexo enzimático, onde está a transcarboxilase. Esta enzima catalisa a transferência do CO_2 para uma acetil-CoA, em uma nova substituição acílica, na qual o carbono da acetil-CoA atua como nucleófilo, formando a malonil-CoA (derivada do ácido malônico ou ácido propanodioico).

6.2. Coenzima A

A coenzima A é o equivalente biológico ao cloro dos cloretos de ácido, ou seja, funciona como um bom grupo de saída. A função da coenzima A é ativar grupos acil

(O=CR) para entrar no ciclo de Krebs (ciclo do ácido cítrico) ou para a síntese de biomoléculas maiores.

A coenzima A é uma molécula complexa, formada por uma adenina, uma ribose, dois fosfatos e um ácido pantotênico, formando uma cadeia com um grupo tiol (ou sulfidril) na extremidade. Este grupo -SH atua como nucleófilo e passa ao tioéster S-C(=O)CH$_3$, formando a acetil-coenzima A, ou Ac-CoA.

coenzima A = CoASH

Uma das reações da acetilcoenzima A é a transferência do grupo acetil para o aminoácido serina, formando a O-acetilserina. A acetilação transforma um mau grupo de saída, o grupo OH, em um grupo de saída melhor, o acetil OCOCH$_3$. Esta reação é a rota para a síntese do aminoácido cisteína em bactérias.

A biossíntese de ácidos graxos ocorre em várias etapas, que envolvem a transferência entre grupos tióis, substituição, adição à carbonila, desidratação e adição à dupla. A cadeia cresce de dois em dois carbonos, até que atinja um número entre 16 e 18 carbonos, quando ocorre a hidrólise da ligação com a enzima e o ácido graxo é liberado.

O grupo tioéster da acetil-CoA facilita a enolização, conforme já estudado na parte de enóis. Em um experimento foram marcadas as metilas dos grupos acetil com carbono-14 e observou-se que carbonos marcados se alternam com carbonos não marcados, o que evidencia que dois carbonos são adicionados de cada vez.

6.3. Hidrólise da acetilcolina

A acetilcolina é um neurotransmissor que se liga aos canais de Na^+, e permite a passagem de íons Na+ pela membrana celular, provocando uma variação nas concentrações de íons intra e extracelular dos íons, resultando em uma contração nervosa. O término do impulso ocorre pela ação da acetilcolinesterase (AchE), que hidrolisa a acetilcolina, liberando colina para o meio.

O sítio ativo da acetilcolina possui um grupo CH_2OH de uma serina, um grupo imidazol de uma histidina, que atua como base, retirando o próton da hidroxila, o que aumenta a nucleofilicidade, permitindo o ataque sobre o carbono carbonílico da acetilcolina. Este mecanismo simplificado pode ser visto a seguir:

A inibição da acetilcolinesterase é o alvo de inseticidas organofosforados como o Parathion e Malathion, e carbamatos.

organofosforado
X= O ou S;
R´= CH$_3$ ou CH$_2$CH$_3$

carbamato

A inativação da enzima ocorre pela formação de uma ligação covalente do fosfato ou do carbamato com o grupo OH da acetilcolinesterase, o que inibe a atuação da enzima de forma irreversível, impossibilitando o retorno da acetilcolina, o que mantém o canal de Na$^+$ aberto.

A manutenção do impulso nervoso provoca um colapso do sistema nervoso, a perda da coordenação muscular, convulsões e morte. Estes pesticidas também atuam sobre outros animais, incluindo mamíferos. A intoxicação por organofosforados tem sido apontada como a causa de suicídios em regiões produtoras de fumo do Vale do Rio Pardo, no Rio Grande do Sul.

Existe uma relação muito próxima destes pesticidas com armas químicas letais baseadas em inibidores irreversíveis da acetilcolinesterase, como o agente VX e o sarin.

O agente VX – S-2-(di-isopropilamino)etila - mata em poucos minutos com apenas uma gota na pele. Existem milhares de toneladas de VX estocadas nos Estados Unidos. O sarin foi utilizado em um atentado promovido pela seita Aum Shinrikyo no metrô de Tóquio, levando a 12 mortes e centenas de feridos em 1995, e estima-se que seja 500 vezes mais tóxico que o cianeto. Os antídotos recomendados são a atropina, pralidoxima e diazepam.

agente VX

sarin

6.4. Ésteres fosfóricos

Os ésteres fosfóricos estão presentes na estrutura do DNA, RNA e diversos intermediários de rotas metabólicas. De acordo com a substituição do grupo fosfato, são possíveis mono-, di- e triésteres. Mono e diésteres fosfóricos estão presentes em diversas biomoléculas, contudo os triésteres são incomuns em processos biológicos.

fosfato

éster monofosfórico

éster difosfórico
ligação fosfodiéster

éster trifosfórico

glicerol-1-fosfato
um éster monofosfórico

A, T, C, G

DNA

ligação fosfodiéster no DNA

Ésteres fosfóricos são estáveis, de forma que a hidrólise espontânea (não enzimática) do DNA não é detectável em condições normais de pH, o que está de acordo com a sua função de manter a informação genética. As reações sobre o grupo O-P=O dos ésteres fosfóricos apresentam similaridades com as reações dos ésteres de ácidos carboxílicos. A substituição sobre fosfatos ocorre usualmente através de um mecanismo associativo que guarda semelhanças com a substituição acílica.

O primeiro passo é o ataque nucleofílico e formação de um fósforo pentavalente, utilizando os orbitais livres *3d*, formando um intermediário com oxiânion (-O:⁻). No segundo passo, o par de elétrons sobre retorna para formar a ligação P=O, e o melhor grupo de saída abandona o intermediário pentavalente.

etapa 1 (lenta):
ataque do nucleófilo

etapa 2 (rápida):
saída do grupo de saída

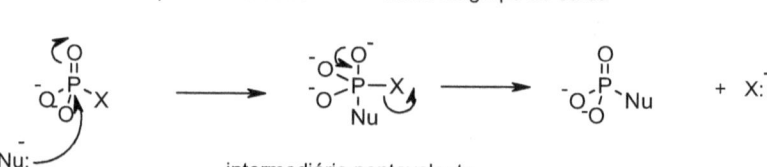

intermediário pentavalente

Mono e diésteres fosfóricos estão ionizados em pH fisiológico e não difundem pela membrana celular apolar, e por isso a fosforilação da glicose é o primeiro passo no metabolismo da glicólise anaeróbica. A formação de glicose-6-fosfato quebra o equilíbrio de difusão, impedindo sua saída da célula. A glicose é a principal fonte de energia para a produção de ATP e única fonte de energia para o cérebro.

glicose + ATP →(hexoquinase) glicose-6-fosfato + ADP

Exercícios

1- A acetoacetilCoA (CoA = coenzima A) é um intermediário importante na síntese de algumas biomoléculas, e sua forma enólica é relativamente estável. Desenhe as formas enólicas e indique a mais estável, explicando sua resposta.

acetoacetil-CoA

2- Escreva a reação de hidratação para os aldeídos abaixo e racionalize os seguintes valores para as constantes de equilíbrio de hidratação, de acordo com os grupos ligados ao carbono carbonílico:

| $K_{hidr.}$ | $2,3 \cdot 10^3$ | 1,3 | 0,71 | 0,44 | 0,24 |

3-Quais os produtos esperados para as seguintes reações?

a) HCN → **A**

b) Br_2 (1mol)/ P → **D**

c) H_2O → **B**

d) $EtO^- Na^+$ → **E**

e) → **C** + H_2O

f) → **F**
adição conjugada

4- Em uma solução rotulada 1 mol/L de formaldeído em água, qual a "real" concentração de formaldeído, considerando o equilíbrio de hidratação? Considere $[H_2O] = 55$ mol/L

$K_e = 2,3 \cdot 10^3$

5- Ordene os compostos abaixo de acordo com a velocidade relativa de reação esperada para a reação de redução. Explique brevemente a sua resposta.

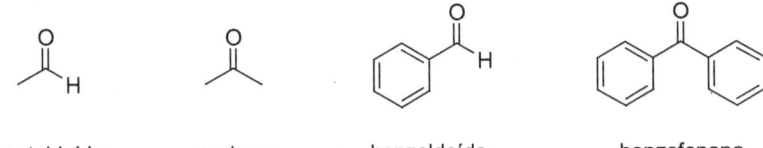

acetaldeído   acetona   benzaldeído   benzofenona

6- A primeira etapa da formação do éster na reação entre ácidos e álcoois em meio ácido é a protonação do ácido. O que isso significa a respeito da basicidade relativa do álcool e do ácido? O que aconteceria se a ordem de basicidade fosse inversa?

7- O politereftalato de metila é um polímero produzido em grande quantidade nos dias atuais. Indique o ácido e o álcool a partir do qual poderia ser sintetizado.

PET (politerftalato de etila)

8- A procaína é um anestésico local, sintetizado a partir da reação de um éster com um álcool (reação de transesterificação). Indique os reagentes para a síntese da procaína.

_____ + _____ $\xrightarrow{\text{NaOEt}}$

procaína

9-Indique os produtos formados pela condensação aldólica e eliminação de água para as reações abaixo:

auto-condensação

a)

4 produtos possíveis

b)

c)

1 mol   2 mol

d)   +   ⟶ $\xrightarrow{\text{hidrólise/ descarboxilação}}$

10- A tropanona é um intermediário na síntese de alcaloides naturais, obtida a partir de uma Condensação de Claisen. Indique os passos da reação.

$$H_3CCH_2O^- \, Na^+$$

tropanona

11- Mostre como o aminoácido valina pode ser obtido a partir de um ácido carboxílico, considerando a reação com bromo seguida por uma reação de substituição.

valina

12- Indique os materiais para a síntese do *para*-acetaminofenol, analgésico também conhecido como paracetamol.

p-acetaminofenol

13- A biossíntese da ornitina a partir do ácido glutâmico envolve cinco etapas. Complete com os reagentes biológicos adequados a cada etapa.

ornitina

a) glutamato, α-cetoglutarato (fonte de NH_3)

b) ATP, -ADP

c) H_2O, - AcOH

d) AcCoA, -CoASH

e) NADH, -Pi

Seção 4- Moléculas de Importância Biológica

Os processos vitais envolvem a síntese de moléculas orgânicas complexas a partir de algumas poucas fontes de matéria (dióxido de carbono, água, nitrogênio, fosfato, sulfato e metais no solo) utilizando como fonte primária de energia a absorção de luz, armazenada na forma de energia química.

A liberação desta energia ocorre pela oxidação de matéria orgânica, com grande eficiência energética. Alguns produtos intermediários são utilizados na síntese de biomoléculas. Um mapa destas reações pode ser acompanhada em http://www.genome.ad.jp/kegg/pathway/map/ map01100.html.

Algumas moléculas presentes nestas rotas apresentam similaridades estruturais e de propriedades físico-químicas. Entre as classes de compostos biologicamente ativos, se destacam pela importância os aminoácidos, os carboidratos (açúcares), os lipídios e as bases nucleotídicas. Estas classes de moléculas desempenham funções importantes na catálise de reações, na reserva energética, composição de membranas celulares, cofatores enzimáticos e transmissão deinformação (DNA e RNA).

Nesta seção, diversos temas já estudados serão integrados: estrutura, ligações intermoleculares, ácidos e bases, estereoquímica e reações químicas.

Capítulo 12- Aminoácidos e peptídios

O nome aminoácido vem das duas funções características desta classe de moléculas: o grupo amino (-NH$_2$) e o grupo ácido carboxílico (-COOH) presentes na mesma molécula. A química dos aminoácidos está no centro das transformações enzimáticas. São conhecidos cerca de 300 diferentes aminoácidos nas diferentes funções biológicas, mas 20 deles são os mais importantes, chamados de aminoácidos proteinogênicos.

1.Estrutura de aminoácidos naturais

Os aminoácidos que constroem as enzimas apresentam o grupo NH$_2$ (ou NH$_3^+$) situado em posição α ao grupo ácido carboxílico. Com exceção da glicina, apresentam uma cadeia lateral ligada ao carbono-α, que determina a conformação das cadeias, as propriedades de hidrofobicidade, características ácido-básicas e a função catalítica em uma enzima.

As ligações C-H, C-C, O-C=O, C-N e N-H estão presentes em todos os aminoácidos; C-O na serina, treonina e tirosina, C-S na cisteína e metionina, C=C no anel aromático da fenilalanina, tirosina e triptofano, N-C=O na glutamina e asparagina, C=N na histidina e arginina. Os aminoácidos podem ser agrupados conforme os grupos das cadeias laterais:

aminoácidos neutros: são os aminoácidos cujas cadeias não apresentam características especiais que alterem as propriedades gerais dos aminoácidos. Entre estes estão a glicina, alanina e prolina;

aminoácidos neutros hidrofóbicos: apresentam cadeias carbônicas apolares, que diminuem a solubilidade em água e criam ambientes hidrofóbicos nas enzimas. Os aminoácidos que possuem esta característica são a valina, leucina, isoleucina, fenilalanina, tirosina e triptofano. A tirosina apresenta um grupo fenol, um ácido fraco e pode interagir com íons metálicos, como Zn^{2+}, Cu^{2+}, entre outros;

aminoácidos neutros polares: apresentam cadeias capazes de interagir por ligações de hidrogênio. São a serina, treonina, asparagina, glutamina, cisteína e metionina, embora esta última tenha acentuada característica hidrofóbica;

aminoácidos ácidos: apresentam um grupo ácido carboxílico em sua cadeia lateral, que comunica características ácidas a estes aminoácidos e formam sais insolúveis com cálcio ou bário em álcool etílico. Em pH fisiológico os aminoácidos com função ácido carboxílico (COOH) estão na forma de carboxilato (COO⁻), carregados negativamente, o que aumenta a interação com a água. Os aminoácidos ácidos são o ácido aspártico e o ácido glutâmico;

aminoácidos básicos: apresentam cadeias laterais básicas que reagem com ácidos e formam sais: lisina, histidina e arginina.

neutros

glicina alanina valina isoleucina leucina prolina

aromáticos

fenilalanina tirosina triptofano

polares

serina treonina cisteína metionina glutamina asparagina

ácidos **básicos**

ácido aspártico ácido glutâmico lisina histidina arginina

2. Estereoquímica dos aminoácidos

Com exceção da glicina, os aminoácidos possuem pelo menos um carbono assimétrico. Na natureza, a maior parte dos aminoácidos possui a conformação *L* em torno do carbono assimétrico conforme a seguinte figura:

S-alanina
L-alanina

R-cisteína
L-cisteína

Para a alanina (R = CH_3), a prioridade 1 é do nitrogênio, a 2 é do grupo COOH e a prioridade 3 é do CH_3. Assim, a maioria dos aminoácidos possui configuração *S*. A exceção é o aminoácido cisteína, em que a prioridade 2 vai para o grupo R= CH_2SH, e a configuração do carbono deste aminoácido é *R*. A nomenclatura *D-L*, criada pelo químico alemão Emil Fischer, relaciona a estereoquímica dos aminoácidos com o açúcar assimétrico mais simples, o gliceraldeído. Nesta nomenclatura, a cadeia carbônica é mantida no plano, escrevendo a parte mais reduzida na parte inferior e a oxidada na parte superior.

Os grupos na horizontal "saem" do plano e os grupos na vertical "entram" no plano.

A treonina e a isoleucina são os dois aminoácidos que têm dois carbonos assimétricos e apresentam a possibilidade quatro estereoisômeros, mas apenas uma das formas assimétricas ocorre nas proteínas. O enantiômero da treonina é o (*2S, 3R*) e da isoleucina é o (*2S, 3S*), conforme mostrado abaixo.

L-(2S,3R)-treonina   L-(2S,3S)-isoleucina

A *D* (ou *R*)-alanina está presente em pequena quantidade na parede celular de bactérias, e sua presença e concentração podem ser usadas na detecção de fraudes em alimentos que passam por fermentação, como o iogurte.

3. Reações químicas dos aminoácidos

Os aminoácidos apresentam reações típicas de aminas e de ácidos carboxílicos, contudo a presença simultânea de grupos ácidos e básicos em uma mesma molécula torna a química dos aminoácidos única. As reações do grupo amino ocorrem em meio básico, quando o NH_3^+ passa para NH_2 e as reações típicas dos ácidos carboxílicos ocorrem em meio ácido, quando o COO^- está na forma de COOH.

3.1. Reações ácido-base

As reações ácido-base do grupo amino são o fundamento de duas propriedades importantes das proteínas: a) ligar-se a um próton (conceito de Brönsted) e formar o íon amônio e assim a carga positiva aumenta a interação com a água; b) complexar metais (conceito de Lewis) nas metaloenzimas através do seu par eletrônico.

Amina como base de Brönsted

$$RNH_2 + H_2O \rightleftharpoons RNH_3^+ + HO^-$$

$$RNH_2 + H_3O^+ \rightleftharpoons RNH_3^+ + H_2O$$

Amina como Base de Lewis

$$4\,R\,\overset{..}{N}H_2 + M^+ \rightleftharpoons RNH_2\text{-}M^+$$

Os grupos carboxílicos atuam como ácidos de Brönsted, porém em pH fisiológico (pH= 7,2) estão na forma de carboxilato, uma vez que o pK_a destes ácidos situa-se entre 4 e 5 unidades de pK_a. Neste pH, o grupo carboxilato atua como base de Brönsted, mas também podem atuar como base de Lewis, complexando metais.

Ácido carboxílico como ácido de Brönsted:

$$RCOOH + H_2O \rightleftharpoons RCOO^- + H_3O^+$$

$$RCOOH + HO^- \rightleftharpoons RCOO^- + H_2O$$

Carboxilato como base de Lewis:

Nos aminoácidos, o grupo ácido carboxílico transfere o próton para o grupo amino, formando uma espécie com uma carga positiva (do íon amônio) e outra negativa (do íon carboxilato). Esta espécie é chamada de "zwitterion", do alemão (zwitter = duplo), e significa íon duplo. O esquema abaixo mostra o equilíbrio para um aminoácido geral e o modelo de xwitterion da glicina.

neutra   zwitteriônica

Após a troca de prótons, existe uma inversão nas características ácido-básicas dos aminoácidos, onde o grupo amônio formado – RNH_3^+ - é a parte ácida e o grupo carboxilato- $RCOO^-$ é a parte básica.

| forma ácida | zwitterion | forma básica |
| pH menor que 2 | pH entre 3 e 9 | pH maior que 10 |

O valor do pK_a para a primeira reação ácido-base é próximo a 2,0 para a maioria dos aminoácidos e para a segunda é próxima a 10,0. Além destes dois grupos com características ácido-básicas, existem outros grupos presentes nas cadeias laterais de alguns aminoácidos que podem atuar como ácidos ou como bases.

3.2. Aminoácidos ácidos

Este grupo de aminoácidos apresenta um grupo ácido carboxílico adicional, e em pH fisiológico (7,2) está na forma de carboxilato. Em ambientes hidrofóbicos (ex: interior de enzimas globulares) alguns resíduos de ácido aspártico e glutâmico estão na forma de COOH.

ácido aspártico: R= CH_2COOH pK_a (δ-CO_2H)= 3,7;
ácido glutâmico: R= CH_2CH_2COOH pK_a (γ -CO_2H)= 4,3.

valores de pKa do ácido aspártico

$pK_{a1} = 2,1$ $pK_{a(R=COOH)} = 3,7$ $pK_{a2} = 9,6$

1   pH   14

3.3. Aminoácidos básicos

Os aminoácidos básicos possuem grupos básicos nitrogenados e formam precipitados com alguns ácidos. Os aminoácidos com cadeia lateral com características básicas na sua forma neutra são a lisina, a arginina e a histidina.

A lisina apresenta uma cadeia com quatro carbonos e um grupo NH_2 na extremidade, cujo pK_a é 10,3; logo em pH fisiológico e na superfície das enzimas está na forma de amônio e no ambiente hidrofóbico do interior das enzimas está na forma de NH_2, quando demonstra o caráter nucleofílico do grupo amino e que não existe na forma de amônio. Observe nos equilíbrios mostrados abaixo que o primeiro NH_3^+ a ser desprotonado é o amônio na posição alfa ao carboxilato.

valores de pKa da lisina

$pK_{a1} = 2,2$ $pK_{a2} = 9,0$ $pK_{a\ cadeia\ lateral} = 10,3$

1   pH   14

Entre todos os aminoácidos, a arginina é a mais básica ($pK_a = 12,48$), e esta característica se deve ao grupo guanidínio. A guanidina é uma base orgânica forte, e em pH fisiológico de 7,2 está completamente ionizada, na forma do ácido conjugado. O grupo guanidínio interage com íons fosfato e carboxilato, pela atração entre cargas e formação de ligações de hidrogênio de forma complementar.

A alta basicidade da função guanidina pode ser entendida observando que a protonação da função imina (>C=NH) forma um cátion estabilizado por ressonância, com três formas canônicas.

guanidina

A histidina apresenta o grupo imidazólico, cujo pK_a do ácido conjugado é 6,00 (pK_b = 8,00). É o único aminoácido que apresenta a constante próxima ao pH fisiológico, logo, pode desempenhar uma função dupla, pois tem característica de base fraca e ácido fraco. Por esta característica e sua geometria, pode funcionar retirando um próton de um lado e doando pelo outro, o que ocorre em muitas reações bioquímicas.

3.4. Ponto isoelétrico

Ao aplicar uma diferença de voltagem a uma solução contendo um eletrólito (molécula com carga), ele vai sofrer a ação deste campo, devido às cargas elétricas. Para os aminoácidos a migração se dá para um dos polos: positivo ou negativo, de acordo com a carga predominante em solução. Se houver o predomínio da forma 1 será observado um deslocamento do aminoácido para o ânodo (polo positivo), pelo excesso de carga negativa, se predominar a forma 3, o deslocamento será para o cátodo (polo negativo), e se existir somente a forma 2, não vai ocorrer deslocamento observável, porque será eletricamente neutro.

A distribuição destas formas depende do pH da solução, por isso o deslocamento das espécies também depende do pH. O pH em que não se observa deslocamento para nenhum dos polos para um aminoácido ou peptídio e chamado de ponto isoelétrico (pI). Este valor pode ser calculado pela média dos valores do pKa que a carga passa de -1 para 0 e de 0 para +1. Para a glicina o valor de pI é (2,3 + 9,6)/2 = 5,95 ou aproximadamente 6,0.

Neste valor de pH o número de cargas negativas e positivas de glicina em solução é igual, ou seja, o peptídio está neutro, o que diminui sua solubilidade em água, e em alguns casos forma um precipitado. Abaixo está a tabela de valores de pK_a e pI para os aminoácidos proteinogênicos.

Valores de pK_a para os aminoácidos naturais

Aminoácido	Símbolo	pK_{a1}	pK_{a2}	$pk_{a\,(R)}$	pI
Glicina	Gli - G	2,3	9,6	-	6,0
Alanina	Ala - A	2,3	9,7	-	6,0
Valina	Val - V	2,3	9,6	-	6,0
Leucina	Leu - L	2,4	9,6	-	6,0
Isoleucina	Ile - I	2,4	9,7	-	6,0
Fenilalanina	Phe - F	1,8	9,1	-	5,5
Asparagina	Asn - N	2,0	8,8	-	5,4
Glutamina	Gln - Q	2,2	9,1	-	5,7
Triptofano	Trp - W	2,2	9,2	-	5,9
Prolina	Pro - P	2,6	10,4	-	6,3
Serina	Ser - S	2,2	9,2	-	5,7
Treonina	Tre - T	2,1	9,1	-	5,6
Tirosina	Tir - Y	2,2	9,1	10,1	5,7
Cisteína	Cis - C	2,0	10,3	8,2	5,1
Metionina	Met – M	2,3	9,2	-	5,7
Ácido Aspártico	Asp - D	2,1	9,6	3,7	2,8
Ácido Glutâmico	Glu - E	2,2	9,7	4,3	3,2
Lisina	Lis - K	2,2	9,0	10,3	9,7
Arginina	Arg - R	2,2	9,0	12,5	10,8
Histidina	His - H	1,8	9,2	6,0	7,6

A separação de enzimas de acordo com a carga é chamada de eletroforese e se constitui em uma ferramenta útil para a purificação e determinação da atividade enzimática.

3.5. Titulação de aminoácidos

A titulação ácido-base consiste na adição de uma solução de ácido ou base de concentração conhecida para determinar a concentração de um composto com características ácido-básicas. Em pH=1,0 a glicina está na forma 1 (veja diagrama abaixo), com NH_3^+ e COOH. A adição de base (ex: NaOH) promove a primeira reação ácido-base ($pK_{a1}=2,3$) com a transferência do próton, e a glicina passa da forma 1 para a forma 2.O detalhe importante é que o grupo mais ácido entre o NH_3^+ e o COOH é o ácido, que forma o carboxilato COO^-, resultando no íon duplo (zwitterion).

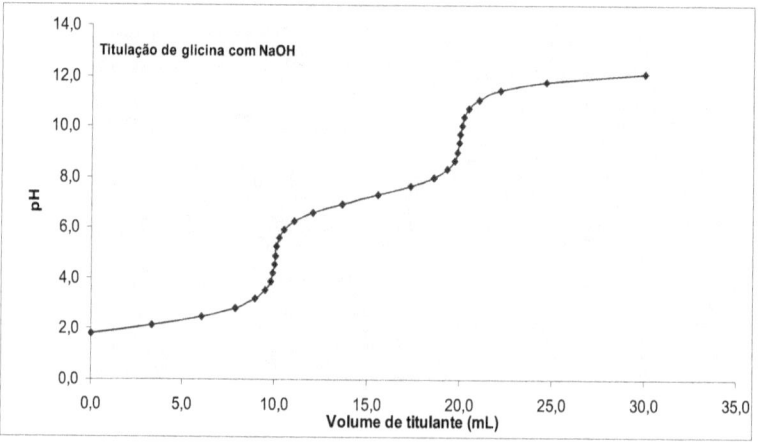

Esta reação impede um rápido aumento do pH da solução, porque o OH^- adicionado é utilizado para desprotonar o COOH até completar a reação.

Quando todo o COOH reagiu, a glicina está na forma 2 e a adição de mais NaOH aumenta $[OH^-]$ e o pH do meio, até se aproximar do segundo pK_a ($pK_{a2} = 9,6$), no qual a $[OH^-]$ é suficiente para abstrair o próton do grupo NH_3^+, e a glicina passa para a forma 3. Esta reação prossegue até que todo o NH_3^+ seja transformado em NH_2, e novamente o OH^- leva a um aumento de pH.

Gráfico de pH por concentração de hidróxido na titulação da glicina: gerado pelo programa curtitpot http://www2.iq.usp.br/docente/gutz/Curtipot_.html

4. Síntese Química dos Aminoácidos

Os aminoácidos nas proteínas são produzidos em grandes quantidades pela fermentação de matéria orgânica (ex: glicose da cana) ou por síntese química, em quantidades da ordem de centenas de toneladas por ano. O principal uso industrial dos aminoácidos é na indústria alimentícia, como aditivos alimentares (ex: glutamato monossódico, comercializado como saborizante, aspartame, etc.). Os aminoácidos são também reagentes baratos para serem usados como ponto de partida para a síntese de outras moléculas com carbonos assimétricos.

A síntese de alguns aminoácidos não naturais em pequenas quantidades é importante para a indústria farmacêutica. As reações de substituição em α-haloácidos (reação 1), a síntese de Strecker (reação 2), e rotas através de malonatos (reação 3) foram desenvolvidos no início da química dos aminoácidos, e são importantes até os dias de hoje.

reação 1

Br$_2$ /   NH$_3$

ácido 3-metilbutanóico   ácido   valina

reação 2

NaCN/NH$_4$Cl   H$_3$O

acetaldeíd   α-amino-propionitrila   alanina

reação 3
formação do nucleófilo

etóxido:
base forte

H$_3$O

EtO   OEt
H$_3$C   NH

Br (CH$_2$)$_3$CO$_2$Et

malonato alquilado   ácido glutâmico

acetamida do
éster malônico

hidrólise do éster, da amida e descarboxilação

Em todas as reações podemos relembrar alguns pontos já vistos em capítulos anteriores. Na primeira reação, a adição de bromo a compostos carbonílicos que ocorre via enol, seguido de substituição nucleofílica do bromo pelo NH$_3$. Na segunda reação, ocorre a adição nucleofílica de cianeto a compostos carbonílicos, seguida de substituição nucleofílica do OH por NH$_2$, seguida de redução.

Na última síntese, o éster malônico é ativado pelo etóxido, formando um nucleófilo mais poderoso, que reage com moléculas com bons grupos de saída, no caso o 1-bromobutanoato de etila. Nesta reação o produto é o malonato alquilado mostrado no esquema. A hidrólise do éster etílico e da acetamida é acompanhada por uma reação de descarboxilação (perda de CO$_2$) resultando no ácido glutâmico.

5. Peptídios – polímeros de aminoácidos

Os tendões, pelos, tecido muscular e as enzimas são proteínas: polímeros de aminoácidos em que os grupos amino e ácido carboxílico se ligam covalentemente por ligações amida, que no caso específico dos aminoácidos são chamadas de ligações peptídicas.

formação "idealizada" de uma ligação peptídica

Após a formação da ligação peptídica, o que sobrou do aminoácido de origem passa a ser um resíduo de aminoácido. A glicilalanina é formada pela reação entre a glicina e a alanina. O que resta da glicina na cadeia é $H_2NCH_2-C=O$; e o que resta da alanina é $NH-CH(CH_3)-COOH$, em que a cadeia lateral permanece sem modificações.

Esta nova molécula originária da reação entre dois aminoácidos é chamada de peptídio. Um peptídio composto por dois aminoácidos é um dipeptídio, com três aminoácidos é um tripeptídio, com poucos resíduos de aminoácidos é um oligopeptídio e com muitos resíduos de aminoácidos é um polipeptídio. Polipeptídios com massa acima de 10.000 Da (1 Da = 1 dalton = 1 u.m.a.) são chamados de proteínas.

O aminoácido que tem o nitrogênio livre é chamado de N-terminal (por convenção, inicia-se a representação da cadeia no aminoácido N-terminal, atribuindo a ele o número 1 na cadeia), enquanto que o grupo que apresenta o grupo carboxilato livre é chamado de C-terminal, representado no fim da cadeia.

5.1. Ligações Peptídicas

A difração de raio-X mostra que a ligação C-N peptídica é mais curta que uma ligação C-N de uma amina, e o valor de comprimento de ligação C-N é intermediário entre uma ligação simples C-N e uma dupla C=N. Este efeito é atribuído à ressonância de duas estruturas 1 e 2.

C=N iminas = 1,27 Å
C-N aminas = 1,47 Å
C-N amidas = 1,32 Å

A estrutura de ressonância neutra 1 é a mais importante, porém a estrutura 2 apresenta uma contribuição razoável, porque coloca a carga negativa no átomo mais eletronegativo (o oxigênio) e a carga positiva sobre o nitrogênio, um elemento conhecido pela propriedade de formar cátions amônio positivos, através de seu par de elétrons livres. Estima-se que a estrutura 1 contribua com 60 % e a estrutura 2 contribua com 40% para a estrutura real da ligação amida. As consequências da conjugação entre os orbitais $\pi C=O$ e os elétrons isolados do nitrogênio são:

– planaridade do nitrogênio da ligação peptídica, com ângulos de aproximadamente 120º ;

– a ligação C-N (1,32 Å) peptídica tem comprimento de ligação intermediário entre a ligação C-N simples (1,47 Å) e dupla (1,27 Å);

– aumento do comprimento da ligação C=O na ligação peptídica (1,23 Å), comparando com cetonas (1,20 Å);

– aumento da energia da ligação C-N, que passa de 73 kcal/mol em aminas para 86 kcal/mol em ligações peptídicas, o que aumenta a estabilidade desta ligação C-N em particular;

– aumento da energia de rotação em torno da ligação C-N (cerca de 20 kcal/mol), pela sua característica parcial de dupla ligação. A rotação em torno da ligação C-N é lenta (da ordem de décimos de segundo), e se houver outras contribuições pode se tornar ainda mais lenta. Assim como nos alcenos, existe uma isomeria do tipo *cis-trans*, em relação aos grupos R' e R", ainda que transitória. É usado um *s* na frente para indicar esta isomeria em ligações simples.

forma *cis*   forma *trans*   forma *cis*   forma *trans*

Neste caso, a conformação *s-trans* é mais estável, porque posiciona os grupos R mais distantes entre si e permite que cadeias paralelas de aminoácidos estejam em posição adequada para a formação de várias ligações de hidrogênio com uma outra cadeia que esteja disposta de forma paralela. O aminoácido prolina apresenta a menor diferença de energia entre as formas *s-cis* e *s-trans*, porque os dois lados apresentam grupos semelhantes. Por isso, a prolina ocorre em alças (turns) de enzimas, quando a cadeia peptídica dá uma volta sobre si mesma. As alças são importantes para a formação de proteínas globulares.

5.2. Síntese de peptídios

As maiores máquinas sintéticas de peptídios são os seres vivos, capazes de sintetizar um grande número de proteínas com perfeita reprodutibilidade, sem utilizar reagentes especiais ou condições drásticas de temperatura, pressão ou pH. Porém, as quantidades sintetizadas de cada enzima ou hormônio peptídico (ex: insulina) em condições normais são muito pequenas, o que não permite um uso comercial ou estudos maiores para determinar as propriedades destas moléculas.

Por isso, métodos como a modificação genética de bactérias e a síntese química são utilizados para a obtenção de quantidades maiores de peptídios. Já vimos que os grupos amino atuam como bases e os grupos COOH atuam como ácidos. Logo a reação que ocorre entre os grupos NH$_2$ e COOH é a formação do sal amônio (NH$_3^+$) - carboxilato (COO$^-$), que são inertes (não reativos) entre si a temperatura ambiente.

reação "real" ácido-base entre aminas e ácidos carboxílicos

$$R_1NH_2 \quad + \quad R_2COOH \longrightarrow R_1NH_3^+ \ ^-OOCR_2$$

amina   ácido   sal amônio - carboxilato
              carboxílico

Quando aquecido a temperaturas acima de 250° C, o sal desidrata, formando a ligação peptídica. Porém este método apresenta problemas: a decomposição parcial da matéria orgânica (quebra de ligações e oxidação) em altas temperaturas e perda de controle da reação, que forma dois, três, quatro ou mais aminoácidos em sequência. Porém o principal produto é a 2,4-dicetopiperazina, resultante da ciclização de duas unidades de aminoácido Estas reações estão mostradas abaixo para a glicina.

glicina   glicil-glicina

glicilglicil-glicina   2,4-dicetopiperazina

Além disso, este método não contempla a necessidade de seletividade na síntese de peptídios com diferentes aminoácidos. Por exemplo, a tentativa de síntese dos peptídio Gli-Ala resultaria em quatro produtos de dois aminoácidos.

Glicina - Gli   Alanina - Ala

Gli-Gli

Ala-Gli

Gli-Ala

Ala-Ala

As reações que não levam ao produto desejado diminuem muito o rendimento e dificultam a separação do produto desejado, inviabilizando esta forma de síntese. A síntese química de peptídios apresenta problemas importantes:

1) a adição passo-a-passo do aminoácido correto; 2) a necessidade de ativação do grupo carboxil; 3) a proteção do grupo amino e reações da cadeia lateral.

5.3. Grupos protetores

Os grupos protetores têm a função de impedir que uma reação ocorra em um determinado ponto da molécula durante a síntese. Este grupo é removido posteriormente em uma reação de desproteção. Na síntese de peptídios os grupos protetores são ligados aos grupos amina, carboxil ou cadeias laterais, conforme a necessidade.

As condições para remover o grupo protetor não devem afetar a ligação peptídica, o que limita o uso do grupo acetil (-COCH$_3$) e da maioria dos grupos acila. A acetilação de aminoácidos é uma reação bastante simples, com um reagente barato e que diminui a nucleofilicidade do nitrogênio. Porém, as condições para remover o grupo acetil também destroem a maior parte das cadeias peptídicas. Alguns reagentes adequados na proteção para o grupo NH estão mostrados a seguir, junto com suas abreviaturas:

cloreto de benziloxicarbonil
(Cbz ou Z)

cloreto de t-butiloxicarbonil
(Boc-Cl)

anidrido ftálico
(Ft)

Z-Ala

Boc-Val

Ft-Ala

A ligação desses grupos protetores se dá em meio básico, adicionando uma base inorgânica (NaOH) ou orgânica (trietilamina) para desprotonar o grupo amônio do aminoácido e torná-lo nucleofílico. O grupo Cbz pode ser removido por base fraca ou reação com hidrogênio (H$_2$), o grupo Boc pode ser removido com ácido fraco (ex: ácido trifluoroacético) e o anidrido ftálico pode ser removido com hidrazina (H$_2$NNH$_2$).

CbzCl + aminoácido → Cbz-aminoácido   H₂/Platina

BocCl + aminoácido → Boc-aminoácido   CF₃COOH

FtO + aminoácido → Ft-aminoácido   H₂NNH₂

5.4. Ativação

A ativação da carbonila do ácido carboxílico consiste na transformação do grupo COOH em COX, em que X é um bom grupo de saída. A reação do aminoácido protegido com $SOCl_2$ (cloreto de tionila) ou PCl_5 (pentacloreto de fósforo) forma o cloreto de ácido (COCl) respectivo, porém o grupo carboxi fica muito reativo e suscetível a reações paralelas.

O método mais utilizado atualmente é o uso de reagentes de acoplamento, como a diciclo-hexilcarbodiimida (DCC). Este método forma um intermediário reativo in situ (no local da reação) que não precisa ser isolado, e que reage na sequência com o grupo amino, formando o produto. Para a síntese de um dipeptídio, a sequência de reações está exposta abaixo:

As reações de proteção, ativação, acoplamento e desproteção são necessárias para obter o dipeptídio na forma N-livre e C-livre. O produto pode sofrer reações subsequentes de adição de outras unidades de aminoácidos, formando cadeias maiores. Neste caso, deve-se manter o nitrogênio protegido até a última etapa de acoplamento.

Em 1965, Merrifield desenvolveu a síntese em fase sólida, onde o grupo amino terminal reage com um suporte sólido modificado com um grupo reativo na superfície. Desta forma, o aminoácido permanece ligado a este sólido, e em seguida é ligado a um aminoácido N-protegido, usando um reagente de acoplamento.

Remove-se a proteção do nitrogênio e adicionam-se os outros aminoácidos. Atualmente este método se desenvolveu de forma a automatizar o processo de síntese. O peptídio permanece ligado na fase sólida e se adicionam os reagentes para a síntese do peptídio desejado, que é liberado na última etapa.

6. Síntese biológica de peptídios

A síntese biológica de peptídios apresenta similaridades com a síntese química em fase sólida, porque também utiliza proteção do grupo amino, a ativação da parte carboxi-terminal e a fixação da cadeia sobre um suporte. Esta ativação deve ser muito mais eficiente do que no laboratório, não deve requerer temperaturas maiores que 37° C ou solventes especiais, e o intermediário ativado deve resistir à presença de água.

A ativação do carboxi ocorre pela ligação com um pedaço curto de RNA (RNA de transferência ou t-RNA), que forma um éster com o oxigênio do grupo α-carboxi e a proteção se dá pela formilação do nitrogênio. O esquema abaixo representa a construção das ligações peptídicas de uma forma simplificada.

Aminoácido N-formilado **Aminoácido N-livre**

Esta sequência de reações é realizada pelo ribossomo, uma máquina de leitura de informação acoplada à síntese de peptídios.

Tópico Especial- Aspartame e fenilcetonúria

Um dos principais adoçantes artificiais utilizados para substituir a sacarose é o aspartame, que apresenta um sabor doce com um fundo levemente amargo, cerca de 180 vezes mais doce que a sacarose. O aspartame é o éster metílico de um dipeptídio – Asp-Phe-Me, cuja estrutura está mostrada abaixo.

Asp   Phe   Me

Seu consumo não é recomendado a pessoas com fenilcetonúria, doença genética que afeta algumas pessoas, relacionada à ausência da enzima que converte fenilalanina em tirosina, e assim o excesso de fenilalanina é transformado em fenilcetonas, que aparecem na urina. Se esta doença não for tratada (não pode ser curada) através do controle da entrada de fenilalanina pode levar a retardo mental. Por isso, produtos alimentícios com fenilalanina devem ser rotulados e não devem ser consumidos por fenilcetonúricos. A fenilcetonúria é detectada nos primeiros dias de vida a partir do "teste do pezinho".

Exercícios

1- Desenhe os outros estereoisômeros da isoleucina e da treonina naturais. Indique quais são enantiômeros entre si e quais são diastereoisômeros.

2- Desenhe a estrutura dos seguintes oligopeptídios, mostrando a estereoquímica dos resíduos de aminoácidos.
Val-Leu-Tir
Ser-Asn-Trp
Thr-Gli-Ala-Lis

3- A estrutura da angiotensina II está mostrada abaixo. Escreva a sequência de aminoácidos usando o código de três letras e depois o código de uma letra. Inicie a sequência pelo grupo com nitrogênio terminal.

4-Calcule o número de peptídios de 10 aminoácidos (depsipeptídios) possíveisa partir dos 20 aminoácidos proteinogênicos. Enzimas pequenas apresentam cerca de 140 aminoácidos. Calcule o número de peptídios possíveis de 100 aminoácidos a partir dos aminoácidos proteinogênicos. Estima-se que o número de partículas do universo seja em torno de 1080. Compare os valores.

5- Faça um esboço do gráfico de titulação da glicina, do ácido aspártico e da lisina com HCl, iniciando em pH=14 até pH=1.

6- Estime o ponto isoelétrico dos dipeptídios abaixo, usando os valores de pKa dados na tabela do texto, conforme o modelo para a aspartilglicina (AspGli):

AspGli

CARGA +1   0

$pK_{a1 (Gli)}$ $pK_{R (Asp)}$

CARGA -1   -2

$pK_{a2 (Asp)}$

$$pI = \frac{pK_{a1 (Gli)} + pK_{R (Asp)}}{2} = \frac{2,3 + 3,7}{2} = 3,0$$

7- Mostre como a reação de Hell-Volhard-Zelinski (ver na parte de enóis de compostos carbonilados) pode ser usada na síntese de aminoácidos. Use o ácido propanoico como exemplo e mostre qual aminoácido seria sintetizado. O produto apresenta carbono assimétrico? O produto obtido é racêmico ou apresenta excesso de um dos enantiômeros?

8- Calcule a constante de equilíbrio entre a forma neutra da glicina e a forma zwitteriônica, usando os valores de pK_a (pK_a COOH = 2,3, pK_a NH_3^+ = 9,6).

9- Analisando a estrutura, qual ácido é o mais forte: o aspártico ou glutâmico?

ácido aspártico   ácido glutâmico

10- Indique as etapas para a síntese do dipeptídio Gli-Val a partir de aminoácidos em laboratório.

11- Indique os passos na síntese do tripeptídio Ala-Ile-Leu. Você espera que este tripeptídio tenha características hidrofílicas ou hidrofóbicas? Por quê?

Capítulo 13- Carboidratos, lipídios e nucleotídios

Os seres vivos acumulam energia na forma de duas classes de biomoléculas: carboidratos e lipídios, mobilizadas em períodos que o ser não está se alimentando ou de menor disponibilidade de alimento.

Os carboidratos simples são solúveis em água e apresentam carbono no estado de oxidação 0 (igual número de ligações C-H em relação a C-O), enquanto que os lipídios são insolúveis em água e apresentam carbono no estado de oxidação negativo (maior número de ligações C-H em relação a C-O).

Contudo, a mobilização energética não é a única função destas classes de biomoléculas, que desempenham funções estruturais e constituem coenzimas e hormônios importantes.

Os nucleotídios se originam da condensação de uma base púrica ou pirimídica com açúcares e fosfatos e constituem o DNA, o código de informação do ser vivo, o RNA, que atua na decodificação da informação e na síntese de proteínas, a coenzima A, o ATP e o GTP, centrais nos processos energéticos dos seres vivos.

1. Carboidratos

Os carboidratos são as biomoléculas mais abundantes da Terra, presentes nos tecidos, fibras, membranas e nos órgãos que acumulam energia e matéria, constituindo a maior fonte de energia na alimentação humana. Além disso, fazem parte da estrutura do DNA, do ATP e são precursores de vitaminas e aminoácidos.

O nome carboidrato vem de hidrato de carbono, como se fossem a combinação de átomos de carbono com moléculas de água. Por exemplo, a fórmula molecular da glicose é $C_6H_{12}O_6$ ou C6 (H2O)6. Porém a sua estrutura molecular nada tem a ver com carbono hidratado.

Os carboidratos são a entrada de carbono no ecossistema, e são produzidos em grande quantidade pela fotossíntese a partir da redução do dióxido de carbono pela enzima Rubisco (ribulose bifosfato carboxilase oxigenase), com liberação de oxigênio molecular. Este é um processo altamente endotérmico, e apenas é possível pela capacidade da clorofila de absorver a luz solar, e transformar a energia luminosa em energia química, que ocorre pela formação de produtos com maior potencial de oxidação, ou seja, produtos mais reduzidos.

$$H_2O + CO_2 \xrightarrow{\text{luz solar}} \text{carboidratos} + O_2$$

Assim como os aminoácidos e seus polímeros, os carboidratos e seus polímeros desempenham funções biológicas:

- armazenamento e fornecimento de energia: os açúcares são armazenados na forma dos polímeros, e conforme a estrutura podem ser o amido (vegetal) ou glicogênio (animal);

$$C_6H_{12}O_6 \longrightarrow 6\,CO_2 + 6\,H_2O + 686\ kca/mol$$

- sustentação estrutural: a celulose é um elemento estrutural baseado nos carboidratos;
- constituição do DNA, RNA e outros nucleotídios (ex: ATP, ADP, FAD^+, $NADH_2$);
- material de partida para a biossíntese de aminoácidos e outras biomoléculas.

Os açúcares apresentam as seguintes funções orgânicas: aldeído (RH- -C=O) ou cetona ($R_1R_2C=O$) e hidroxila (-OH). Derivados dos açúcares com funções biológicas são obtidos por diversas reações: oxidação para ácidos carboxílicos:

a) reações de substituição de OH por NH_2, seguida por acetilação;
b) reações reações com aminoácidos; fosfato; sulfato; entre outras

As reações de desidroxilação removem uma hidroxila e formando os desoxiaçúcares (ex: desoxirribose).

2. Classificação de açúcares

Existem diversas classificações para os açúcares, e que devemos nos familiarizar para compreender o "açucarês". Primeiro, os açúcares recebem uma classificação quanto ao tipo de ligação dupla carbono-oxigênio, que pode ser aldeído ou cetona.

Se a ligação C=O está no carbono-1, é um aldeído e diz-se que é uma aldose, se a ligação C=O está no carbono-2, é uma cetona e diz-se que é uma cetose.

D-ribose- uma aldose   D-frutose- uma cetose

A classificação quanto ao número de carbonos é simples: consiste em usar o prefixo com o número de carbonos mais o sufixo -ose. Assim as trioses, tetroses, pentoses, hexoses e heptoses são os carboidratos de 3, 4, 5, 6 e 7 átomos de carbono, respectivamente. Alguns exemplos destas classificações para monossacarídios estão abaixo.

D-gliceraldeído	D-eritrose	D-xilulose	D-ribose	D-frutose	D-glicose
aldose, triose	aldose, tetrose	cetose, pentose	aldose, pentose	cetose, hexose	aldose, hexose

Os carboidratos formam ligações entre uma unidade e outra, e por isso são divididos em grupos de acordo com o número de unidades em monossacarídios, com uma unidade, dissacarídeos, com duas unidades e polissacarídios, com mais de duas unidades.

Classificação
(quanto ao número)

{
Monossacarídios; ex: glicose, frutose
Dissacarídios; ex: sacarose (1 unidade de glicose e 1 de frutose)
Polissacarídios; ex: amido, glicogênio, celulose
}

3. Monossacarídios

Os monossacarídios são a entrada da cadeia da glicólise anaeróbica, para a produção de ATP e parte integrante dos nucleosídios, constituintes do DNA, RNA e ATP. O monossacarídio mais simples é o gliceraldeído, cuja estereoquímica serviu de base para que Emil Fischer estabelecesse a relação entre os açúcares. Fischer estabeleceu que a conformação para o D-gliceraldeído fosse a estrutura (A) e para o L-gliceraldeído fosse a estrutura (B). A determinação cristalográfica de um sal derivado do gliceraldeído cerca de 50 anos depois mostrou que Fischer estava correto.

A configuração D-L do gliceraldeído define uma família de açúcares, conforme a configuração do carbono assimétrico vizinho à extremidade reduzida (CH_2OH). Carboidratos com a hidroxila para a direita na projeção de Fischer são chamados de açúcares D e aqueles que têm a hidroxila para a esquerda na projeção de Fischer são açúcares L. Os açúcares presentes no metabolismo são os açúcares D, e são poucos os açúcares L de ocorrência natural, por exemplo, a L-arabinose.

4. Epímeros

Quando dois açúcares diferem entre si pela configuração de apenas um carbono assimétrico, eles são chamados de epímeros. Assim, a D-manose é epímero da D-glicose, assim como a D-galactose é epímero da D-glicose, mas a D-manose e D-galactose não são epímeros entre si, porque diferem sua configuração em dois carbonos.

D-Manose
(epímero da glicose em C-2)

D-Glicose

D-Galactose
(epímero da glicose em C-4)

não são epímeros entre si
2 carbonos com estereoquímica invertida

5. Formas Cíclicas

Os monossacarídios mostram um equilíbrio entre as formas fechadas e abertas. Na ciclização ocorre uma adição nucleofílica de um dos oxigênios hidroxílicos sobre a carbonila, formando um açúcar cíclico.

No caso da glicose, a hidroxila de C-5 da glicose ataca o grupo C=O em C-1 e forma o hemiacetal (função O-C-OH) cíclico. O fechamento do ciclo cria mais um carbono assimétrico, em que o novo grupo OH formado pode se posicionar em axial, formando α-glicose, ou pode se posicionar em equatorial, formando a β-glicose.

36%

mutarotação

α-D-Glicopiranose

0,02%

64%

β-D-Glicopiranose

formas anoméricas
da glicopiranose

Estas duas formas em equilíbrio são chamadas de anômeros: formas fechadas de glicídios que diferem na configuração do carbono hemiacetálico e o carbono (no caso, C-1) que apresenta esta possibilidade de diferenciação é chamado de carbono anomérico.

Este equilíbrio pode ser observado pela variação do desvio da luz polarizada ($[\alpha]^D$). Ao se adicionar α-D-glicopiranose ($[\alpha]^D = +112{,}0°$) em água, observa-se que o valor de $[\alpha]$ varia até estabilizar em $[\alpha]^D = +52{,}7°$, o mesmo ocorre ao se adicionar β-D-glicopiranose pura em água, e a adição de ácidos fortes como o H_2SO_4 catalisa a interconversão entre as formas.

Esta observação fato experimental evidencia o equilíbrio entre as formas e permite calcular a proporção entre ambas as formas: 36% da forma α e 64% da forma β.

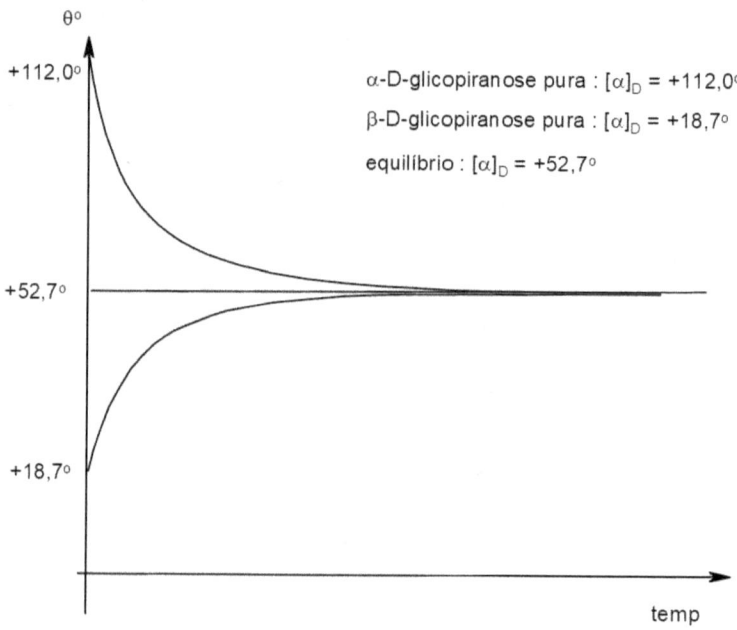

O predomínio da forma β vem do posicionamento equatorial do grupo OH, porém a razão entre os anômeros beta/alfa deveria ser de 83 / 17, considerando a diferença de energia de 0,95 kcal/mol para o grupo OH.

Esta discrepância é chamada de efeito anomérico, usualmente atribuído a uma interação entre os orbitais dos elétrons não-ligantes do oxigênio com o orbital antiligante da ligação C-O, que estabilizaria a forma ⟨.

Os anéis de cinco membros são chamados de furanoses, em analogia com o furano e os de seis membros de piranoses, em analogia com o pirano, conforme a figura abaixo.

piranoses

α-glicopiranose	glicose	β-glicopiranose	pirano
OH de C-5	(forma aberta)	OH de C-5	
ataca "por cima"		ataca "por baixo"	
do grupo C=O		do grupo C=O	

furanoses

| α-ribofuranose | ribose | β-ribofuranose | furano |
| (forma cíclica) | (forma aberta) | (forma cíclica) | |

6. Reações de açúcares

As reações de açúcares são reações típicas de compostos hidroxilados e carbonilados. Assim como os álcoois, os açúcares reagem com cloretos de ácido para a formação de ésteres e com agentes alquilantes (haletos de alquila ou sulfato de metila), para a formação de éteres.

6.1-Oxidação

O grupo aldeído das aldoses pode ser seletivamente oxidado a ácido carboxílico na presença de oxidantes brandos. A reação mais conhecida é a reação com Cu^{2+}, fracamente azulada, chamada de teste de Fehling. O resultado positivo para aldeído é a precipitação de um sólido vermelho, constituído de óxido de cobre (I), após aquecimento da solução do açúcar com bitartarato de cobre (II), fracamente azulada.

H–C=O

COOH
H–C–OH
HO–C–H
H–C–OH
H–C–OH
COOH

← HNO₃

H–C=O
H–C–OH
HO–C–H
H–C–OH
H–C–OH
CH₂OH

D-glicose

Cu²⁺ →

COOH
H–C–OH
HO–C–H
H–C–OH
H–C–OH
CH₂OH

+ Cu₂O (ppt.)

↓ HIO₄

2 HCOOH + 4 HCHO

O açúcar é oxidado e o cobre (II) é reduzido para cobre (I), que precipita como óxido cuproso (Cu_2O). A reação com oxidantes mais fortes, como o ácido nítrico, oxida também o grupo CH_2OH terminal para ácido carboxílico.

Oxidantes ainda mais fortes, como o HIO_4 (ácido periódico), oxidam completamente a cadeia e formam ácido fórmico e formaldeído.

6.2. Adição de HCN (reação de Kiliani-Fischer)

A adição de HCN sobre a carbonila aumenta a cadeia em um carbono, pela adição nucleofílica de cianeto a aldeídos e cetonas, que formam cianidrinas. O esquema abaixo mostra a reação sobre a eritrose, um açúcar de quatro carbonos, formando ambos epímeros da 2,3,4,5-tetra-hidroxipentanonitrila. A cianidrina pode ser transformada em COOH, e este reduzido a aldeído, formando um novo açúcar.

H–C=O
H–C–OH
H–C–OH
CH₂OH

D-eritrose

+ HCN →

CN
H–C–OH
H–C–OH
H–C–OH
CH₂OH

+

CN
HO–C–H
H–C–OH
H–C–OH
CH₂OH

hidrólise / redução →

H–C=O
H–C–OH
H–C–OH
H–C–OH
CH₂OH

+

H–C=O
HO–C–H
H–C–OH
H–C–OH
CH₂OH

D-ribose   D-arabinose

6.3. Biossíntese da vitamina C

O homem é um dos poucos animais que não tem a capacidade de sintetizar o ácido ascórbico, ou vitamina C, junto com alguns primatas e alguns morcegos. A rota biossintética da vitamina C envolve uma sequência de etapas de oxidações e reduções. A primeira etapa é a oxidação do grupo CH_2OH para ácido carboxílico, formando o ácido glucorônico, e reduzido o acetal (em equilíbrio com o aldeído) para o ácido gulônico. O ácido gulônico cicliza e forma uma lactona de 5 membros. A oxidação do intermediário produz a forma ceto da vitamina C, que tautomeriza e forma o enol correspondente.

ácido glucorônico → ácido gulônico

ciclização → oxidação → equilíbrio ceto-enólico → vitamina C

O comportamento ácido da vitamina C é explicada pela acidez do enol, que forma o enolato estabilizado por ligação de hidrogênio intramolecular e por estruturas de ressonância. A vitamina C sofre oxidação por oxigênio e por outros radicais, atuando como antioxidante e cofator na biossíntese do aminoácido hidroxiprolina, presente no colágeno.

comportamento ácido

anti-oxidante

A deficiência de vitamina C limita a biodisponibilidade de hidroxiprolina e altera as propriedades do colágeno, levando ao escorbuto, cujos sintomas são sangramento da pele e gengivas.

prolina → prolil-4-hidroxilase/ vitamina C → hidroxiprolina

6.4.Reação de Maillard

Os produtos que dão a cor e o aroma típico de carne assada ou pão tostado se formam pela reação de Maillard. A seguir, mostramos a reação para a glicose, que reage mais rápido que a frutose, pela maior reatividade das aldoses comparada às cetoses. A reação de Maillard inicia com o ataque nucleofílico de um aminoácido sobre uma molécula de açúcar, que desidrata (perde água), formando uma imina. A imina tautomeriza para a forma enol (no centro do próximo diagrama), mais reativa e perde água sob aquecimento, formando a 2,3-deoxihexosulose após hidrólise. O produto formado cicliza pelo ataque nucleofílico de C-5 sobre o grupo ceto de C-2, que desidrata e forma um anel de furano, bastante estável.

2,3-deoxihexosulose   5-hidroximetil-2-furaldeído

7. Dissacarídeos

Dissacarídeos são formados pela condensação de dois monossacarídios, através de uma ligação do carbono hemiacetálico com uma hidroxila, com eliminação de água, formando uma ligação cetal (RO-C-OR). No esquema a seguir estão dois dissacarídios formados a partir entre os anômeros da glicose.

α-D-Glicopiranose   β-D-Glicopranose   α -D-Glicopiranose-(1-4) β -D-Glicopiranose

Maltose

β-D-Glicopiranose   β-D-Glicopranose   β-D-Glicopiranose-(1-4) β-D-Glicopiranose

Celobiose

Dois dissacarídeos importantes na alimentação humana são a lactose, o açúcar do leite, e a sacarose, o açúcar de cana, produzido na ordem de milhões de toneladas. A lactose é um dissacarídeo formado pela condensação de uma unidade de galactose, com uma unidade de glicose, enquanto que a sacarose é formada pela condensação de uma unidade de frutose com uma unidade de glicose.

Lactose(forma β)   Sacarose

β-D-galactopiranosil-(1⇌4)-β-D-glicopiranose   β-D-frutofuranosil-α-D-glicopiranosídio

Gal (β 1⇌4 β)Glc   Fru(β 2 ⇌1α)Glc

A intolerância à lactose se deve à perda da capacidade de assimilação deste açúcar, pela inativação da síntese das enzimas que metabolizam a lactose.

8. Polissacarídios ou Glicanas

Os polissacarídios são polímeros de massa molecular que varia de algumas dezenas de unidades (condroitina-4-sulfato) até mais do que 10^6 para a amilopectina. Os polissacarídios podem ser constituídos por apenas uma espécie de monômeros, quando são conhecidos como homopolissacarídios, por exemplo o amido, o glicogênio (armazenamento de energia), a celulose e a quitina (elementos estruturais em membranas celulares de plantas e exoesqueleto animal).

Os heteropolissacarídios são constituídos por dois ou mais tipos de sacarídeos como as peptidoglicanas e o hialuronato e são encontrados no envoltório de bactérias, tecidos intersticiais, etc.

8.1. Celulose

A celulose é uma fibra de grande importância no mercado mundial, componente de tecidos (algodão) e do papel, constituída por cadeias poliméricas de 10.000 a 15.000 unidades de (β 1→4) glicose linear, com baixo conteúdo de água, devido às ligações de hidrogênio intramoleculares, entre os grupos OH e O de unidades vizinhas de glicose. A cadeia da celulose é praticamente linear,
permitindo um alinhamento entre as cadeias paralelas e formação de fibras.

Estas características estruturais comunicam uma força capaz de resistir às tensões e por isso é o constituinte de tecidos que apresentam resistência moderada, como folhas e caules verdes. Para tecidos mais duros ainda existe a lignina, que não é um polissacarídio, mas apresenta diversas funções orgânicas, como álcool, ácido, fenol e carbonilados.
Poucos animais são capazes de digerir celulose, porque não têm a enzima celulase, presente no micro-organismo Trichonympha, que habita o intestino dos cupins. Alguns fungos e bactérias também produzem celulase, que ajudam os ruminantes a digerir a celulose.

8.2. Amido

O amido é a principal fonte energética da humanidade, encontrado em tubérculos e sementes. É constituído de unidades de D-glicose unidas por ligações (α1→4)-glicosídicas, que podem ser clivadas pelas α-amilases, encontradas na saliva e secreções intestinais. A estrutura tridimensional do amido se dispõe na forma de espiral, devido ao ângulo formado na ligação α-glicosídicas.

unidades (α 1-4)-*D*-Glicose

Os polímeros de α-celulose variam de acordo com a ramificação da cadeia. A amilose é um amido com unidades de glicose lineares, enquanto que a amilopectina apresenta ramificações na cadeia.

8.3. Quitina

A quitina é o principal constituinte do exoesqueleto rígido de cerca de um milhão de espécies de artrópodes, composta por resíduos de N-acetilglucosamina, que forma redes fibrosas semelhantes à celulose, e não é digerida por animais vertebrados.

Os açúcares são encontrados ligados também a resíduos de aminoácidos e lipídios. Os compostos com os aminoácidos são conhecidos como peptidoglicanas, que tornam a parede celular de bactérias como Staphilococus aureus mais rígida.

9. Lipídios

Lipídios são biomoléculas insolúveis em água e solúveis em solventes apolares como o hexano ou de baixa polaridade como éter e clorofórmio. Os lipídios não se restringem a funções específicas como os aminoácidos e açúcares, mas a uma gama de compostos que têm como característica em comum sua lipofilicidade.

Desta forma, diversas moléculas que apresentam diferentes funções orgânicas são classificadas como lipídios. Os grupos importantes são:

– triacilglicerídeos, que são ésteres de ácidos graxos com glicerol;
– fosfolipídios, diésteres de ácidos graxos com glicerol;
– ceras, que são ésteres de cadeia longa;

– esteroides derivados do colesterol , com funções de hormônios reguladores;
– carotenoides, polienos conjugados.

Os três primeiros grupos são ésteres de ácidos graxos, sintetizados a partir do crescimento linear da cadeia utilizando acetilcoenzima A e o complexo enzimático FAS (fatty acid synthase), enquanto que os outros grupos são obtidos a partir da rota do ácido mevalônico.

10. Ácidos graxos

Os ácidos graxos que compõem os lipídios apresentam cadeias lineares com poucas variações. As mais importantes são o número de carbonos que compõem a cadeia e a presença de ligações duplas ao longo da cadeia, com estereoquímica *cis*. Os ácidos graxos mais comuns são aqueles com 14 a 18 átomos de carbono e com no máximo quatro insaturações ao longo da cadeia. Abaixo estão os nomes usuais dos ácidos saturados e insaturados com cadeias de 12 a 18 átomos de carbono.

estrutura do ácido graxo	cadeia de carbonos	nome usual e IUPAC
	12:0	ácido láurico / ácido dodecanoico
	14:0	ácido mirístico / ácido tetradecanoico
	16:0	ácido palmítico / ácido hexadecanoico
	18:0	ácido esteárico / ácido octadecanoico
	$16:1(\Delta^9)$	ocido palmitoleico / ácido *cis*- 9-hexadecenóico
	$18:1(\Delta^9)$	ácido oleico / ácido *cis*- 9-octadecenoico
	$18:2(\Delta^{9,12})$	ácido linoleico / ácido *cis,cis*-9,12-octadienoico
	$20:4(\Delta^{5,8,11,14})$	ácido araquidônico / ácido *cis*-,*cis*-,*cis*-,*cis*-5,8,11,14-icosatetraenoico

O ponto de fusão usualmente cresce com o número de carbonos, porém, as ligações *cis* de ácidos graxos insaturados dificultam o empacotamento na fase sólida, diminuindo as interações atrativas no sólido. O resultado é uma diminuição no ponto de ebulição com o aumento do número de ligações *cis*. Outro efeito se dá sobre as cadeias fosfolipídicas das membranas celulares, em que a presença de ligações duplas aumenta a fluidez da membrana. Se se fosse constituída apenas de cadeias saturadas ou por ligações duplas trans, resultaria em uma maior rigidez com aumento da cristalinidade e perda da mobilidade molecular.

ácido palmítico
p. f. = 63 °C

ácido palmitoleico
p. f. = 1 °C

Ponto de fusão de ácidos graxos

Ácido graxo	Carbonos	C=C	p.f. (° C)
mirístico	14	0	54
palmítico	16	0	63
esteárico	18	0	70
palmitoleico	16	1	1
oleico	18	1	13
linoleico	18	2	-11
araquidônico	20	4	-50
p.f. (°C)	54	63	70

11. Triacilglicerídeos

Os triacilglicerídeos são compostos por ésteres do glicerol de ácidos graxos de 8 a 30
carbonos (maioria C-16 e C-18). As principais funções dos triacilglicerídeos são:
– armazenamento de energia;
– isolamento térmico do meio ambiente.

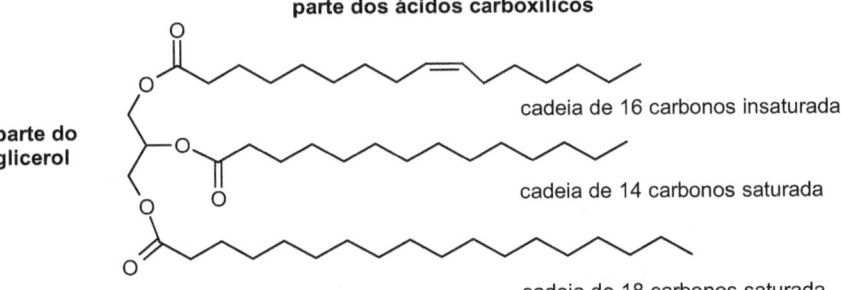

parte dos ácidos carboxílicos

cadeia de 16 carbonos insaturada

parte do glicerol

cadeia de 14 carbonos saturada

cadeia de 18 carbonos saturada

As propriedades físicas variam com o número de carbonos e de insaturações(ligações
duplas). Triacilglicerídeos originários de animais (banha) são sólidos, porque as
cadeias dos ácidos graxos são na sua maioria saturadas (ligações C-C simples),
enquanto que triacilglicerídeos vegetais são líquidos (óleos) porque apresentam
diversas ligações duplas *cis*.

Um método para determinar o número de ligações duplas é a reação com iodo, e a massa de iodo que reage com 100 g do óleo é chamada de índice de iodo.

óleo/gordura	índice de iodo
coco	6 - 10
sebo de boi	35-42
óleo de oliva	80-88
óleo de arroz	95-110
óleo de canola	110-130
óleo de milho	110-126
óleo de soja	120-135
óleo de girassol	145

violeta   incolor

A reação ocorre pela adição de iodo- I_2- às ligações duplas das cadeias dos ácidos graxos, da mesma forma que a reação de bromo com alcenos. O iodo é violeta, e o produto formado é incolor, logo adiciona-se iodo até que a coloração violeta de uma solução do óleo permaneça, isto é, não haja mais ligações duplas para reagir.

O baixo índice de iodo da gordura do coco está de acordo com o predomínio de ácidos graxos saturados e pequeno número de ligações duplas, enquanto que o girassol é rico em ácidos graxos insaturados, com maior número de ligações duplas.

Quanto maior o número de insaturações, menor o ponto de fusão e menos viscoso será o triacilglicerídeo. Estas propriedades são importantes para o uso do óleo como biodiesel, porque um líquido de alta viscosidade pode entupir a injeção no motor. Uma tentativa para melhorar as propriedades do biodiesel é a reação de transesterificação, em que se troca o éster de glicerol por um éster metílico ou etílico, o que diminui a viscosidade do líquido.

R = Me, Et

glicerol

ésteres metílicos ou etílicos

Os triacilglicerídeos podem ser hidrolisados em meio básico, formando glicerol e os sais dos ácidos graxos, que têm propriedades de tensoativos (diminuem a tensão superficial da água). De acordo com a base utilizada, obtêm-se sabões mais duros (hidróxido de sódio) ou mais macios (hidróxido de potássio).

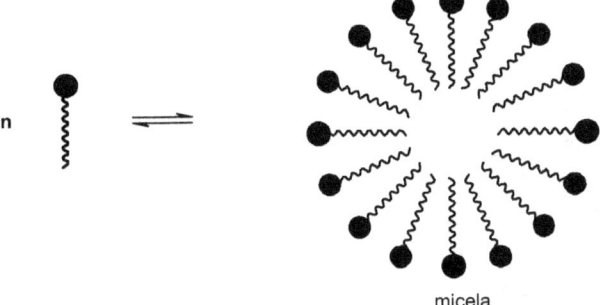

glicerol

sais de ácidos graxos
(sabões)

As moléculas dos sais de ácidos graxos organizam-se de forma esférica, formando micelas na água, com a parte polar voltada para a água e a cadeia apolar voltada para o interior da micela.

micela

12. Fosfatidil-lipídios

A função das membranas celulares é definir ambientes, criando uma barreira que não permite a passagem de água e substâncias estranhas à organela ou célula. As moléculas que fazem esta função são os fosfatidil-lipídios, em sua maioria diésteres do glicerol-3-fosfato, que apresentam uma parte hidrofílica, que interage com a água e duas cadeias carbônicas hidrofóbicas, que não permitem a passagem da água.

cadeia insaturada - ácido palmitoleico

cadeia saturada - ácido palmítico

exemplo de fosfolipídio

S-glicerol-1-fosfato

A parte hidrofílica são derivados do ácido fosfórico com grupos que interagem com a água como derivados do glicerol ($HOCH_2CHOHCH_2OH$), etanolamina

(HOCH$_2$CH$_2$NH$_2$), colina (HOCH$_2$CH$_2$NMe$_3^+$), açúcares fosforilados ou sulfonados, e derivados da *L*-serina, enquanto que a parte hidrofóbica são longas cadeias carbônicas. Os fosfolipídios se organizam na forma de bicamadas, em que as partes hidrofílicas estão voltadas para a água, uma delas para água extracelular e a outra para a água intracelular e as partes hidrofóbicas estão voltadas umas para as outras.

ácido graxo saturado
(ex: ácido palmítico)

ácido graxo insaturado
(ex : ácido olêico)

parte hidrofílica
(face externa)

parte hidrofóbica

R = glicerol, CH$_2$CH$_2$NH$_3^+$, CH$_2$CH$_2$N$^+$(CH$_3$)$_3$,
serina, derivados de açúcares.
íons dipolares- constituintes das membranas celulares

parte hidrofílica
(face interna)

Os plasmalogênios são éteres do 1-fosfato-glicerol, presentes principalmente no coração, onde correspondem à metade dos fosfolipídios. O fator de agregação plaquetária é um potente sinalizador molecular, liberado por leucócitos do tipo basófilos e estimula a liberação de serotonina das plaquetas, com diversos efeitos no coração, fígado, músculos, pulmões e atua na resposta alérgica. O grupo acetil ligado ao C-2 do glicerol aumenta a solubilidade em água.

plasmalogênio

fator de agregação plaquetária

13.Ceras

Ceras são ésteres de ácidos graxos com álcoois de cadeia longa, resultando em um material macio e maleável, cujo ponto de fusão situa-se entre 60 a 100° C é usualmente mais alto que os triglicerídios. As ceras são a principal reserva de energia e carbono do plâncton e são sintetizadas por plantas para diminuir a perda de água por evaporação e por aves aquáticas para evitar que suas penas fiquem molhadas.

O palmitato de cetila é o principal componente do espermacete do cachalote, um órgão na cabeça deste mamífero aquático, cuja função presumida é auxiliar na flutuabilidade e na resistência à pressão durante os mergulhos a profundidades de até 1000 m. O éster do 1-triacontanol com o ácido palmítico é o principal componente da cera das abelhas, com uma estrutura linear, que apresenta resistência suficiente para formar as estruturas da colmeia e é completamente insolúvel em água.

palmitato de cetila ou
hexadecanoato de hexadecila

$H_3C(CH_2)_{14}COO(CH_2)_{29}CH_3$

palmitato de triacontanila

14. Esteroides e carotenoides: rota do ácido mevalônico

Esteroides, carotenoides e outras classes de biomoléculas como os terpenos são biossintetizados a partir do dimetilalilpirofosfato (DMAPP e isopentenilpirofosfato (IPP), cuja principal rota passa pelo mevalonato, conforme o seguinte esquema:

acetil-CoA   acetoacetil-CoA   mevalonato

iso-pentenilpirofosfato   dimetilalilpirofosfato

isopreno

O DMAPP e IPP são equivalentes do isopreno (2-metil-1,3-butadieno), o bloco construtivo de diversas classes de biomoléculas: esteroides, carotenoides, terpenos, grupos hemes, entre outros.

14.1. Esteroides

Os esteroides apresentam uma estrutura comum de quatro anéis carbônicos, sendo três ciclos de seis carbonos (anéis A, B e C) e um de cinco carbonos (anel D). Os hormônios sexuais são derivados oxidados do colesterol que não têm a cadeia alquílica no anel D, como a testosterona e estradiol, produzidos respectivamente nos testículos e ovários. O etinilestradiol é um anticoncepcional sintetizado em laboratório de estrutura semelhante ao estradiol, e que junto com outras drogas inibe a produção do óvulo. O cortisol e a aldosterona são produzidas na glândula adrenal e regulam o metabolismo da glicose e excreção de sal.

colesterol

testosterona

estradiol

cortisol

aldosterona

etinilestradiol

Quantidades de lipídios e ésteres de ácidos graxos em alimentos (em 100 g)

Fonte natural	Óleos e gorduras (g)			
	Colesterol (mg)	saturados	mono-insaturados	polinsaturados
manteiga	219	50,5	23,4	3,0
Óleo de oliva	0	13,5	73,7	8,4
Óleo de amendoim	0	16,9	46,2	32,0
Leite comum	14	2,3	1,1	0,1
Leite desnatado	2	0,1	0,05	0,007
Ovo (total)	548	3,4	4,5	1,4
Gema do ovo	1602	9,9	13,2	4,3
Queijo suíço	92	17,8	7,3	1,0
margarina	0	13,2	45,8	18,0
Carne vermelha	91	2,7	2,7	0,5
Frango (sem pele)	85	1,3	1,5	1,0

14.2.Carotenoides

Os carotenoides são tetraterpenos, constituídos de oito unidades de isopreno, com 40 carbonos e ligações duplas conjugadas, que comunicam cor. Vários carotenoides apresentam ciclos de seis carbonos, que podem ser oxigenados (xantofilas) ou ter apenas carbonos (carotenos) na estrutura.

A luteína é encontrada em folhas de vegetais e acumula-se na gema do ovo, dá a sua cor característica e comunica propriedades antioxidantes. O β-caroteno dá a cor alaranjada às cenouras e a clivagem e oxidação da ligação central forma o retinal (vitamina A), que absorve luz visível como cofator da rodopsina em cones e bastonetes.

luteína

β-caroteno

caroteno oxigenase

retinal

14.3. Terpenos e óleos essenciais

Os terpenos são constituintes de óleos essenciais derivados de plantas, com uso em perfumaria como o linalol, geraniol, limoneno e a mirra, cujo óleo extraído da resina da planta é composto principalmente pelo sesquiterpeno bisaboleno. Artigos de higiene pessoal como desodorantes e pastas de dente apresentam citronelal e mentol em sua composição.

Os monoterpenos apresentam duas unidades de isopreno (10 carbonos), os sesquiterpenos são constituídos de três unidades de isopreno (15 carbonos), os diterpenos (20 carbonos) são formados por quatro unidades de isopreno e assim por diante. O diterpeno forscolina ativa a enzima AMP ciclase, que cicliza o ATP para AMP cíclico. O AMPc atua como o mensageiro para a ativação de diversas enzimas. Alguns monoterpenos e suas fontes naturais estão mostrados a seguir.

| linalol (lavanda) | citronelal (eucalipto) | geraniol (rosa) | mentol (menta) | limoneno (cítricos) |

bisaboleno
sesquiterpeno do
óleo de mirra

forscolina
diterpeno de
Coleus forskohlii

A borracha natural é um polímero derivado do isopreno, em que as ligações duplas estão em configuração Z. A propriedade mais importante da borracha é a sua elasticidade, resultado da forma com que as cadeias se enrolam na forma de hélice. As hélices acumulam a energia de um impacto, comprimindo a hélice e rapidamente retorna à forma inicial, liberando a energia acumulada.

15. Bases nucleicas, nucleosídios, nucleotídios, ácidos nucleicos

As espécies são definidas por características únicas externas e internas; pela organização de suas estruturas e especificidade na estrutura das enzimas e tecidos. A codificação e transmissão fidedigna desta informação são requisitos para que as espécies possam existir ao longo do tempo.

A sequência de aminoácidos das enzimas está descrita em um polímero cuja sequência de unidades guarda a informação; o ácido desoxirribonucleico (ADN ou "DNA").

A hidrólise ácida do DNA e RNA leva à quebra das unidades repetitivas. Se esta hidrólise for vigorosa são obtidas bases nitrogenadas, unidades de açúcar (desoxirribose para o DNA e ribose para o RNA) e fosfato. Se a hidrólise for suave, estas três unidades permanecem juntas, formando os nucleotídios (base nitrogenada + açúcar + fosfato), e apenas a ligação entre os nucleotídios é quebrada.

16. Bases nucleotídicas

As bases que constituem os nucleotídios são derivadas da pirimidina (bases pirimídicas) ou da purina (bases púricas). As bases pirimídicas são a citosina (DNA,

RNA), timina (DNA) e uracil (preferencialmente RNA em lugar da timina),e as bases púricas são adenina e guanina (encontradas no DNA e RNA). As estruturas das bases estão mostradas abaixo e a numeração da cadeia está mostrada abaixo. Assim, a adenina também pode ser chamada de 6-aminopurina.

purina   pirimidina

bases púricas   bases pirimídicas

adenina   guanina   citosina   uracil   timina

As bases nucleotídicas absorvem luz ultravioleta no intervalo entre 250-270 nm, e a concentração das bases ou dos nucleotídios é usualmente medida por espectrometria (medida de concentração por absorção de luz) em 260 nm (ultravioleta). A excitação por luz ultravioleta pode levar a reações no estado excitado e causar modificações no DNA, o que causa câncer de pele. O aumento de melanina na pele é a proteção contra os danos provocados pelo excesso de luz solar.

17. Tautomerismo das bases

As bases nucleotídicas apresentam tautomerismo, o que altera o padrão de ligação de hidrogênio formado pelas bases. Na guanina, citosina, timina e uracil ocorre o tautomerismo amida-iminol, e a forma amida é largamente favorecida pela maior estabilidade da ligação C=O em relação à ligação C=N. O equilíbrio usualmente favorece a forma amido e as constantes de equilíbrio são da ordem de 10^4 a 10^5.

guanina - forma ceto   guanina - forma enol   uracil - forma ceto   uracil - forma enol

O tautomerismo na adenina troca a posição da ligação C=N, que pode ficar dentro ou fora do ciclo. A forma com C=N dentro do anel é a mais estável, porque mantém um arranjo eletrônico semelhante ao benzeno, com características de aromaticidade.

C=N intra-anelar
mantém aromaticidade

C=N extra-anelar
perde aromaticidade

18. Nucleosídios e Nucleotídios

Os nucleosídios são compostos pela ligação entre as bases púricas e pirimídicas e unidades de ribose e desoxirribose. Para diferenciar a numeração, os carbonos do açúcar são numerados usando o número com apóstrofo – 1', 2', etc.

A ligação entre as bases nucleotídicas e os açúcares ocorre através do C-1' e do N-9 para bases púricas e entre o C-1'e o N-1 para as bases pirimídicas, que no carbono-5 podem se ligam a unidades de fosfato. A ligação entre as bases e os açúcares forma o nucleosídio, enquanto que a ligação adicional do fosfato em C-5' forma o nucleotídio.

Os nomes dos nucleosídios (base + açúcar) são construídos a partir do nome da base com o sufixo -osina para as bases púricas e com o sufixo -idina para as bases pirimídicas, conforme o exemplo a seguir:

timina

ribose

timidina

base + açúcar	nucleosídio
adenina + ribose	adenosina
timina + ribose	timidina
citosina + ribose	citidina
guanina + ribose	guanosina
uracila + ribose	uridina

O número de fosfatos em cadeia ligado à hidroxila de C-5' pode variar: o ATP e GTP apresentam três fosfatos em cadeia (trifosfatos), ADP e GDP apresentam dois fosfatos (difosfatos) e AMP, GMP apresentam um fosfato (monofosfato). Os monofosfatos também podem estar na forma cíclica – AMP cíclico ou ATPc e GMP cíclico – GMPc.

AMP- adenosina-5'-
monofosfato adenilato

dGDP- desoxiguanosina-5'-difosfato

CMP-citidina-5'-
monofosfato-citidilato

Os nucleotídios apresentam diversas funções no metabolismo celular: são a moeda energética nas rotas metabólicas; conduzem estímulos hormonais de fora para dentro das células; atuam como cofatores enzimáticos; unidades constituintes do ácido desoxirribonucleico (ADN ou "DNA") e do ácido ribonucleico (ARN ou "RNA").

adenina + ribose ⟹ adenosina + n

n=3

adenosina-monofosfato (AMP)   n=1

n=2

adenosina-dinofosfato (ADP)

adenosina-trifosfato (ATP)

A diferença entre o DNA e o RNA é o açúcar que constitui cada nucleosídio. No RNA é a ribose, enquanto que no DNA é a desoxirribose, obtida pela desidroxilação do OH de C-2' da ribose. Os nucleotídios com desoxirribose têm a função de manter a informação genética no DNA; esta informação é transcrita para o RNA que atua como mensageiro, dirigindo-se aos ribossomos para que seja decodificada na síntese de proteínas.

ribose — A,U,C,G

desoxirribose — A,T,C,G

A cadeia do RNA e DNA é formada por ligações fosfodiéster pelas hidroxilas de C-3' e C-5' das unidades de ribose e desoxirribose, conforme o desenho a seguir:

cadeia do RNA

cadeia do DNA

A informação genética é assegurada pela complementaridade entre as ligações de hidrogênio entre as bases.

A adenina interage com a timina por duas ligações de hidrogênio e a citosina interage com a guanina por três ligações de hidrogênio. A sequência de bases nucleotídicas codifica a sequência de aminoácidos nas proteínas. Cada grupo de três nucleotídios corresponde a um aminoácido. Existe uma analogia com a informação de computador, em que cada nucleotídio corresponde a um bit e o grupo de três nucleotídios ou códon corresponde a um byte, um conjunto de bits associado a um caractere, no caso a um aminoácido. A informação do DNA é passada (transcrita) para uma fita de RNA, chamado de RNA mensageiro (RNAm), cuja extensão é menor e contém a informação necessária para a síntese de uma enzima no ribossomo. De forma simplificada, o caminho da informação está mostrado no esquema abaixo.

| triplete do DNA | transcrição para RNA | adicione o aminoácido tirosina | adicionado à proteína |

No DNA são possíveis quatro bases e o códon é constituído por três bases, o que dá uma variabilidade de $4^3=64$ códons. Alguns aminoácidos possuem mais que um códon para sua expressão, de fato apenas a metionina e o triptofano têm apenas um código correspondente. Entre os códons possíveis, três correspondem a um sinal de "PARE!". O sinal de "INICIE" é o mesmo do aminoácido metionina, que pode ser removido quando a proteína é liberada. Esta codificação é a mesma para a maioria dos organismos vivos, com pequenas modificações em alguns micro-organismos. Abaixo está uma tabela com a sequência de bases do RNA e o aminoácido (AA) correspondente.

A necessidade de informação tem um custo: enquanto que a síntese de uma ligação amida qualquer aumenta a energia em cerca de 5 kcal/mol, a síntese proteica requer todo um maquinário de codificação, transcrição e decodificação, necessitando cerca de 200 enzimas, moléculas de RNA e outras enzimas especializadas, além de um aumento para 30 kcal/mol no requerimento energético.

Relação entre a sequência de bases e aminoácido

BASES	AA	BASES	AA	BASES	AA	BASES	AA
UUU	Phe	UCU	Ser	UAU	Tir	UGU	Cis
UUC	Phe	UCC	Ser	UAC	Tir	UGC	Cis
UUA	Leu	UCA	Ser	UAA	Pare	UGA	Pare
UUG	Leu	UCG	Ser	UAG	Pare	UGG	Trp
CUU	Leu	CCU	Pro	CAU	His	CGU	Arg
CUC	Leu	CCC	Pro	CAC	His	CGC	Arg
CUA	Leu	CCA	Pro	CAA	Gln	CGA	Arg
CUG	Leu	CCG	Pro	CAG	Gln	CGG	Arg
AUU	Ile	ACU	Thr	AAU	Asn	AGU	Ser
AUC	Ile	ACC	Thr	AAC	Asn	AGC	Ser
AUA	Ile	ACA	Thr	AAA	Lis	AGA	Arg
AUG	Met	ACG	Thr	AAG	Lis	AGG	Arg
GUU	Val	GCU	Ala	GAU	Asp	GGU	Gli
GUC	Val	GCC	Ala	GAC	Asp	GGC	Gli
GUA	Val	GCA	Ala	GAA	Glu	GGA	Gli
GUG	Val	GCG	Ala	GAG	Glu	GGG	Gli

Tópico especial - Drogas nucleosídicas

Pela sua capacidade de interação com o DNA e RNA, bases nucleotídicas modificadas têm sido utilizadas como drogas no combate de vírus. O mais conhecido é o AZT, um nucleosídio do DNA modificado, com um grupo azido ($-N_3$) na posição C_3' do anel de ribose. A lamivudina também tem demonstrado ação contra o HIV, e sua estrutura se baseia na citosina, mas com um anel heterocíclico diferente para "enganar" o sistema de replicação do vírus.

O aciclovir (Zovirax) é uma droga anti-herpes, cuja estrutura possui similaridade com a desoxiguanosina, em que o anel de ribose é substituído por uma cadeia aberta, com resultados excelentes. No futuro, outros medicamentos baseados em nucleosídios modificados devem ser criados, e todos estes estudos envolvem químicos, farmacêuticos, biólogos e médicos.

anti-HIV

deoxitimidina
nucleosídio do DNA

e

AZT
azidotimidina
droga anti-AIDS

deoxicitidina
nucleosídio do DNA

e

3-TC
lamivudina
droga anti-AIDS

anti-herpes

deoxiguanisina
nucleosídio do DNA

e

aciclovir
(Zovirax)
droga anti-herpes

Exercícios

1- As reações de oxidação e redução da (2R, 3R)-D-eritrose formam produtos não assimétricos. Explique os resultados, apesar da manutenção da configuração dos carbonos assimétricos. Escreva os produtos formados para a oxidação do enantiômero (2S, 3R)-D-treose. Eles são assimétricos?

(2R, 3R)-D-eritrose

(2S, 3R)-D-treose

2- Observe a estrutura da β-glicopiranose. O que você observa sobre a posição dos grupos CH_2OH e OH no anel? Qual o efeito na estabilidade deste composto? Calcule a diferença de energia entre as formas α e β a 298 K, usando os valores para as proporções obtidas na mutarrotação da glicose. Use $\Delta G = - R.T.\ln K$; R = 1,987 cal/(mol.K); A (OH) = 0,95 kcal/mol (1 kcal = 1000 cal)

α -D-Glicopiranose

β -D-Glicopiranose

Este valor está adequado com a proporção 64: 36 encontrada para a razão entre as formas beta: alfa em solução?

3- Escreva as estruturas formadas nas seguintes ciclizações. Use as estruturas glicose e frutose do texto como modelo para atribuir a estereoquímica no ciclo, ou seja, se os grupos estarão em *cis* ou *trans*. Os produtos serão furanosídios ou piranosídios?

H–C–OH
HO–C–H
H–C–OH
H–C–OH
CH₂OH

D-Glicose

H–C–OH
H–C–OH
CH₂OH

D-treose

H–C–OH
HO–C–H
HO–C–H
H–C–OH
CH₂OH

D-galactose

4- Indique as unidades de isopreno nas seguintes moléculas:

mirceno   pineno   carvona

ácido abiético   lanosterol

α-caroteno

5- Desenhe a estrutura de um triacilglicerídeo com uma unidade de ácido palmítico, uma unidade de ácido palmítico e uma de ácido linoleico. Existe mais do que uma possibilidade de arranjo para estes ácidos.

6- A esterificação de uma das hidroxilas do glicerol pode formar um produto quiral? Mostre como e desenhe o enantiômero *R* do 1-acetilglicerol.

7- Atualmente se considera as gorduras *trans* como prejudiciais para a alimentação. Desenhe a estrutura de um triacilglicerídio com três unidades de ácido oleico *cis*, e depois desenhe com o respectivo isômero *trans*. Existe alguma tendência no alinhamento das cadeias?

8- Escreva as formas tautoméricas para a adenina (no mínimo três).

9-Desenhe estruturas adequadas para interagir por ligações de hidrogênio com as moléculas abaixo:

1)   2)   3)   4)

10- Classifique os açúcares abaixo de acordo com o número de carbonos, de acordo com a função (aldose ou cetose). Indique os carbonos assimétricos e o número de estereoisômeros, se houver.

$$
\begin{array}{cccc}
& & \text{CH}_2\text{OH} & \\
\text{H} & \text{H}\diagdown\text{C}\diagup\text{O} & \text{C}=\text{O} & \text{H}\diagdown\text{C}\diagup\text{O} \\
\text{H}-\text{C}-\text{OH} & \text{H}-\text{C}-\text{OH} & \text{HO}-\text{C}-\text{H} & \text{HO}-\text{C}-\text{H} \\
\text{H}-\text{C}=\text{O} & \text{H}-\text{C}-\text{OH} & \text{HO}-\text{C}-\text{H} & \text{HO}-\text{C}-\text{H} \\
\text{H}-\text{C}-\text{OH} & \text{H}-\text{C}-\text{OH} & \text{H}-\text{C}-\text{OH} & \text{HO}-\text{C}-\text{H} \\
\text{H} & \text{CH}_2\text{OH} & \text{CH}_2\text{OH} & \text{H}-\text{C}-\text{OH} \\
& & & \text{CH}_2\text{OH}
\end{array}
$$

11- A superfície da dupla hélice do DNA atrai cátions ou ânions? Por quê?

12- Existem diferença na interação do RNA e DNA com água? Explique.

13- Qual seria o peptídio formado pela transcrição das sequências de RNA :
a) AUGAGUCGAGGUCGAUAG?
b) AUGGGTAGACACGCCUAG?

Quais seriam as suas características (ácidas, básicas, neutras, hidrofílicas, hidrofóbicas) ?

Definições usadas no vocabulário da Química Orgânica

Alguns termos (ex : configuração) têm mais que uma interpretação.

ácido de Brönsted-Lowry: espécie química que transfere íons hidrogênio (H^+) em uma reação química.

adição, reação de: reação no qual um sistema insaturado é saturado ou parcialmente saturado pela adição de uma molécula sobre a ligação múltipla; exemplo: adição de bromo a eteno para formar 1,2-dibromoetano.

ácido de Lewis: espécie química que recebe um par de elétrons.

alcaloide: substância orgânica natural de comportamento básico, que forma sais com ácidos fortes. Normalmente, o grupo básico é uma função amino ou imino.

alil: grupo de três átomos com uma ligação dupla (ex: $R-CH_2-CH=CH_2$), e a posição 3 é o carbono alílico, vizinho à dupla ligação.

ângulo diedro: ângulo formado entre dois planos.

anômeros: estereoisômeros de carboidratos que diferem somente na configuração do átomo de carbono do hemiacetal.

aquiral: não quiral. É um composto (ou objeto) que se sobrepõe à sua imagem no espelho.

aromático: denominação dada a uma molécula que possui aromaticidade: propriedade especial de ciclos planares, com ligações duplas conjugadas e (4n + 2) elétrons nas ligações π conjugadas. O sistema aromático mais comum é o derivado do benzeno (n=1, 6 elétrons p).

assimetria: termo aplicado a um objeto ou molécula que não possui simetria.

associação: termo aplicado a uma combinação de moléculas originando um sistema mais complexo.

atividade ótica: propriedade que certas substâncias desviam o plano de vibração da luz plano-polarizada. Geralmente associada com a assimetria molecular.

base de Brönsted: substância que recebe um próton (H^+) em uma reação química.

base de Lewis: espécie química capaz de doar um par de elétrons para formar uma ligação coordenada.

bases e ácidos duros e moles: classificação de ácidos e base de acordo com sua polarizabilidade. Bases duras incluem o íon fluoreto, enquanto que bases moles incluem a trifenilfosfina. Um exemplo de ácido duro é o Li^+, e um ácido mole é o Hg^+.

cadeia, reação em: reação que ocorre através de etapas cíclicas repetitivas.

catalisador: uma substância adicionada a uma mistura reacional aumenta a velocidade com que se atinge o equilíbrio da reação.

calor de reação: quantidade de calor absorvido ou liberado por uma reação química a pressão constante.

cinética: estudo da velocidade de reações químicas.

composto: termo usado para indicar uma combinação definida de elementos em uma estrutura mais complexa (molécula), mas também é aplicada para sistemas com uma proporção não-estequiométrica de elementos.

configuração: arranjo espacial específico dos átomos em uma molécula.

configuração eletrônica: ordem que os elétrons estão arranjados em um determinado átomo ou molécula.

conformação: arranjo espacial de uma molécula no espaço em um momento particular. Uma molécula pode ter um número muito grande de conformações por rotações em torno de ligações covalentes simples.

confôrmero: uma conformação de uma molécula.

conjugação: interação eletrônica pela deslocalização de elétrons. Ocorre entre ligações químicas (ex: C=C-C=C e C=C-C=O). Podem envolver também pares isolados ou orbitais vazios.

constante de Avogadro: número de partículas (átomos ou moléculas) em um mol de uma substância pura. $N = 6,02 \cdot 10^{23}$.

constante de dissociação: de equilíbrio para a quebra de um agregado molecular: $AB = A + B$; $K_{diss.} = ([A][B])/[AB]$.

constante de equilíbrio: expressão que relaciona as quantidades relativas de reagentes e produtos de uma reação química em condições de equilíbrio. Para uma reação "$aA + bB = cC + dD$", a constante de equilíbrio (Ke) é definida por: $K_e = ([C]^c[D]^d)/([A]^a[B]^b)$.

constante de estabilidade: medida da extensão da associação entre espécies químicas. Para: $A + B = AB$; $K_e =[AB]/([A][B])$; é o inverso da constante de dissociação.)

constituição: o número e tipo de átomos de uma molécula.

corantes: compostos intensamente coloridos. As cores se devem a absorção de luz para transições eletrônicas.

cromatografia: série de técnicas utilizadas na separação de misturas de compostos, através da distribuição entre uma fase fixa e outra móvel. Exemplos - cromatografia gás-líquido: distribuição entre uma fase líquida e uma gasosa.

deslocalização: ocorre deslocalização de elétrons quando um sistema de elétrons não está localizado sobre dois átomos, mas estão espalhados por mais átomos.

desproporcionação: processo em que um composto de um estado de oxidação muda para composto com dois ou mais estados de oxidação. Ex: $2 Cu^+ \rightarrow Cu + Cu^{2+}$

dextrorrotatório: termo usado para um desvio da luz plano polarizada no sentido dos ponteiros do relógio ou do giro da mão direita (dextro = direita).

diagrama de energia de reação: gráfico da energia pelo progresso da reação.

diastereômeros (ou diastereoisômeros): estruturas estereoisoméricas que não são enantiômeros (imagens especulares) um do outro.

dissociação: processo em que uma molécula é quebrada em fragmentos mais simples, como moléculas menores, átomos, radicais livres ou íons.

eclipse: conformação em que os substituintes em dois carbonos ligados entre si por uma ligação simples se sobrepõem em uma projeção de Newman.

efeito indutivo: efeito eletrônico transmitido por ligações químicas devido à eletronegatividade dos substituintes, com polarização permanente.

elemento químico: os átomos com o mesmo número de prótons apresentam as mesmas propriedades químicas constituem o mesmo elemento químico.

eletrófilo: átomo, molécula ou íon capaz de aceitar um par de elétrons em uma

eletronegatividade: tendência de um determinado elemento para atrair elétrons em uma ligação covalente.

enantiômeros: par de isômeros que são a imagem no espelho um do outro.

endotérmica: uma reação que absorve calor.

energia de ativação: energia mínima que as espécies que reagem devem ter par a formação do "complexo ativado" ou "estado de transição" antes de levar aos produtos.

energia de ligação: energia necessária para romper uma ligação química de forma homolítica.

energia livre de Gibbs (ΔG): função de estado termodinâmica, relacionada com entalpia e entropia: $\Delta G = \Delta H - T.\Delta S$.

entalpia: função de estado termodinâmica, definida como troca de calor a pressão constante.

entropia: quantidade termodinâmica da medida da desordem em um sistema. Unidade SI: J/K.

estruturas de ressonância: ocorrem quando uma molécula pode ser representada por mais que uma estrutura de Lewis; cada uma destas estruturas é uma estrutura de ressonância, que é intercambiada com as outras apenas pelo movimento de elétrons.

enzima: catalisador natural de reações químicas.

epímeros: par de diastereoisômeros diferenciados por somente um carbono invertido.

epoxidação: adição de uma ponte de oxigênio entre carbonos vicinais para formar um epóxido ou oxirano.

espectrofotômetro: instrumento que mede o grau de absorção (ou emissão) da radiação eletromagnética de uma substância. Absorção de radiação ultravioleta ou infravermelho são medidos em espectrofotômetros.

espectrômetro: instrumento que mede um espectro de uma amostra.

espectrometria de massa: forma de espectrometria em que uma amostra é bombardeada por elétrons ou íons de alta energia, que se fragmenta em espécies carregadas.

espectroscopia de infravermelho: análise de absorção de luz infravermelha por uma substância. A absorção da luz provoca mudança movimentos como estiramentos e torções nas ligações químicas. Estas absorções permite inferir as ligações químicas presentes.

estado de transição: corresponde a estrutura de mais alta energia em uma transformação.

estado excitado: o estado de um átomo ou molécula quando absorve energia e passa para um estado de energia mais alto que o estado padrão. A energia absorvida pode alterar os estados eletrônicos, vibracionais, rotacionais, etc.

estado padrão: estado de energia mais baixo de um átomo, molécula ou íon.

estereoespecífica, reação: reação que forma que apenas um dos estereoisômeros possíveis. Se a configuração do carbono é alterada, ocorre com inversão de configuração; se permanece, ocorre com retenção de configuração.

estereoisômero: compostos que têm a mesma conectividade entre os átomos, mas que diferem em seu arranjo atômico espacial.

estereoquímica: estudo do arranjo espacial de átomos em moléculas.

estrela: conformação em que os substituintes de carbonos vizinhos estão no máximo afastamento angular na projeção de Newman.

fotoquímica, reação: reação química provocada pela ação da luz.

gauche: um isômero conformacional em que as cadeias alquílicas estão entre a forma eclipse e estrela, com ângulos diedros de 60°.

grupo protetor: grupo de átomos usado para proteger um grupo funcional de reações indesejadas. Usualmente requer uma reação de desproteção para retornar ao grupo funcional original.

heterogênea, reação: reação em que as substâncias que reagem estão em diferentes fases. Por exemplo, em um líquido e um sólido, ou dois líquidos imiscíveis.

reação heterolítica: reação em que uma ligação covalente é quebrada com uma distribuição desigual dos elétrons.

hibridização: combinação matemática de orbitais atômicos de diferentes tipos, mas energias próximas.

hidroboração: adição de ligação B e H a ligações duplas. Ocorre com estereoquímica *cis*, após a oxidação forma álcoois.

hidrogenólise: clivagem de uma ligação química por hidrogênio.

hidrólise: adição de água a uma substância, usualmente com a quebra da estrutura. Por exemplo, a hidrólise de um éster forma um ácido e álcool.

HOMO: "highest occupied molecular orbital" - orbital molecular de maior energia ocupado por elétrons em uma molécula, íon ou átomo.

homolítica, reação: reação em que uma ligação covalente é quebrada, com distribuição igual dos elétrons da ligação entre as espécies químicas resultantes, usualmente radicais livres.

impedimento estéreo: dificuldade de acesso de um local específico pela presença de um átomo ou grupo de átomos. Uma consequência normal é o impedimento de uma reação em um determinado ponto.

indução assimétrica: termo usado para indicar a síntese seletiva de apenas uma forma diastereoisomérica de um composto como resultado da influência de um centro quiral já presente na molécula. A indução se origina de efeitos estéreos, em que o acesso dos reagentes por um dos lados é mais livre do que pelo outro.

inibidor: termo geral para um composto que diminui a velocidade de uma reação.

insaturado: composto orgânico que contém ligações múltiplas (duplas ou triplas).

inversão de Walden: ocorre quando ocorre uma inversão de configuração no carbono que sofre uma reação de SN2.

íon: um átomo ou grupo de átomos que perdeu ou ganhou um ou mais elétrons, formando uma espécie com carga.

isomeria geométrica: termo que descreve a distinção entre moléculas pelo arranjo espacial dos átomos, o mesmo que estereoisomeria.

isomeria estrutural: termo usado para descrever a propriedade de moléculas diferem pela conectividade entre os átomos constituintes.

isômeros: compostos com a mesma composição atômica, mas que diferem em sua estrutura química. Podem ser isômeros estruturais (cadeia ou posição), tautômeros e estereoisômeros (isômeros geométricos, óticos ou conformacionais).

levorrotatório: termo usado para um desvio da luz plano polarizada no sentido contrário aos ponteiros do relógio ou do giro da mão esquerda (levo = esquerda).

ligação coordenada: ligação de dois átomos quando o um par de elétrons provem de apenas um dos átomos (o doador).

ligação covalente: ligação entre dois átomos pelo compartilhamento de um par de elétrons.

ligação dupla: compartilhamento de dois pares de elétrons para formar uma ligação dupla (duas ligações covalentes). A segunda ligação (ligação dupla) é formada pela sobreposição dos orbitais p, para formar uma ligação do tipo π.

ligação iônica: ligação por atração eletrostática.

ligação simples: formada pelo compartilhamento de um par de elétrons, ocorre no eixo internuclear.

LUMO: "lowest unoccupied molecular orbital" - orbital de menor energia sem elétrons, energeticamente superior ao HOMO.

meia vida, $t_{1/2}$: tempo para que a concentração de uma substância em uma reação caia pela metade de seu valor original. Usada em reações de primeira ordem.

mesomerismo: ocorre quando mais do que uma estrutura descreve a mesma molécula. A estrutura real é uma contribuição das formas mesoméricas.

molécula: espécie química formada pela ligação química entre os átomos.

nucleófilo: substância química que reage pelo par par de elétrons.

orbital atômico: região no espaço onde é mais provável encontrar um elétron em um átomo. Sua forma e energia são descritos por quatro números quânticos.

orbital molecular: região no espaço mais provável de encontrar um elétron em uma molécula.

oxidação: reação química em que o número de oxidação de um átomo aumenta.

par de elétrons isolado: um par de elétrons em uma molécula que não é compartilhado por dois átomos constituintes.

polarímetro: instrumento usado para medir a rotação da luz plano polarizada de uma amostra pura ou em solução.

processo reversível: processo em que a reação direta está em equilíbrio com a reação inversa.

produto cineticamente controlado: produto formado mais rapidamente em um grupo de reações competidoras.

projeção cavalete: projeção lateral de uma ligação simples carbono-carbono.

projeção de Fischer: representação de uma estereoquímica tridimensional em um plano bidimensional, com uma cadeia carbônica em vertical e os grupos na horizontal. A cadeia "entra" no plano, enquanto que os grupos "saem" do plano.

projeção de Newman: projeção de uma molécula ao longo de uma ligação carbono-carbono vista de frente.

quiralidade: ocorre quando a imagem de uma molécula no espelho é distinta da sua própria imagem.

racemato ou mistura racêmica: mistura equimolar de dois enantiômeros de um composto, cujo resultado líquido de rotação da luz plano polarizada é nulo.

radical: grupo de átomos combinados, com valências livres.

radical livre: molécula ou íon com elétron desemparelhado e geralmente bastante reativo.

rearranjo: reação de troca de posição dos grupos em uma mesma molécula.

redução: processo químico em que o número de oxidação de um átomo ou grupo diminui.

regra de Markovnikov: em reações de adição de H-X a ligações duplas C=C, o hidrogênio se liga ao carbono com maior número de átomos de hidrogênio; se a reação segue o padrão inverso, diz-se anti-Markovnikov.

resolução: separação de um racemato em dois enantiômeros por um agente quiral.

ressonância: representação de um composto por diferentes estruturas de Lewis, com diferentes arranjos eletrônicos.

ressonância magnética nuclear (RMN): forma de espectroscopia que depende da absorção ou emissão de energia magnética decorrente dos diferentes estados de spin do núcleo em um campo magnético.

rotâmeros: isômeros formados pela rotação em torno de ligações químicas.

R, S (*R*= rectus; *S*= sinister) : sistema de nomenclatura para atribuição da configuração absoluta, segundo as regras de precedência de Cahn, Ingold e Prelog.

saturado: termo dado a moléculas que não tem ligações múltiplas (duplas ou triplas).

solução tampão: solução de um ácido fraco e sua base conjugada, cujo pH varia pouco com a adição de um ácido e uma base.

substituição, reação de: reação química em que um átomo ou grupo de átomos é substituído por outro átomo ou grupo de átomos (veja substituições eletrofílicas e substituições nucleofílicas).

substituição eletrofílica: uma reação em que um eletrófilo se liga a um substrato orgânico com a saída de outro eletrófilo.

substituição nucleofílica: tipo de reação química em que um nucleófilo desloca um grupo que abandona a molécula. O estado de transição pode envolver apenas o substrato (SN1) ou o substrato e o nucleófilo (SN2).

tautomerismo: forma de isomerismo estrutural em que as espécies se interconvertem pela migração de um próton.

teoria da ligação de valência (TLV): modelo de ligação química baseada no emparelhamento de elétrons situados em orbitais atômicos.

transição eletrônica: passagem de um elétrons de um orbital para outro. Se o elétron aumenta a sua energia, ocorre uma absorção de energia, se diminui a sua energia, a transição é acompanhada de emissão de energia.

ultravioleta: radiação cujo comprimento de onda situa-se na faixa de 380 a 1 nm, entre a luz visível e radiações ionizantes. Muitas substâncias orgânicas absorvem luz visível através de excitação eletrônica.

Leituras suplementares

Introdução à Química Orgânica – Luiz Claudio De Almeida Barbosa, 2a ed.

Química Orgânica – Solomons, T. W.; Fryhle, C. B, vols. 1 e 2, 10a. ed.

Química Orgânica – Bruice, P. Y., vols. 1 e 2 , 4a. ed.

Identificação Espectrofotométrica de Compostos Orgânicos – Silverstein, R. M., 7a ed.

Princípios de Bioquímica – Lehninger, A. L., Nelson, D. L., Cox, M. M.,, 5a ed.

Enzymatic Reaction Mechanisms – Frey, P. A., Hegemann, A. D., 1a ed.

www.ingramcontent.com/pod-product-compliance
Lightning Source LLC
Chambersburg PA
CBHW070525220526
45467CB00003B/844